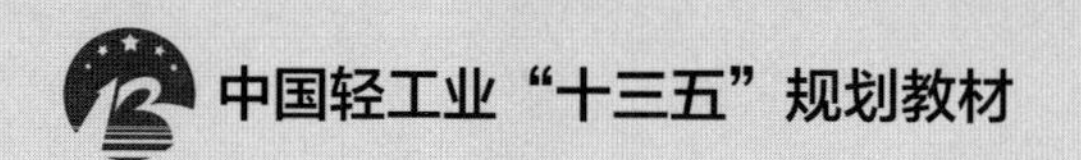

高等学校食品科学与工程类专业教材

食品仪器分析

王永华　倪　辉　主编

中国轻工业出版社

图书在版编目（CIP）数据

食品仪器分析 / 王永华，倪辉主编. — 北京：中国轻工业出版社，2024. 6

ISBN 978-7-5184-4320-8

Ⅰ. ①食… Ⅱ. ①王… ②倪… Ⅲ. ①食品分析—仪器分析 Ⅳ. ①TS207. 3

中国国家版本馆 CIP 数据核字（2024）第 040842 号

责任编辑：马　妍　　责任终审：白　洁
文字编辑：赵萌萌　　责任校对：吴大朋　　封面设计：锋尚设计
策划编辑：马　妍　　版式设计：砚祥志远　　责任监印：张　可

出版发行：中国轻工业出版社（北京鲁谷东街 5 号，邮编：100040）
印　　刷：三河市国英印务有限公司
经　　销：各地新华书店
版　　次：2024 年 6 月第 1 版第 1 次印刷
开　　本：787×1092　1/16　印张：15. 5
字　　数：358 千字
书　　号：ISBN 978-7-5184-4320-8　定价：46. 00 元
邮购电话：010-85119873
发行电话：010-85119832　010-85119912
网　　址：http://www. chlip. com. cn
Email：club@ chlip. com. cn

220216J1X101ZBW

本书编写委员会

主　　编　王永华　华南理工大学

倪　辉　集美大学

副 主 编　吴春剑　海南大学

王　鹏　陕西师范大学

于修烛　西北农林科技大学

参编人员　（按姓氏笔画排列）

叶建山　华南理工大学

田洪磊　陕西师范大学

朱彩平　陕西师范大学

刘志军　中国科学院上海高等研究院

李欢欢　江苏大学

李　河　中北大学

李楠欣　广州质量监督检测研究院

陈全胜　江苏大学

彭　露　广州质量监督检测研究院

鲁志伟　四川农业大学

谢刘静　广州质量监督检测研究院

詹　萍　陕西师范大学

薛红娟　中国科学院上海高等研究院

前言 | Preface

食品仪器分析是食品科学与工程类专业学生的重要必修课程之一，是培养学生专业素质养成和专业能力培养的重要支撑，满足培养符合社会需求的食品工程类高素质人才的重要需求。食品仪器分析的学习目的是通过学习各种仪器分析设备对食品进行定性和定量分析，进而了解食品中内源性组分或外源性组分的变化过程，进而保证食品在加工和保藏过程的营养和安全。可见，食品仪器分析技术在食品安全、食品营养和食品加工等方向处于举足轻重的地位。

本教材根据作者多年教学与科研工作中的实际经验编写而成，主要介绍食品仪器分析中常用且重要的几类分析方法，包括紫外-可见吸收光谱、红外光谱、原子发射光谱、核磁共振谱、圆二色谱、拉曼光谱、电化学分析法、色谱和质谱及其联用技术等。全书介绍仪器的原理、基本结构及实验方法，并重点阐述仪器在食品中的重要应用，包含成熟并普及的常规应用和文献报道的未普及的新应用。因本书侧重于仪器分析在食品中的实际应用，因此未过多讲述仪器分析中相关有关物理、物理化学的基础知识，读者若有需要，可查阅教材引用的参考文献。

本教材由王永华、倪辉担任主编，吴春剑、王鹏、于修烛担任副主编，具体编写分工如下：第一章由王永华完成，第二章由倪辉完成，第三章由于修烛完成，第四章由田洪磊、詹萍完成，第五章由朱彩平完成，第六章由王鹏完成，第七章由刘志军、薛红娟完成，第八章由陈全胜、李欢欢完成，第九章由叶建山、鲁志伟完成，第十章、第十一章和第十二章分别由谢刘静、彭露和李楠欣完成，第十三章由李河完成，全书由吴春剑统稿。此外，在编写过程中，作者引用了业内同行的论著、论文和有关数据，在此向原作者表示感谢。衷心感谢所有为编写本书做出贡献的专家学者以及工作人员。

由于仪器分析技术变化、发展快、编者水平有限，书中欠妥与错误之处恳请读者不吝批评指正，以便后期修订完善。

编者

2024 年 1 月

目录 | Contents

第一章 绪论 …… 1

一、食品仪器分析技术的分类 …… 1

二、食品仪器分析的特点 …… 2

三、食品仪器分析的发展趋势 …… 2

第二章 紫外-可见吸收光谱法 …… 5

第一节 紫外-可见吸收光谱法概述及基本原理 …… 5

一、概述 …… 5

二、基本原理 …… 5

三、光谱分析 …… 9

四、影响因素 …… 12

第二节 紫外-可见分光光度计的结构 …… 13

一、光源 …… 14

二、单色器 …… 15

三、样品室 …… 16

四、检测器 …… 16

五、信号显示和数据处理系统 …… 16

第三节 紫外-可见吸收光谱在食品领域中的应用 …… 17

一、食品中某种矿物元素含量的测定 …… 17

二、食品总糖的含量测定 …… 18

三、食品中硝酸盐和亚硝酸盐的含量的测定 …… 18

第四节 紫外-可见吸收光谱在生物领域中的应用 …… 20

一、研究酶动力学 …… 20

二、抗氧化性能的测定 …… 20

第五节 其他应用 …… 21

一、弱酸和弱碱解离常数的测定 …… 21

二、吸光度光度滴定法 …… 21

第六节 案例分析——盐酸副玫瑰苯胺法测定食品中的亚硫酸盐 …… 22

第三章 红外吸收光谱法 …… 25

第一节 红外吸收光谱法概述及基本原理 …… 25

一、概述 …… 25
二、基本原理 …… 25
三、分子的振动能级和转动能级 …… 26
四、红外吸收光谱的产生条件 …… 28
五、傅里叶变换红外光谱的基本原理 …… 29
第二节 红外光谱仪 …… 37
一、傅里叶变换近红外光谱技术 …… 38
二、傅里叶变换红外光谱技术 …… 45
第三节 红外光谱法在食品分析中的应用 …… 51
一、傅里叶变换近红外光谱技术在食品分析中的应用 …… 52
二、傅里叶变换红外光谱技术在食品分析中的应用 …… 53
三、红外光谱分析技术的应用比较分析 …… 54

第四章 原子发射光谱法 …… 57
第一节 原子发射光谱法概述及基本原理 …… 57
一、概述 …… 57
二、基本原理 …… 59
第二节 原子发射光谱仪的结构 …… 60
一、激发光源 …… 61
二、分光系统 …… 63
三、进样装置 …… 66
四、检测器 …… 66
第三节 原子发射光谱分析方法 …… 68
一、元素的分析线、灵敏线、最后线和共振线 …… 68
二、光谱定性分析 …… 68
三、光谱半定量分析 …… 70
四、光谱定量分析 …… 71
第四节 原子发射光谱法在食品分析中的应用 …… 72
一、原子发射光谱法在食品外源添加物质量监测中的应用 …… 72
二、原子发射光谱法在食品微量元素含量分析中的应用 …… 73
三、原子发射光谱法在食品重金属元素监测中的应用 …… 74

第五章 原子吸收光谱法 …… 77
第一节 原子吸收光谱法概述及基本原理 …… 77
一、概述 …… 77
二、基本原理 …… 78
第二节 原子吸收光谱仪的结构 …… 81
一、光源 …… 81
二、原子化系统 …… 82

三、单色器 …… 87
四、检测系统 …… 88
第三节 原子吸收光谱法在食品分析中的应用 …… 88
一、原子吸收光谱法在食品中重金属元素含量测定方面的应用 …… 88
二、原子吸收光谱法在食品微量元素测定中的应用 …… 89

第六章 核磁共振分析法 …… 91
第一节 核磁共振波谱的概述及基本原理 …… 91
一、概述 …… 91
二、基本原理 …… 92
第二节 核磁共振波谱仪的结构 …… 97
一、核磁共振波谱仪的种类 …… 97
二、脉冲傅里叶变换核磁共振波谱仪简史 …… 98
三、脉冲傅里叶变换核磁共振波谱仪结构 …… 98
第三节 核磁共振波谱法在食品分析中的应用 …… 101
一、核磁共振技术用于食品成分的分析 …… 101
二、定量核磁共振技术应用于食品营养代谢组的微观分析 …… 102

第七章 圆二色光谱法 …… 105
第一节 圆二色光谱法原理 …… 105
一、概述 …… 105
二、圆二色光谱法原理 …… 105
三、圆二色谱与紫外-可见吸收光谱的关系 …… 107
第二节 圆二色光谱仪的结构 …… 108
第三节 圆二色光谱法在食品分析中的应用 …… 110
一、圆二色光谱法在蛋白质结构分析中的应用 …… 110
二、圆二色光谱法在多糖类化合物研究中的应用 …… 112
三、圆二色光谱法在生物信息学研究中的应用 …… 112
四、圆二色光谱法在手性超分子研究中的应用 …… 114
五、圆二色光谱法在其他领域中的应用 …… 115

第八章 拉曼光谱法 …… 117
第一节 拉曼光谱法概述及基本原理 …… 117
一、概述 …… 117
二、拉曼散射的基本原理 …… 120
三、表面增强拉曼光谱的基本原理 …… 120
第二节 拉曼光谱检测系统的结构 …… 122
一、样品池 …… 122

二、激光光源 …… 123
三、外光路系统 …… 123
四、单色仪 …… 123
五、检测与记录系统 …… 123
第三节 拉曼光谱技术在食品检测中的应用 …… 124
一、拉曼光谱技术在食品主要成分检测中的应用 …… 124
二、拉曼光谱技术在食品品质检测中的应用——如肉制品品质检测 …… 126
三、拉曼光谱技术在食品安全检测中的应用 …… 127
四、案例分析——食品中亚硝酸盐的快速检测 …… 129

第九章 电化学分析法 …… 133
第一节 电化学分析法概述及基本原理 …… 133
一、概述 …… 133
二、基本原理 …… 134
第二节 电化学分析仪器的结构 …… 142
一、三电极体系 …… 144
二、工作电极 …… 145
三、辅助电极 …… 146
四、参比电极 …… 147
第三节 电化学分析法的定性定量分析法 …… 147
一、直接测定法 …… 148
二、标准加入法 …… 150
三、格氏作图法 …… 150
第四节 电化学分析法在食品检测中的应用 …… 151
一、重金属离子检测 …… 151
二、农药残留检测 …… 151
三、抗生素检测 …… 152
四、食品添加剂检测 …… 152
五、生物毒素致病菌检测 …… 153

第十章 气相色谱法 …… 155
第一节 气相色谱法概述及基本原理 …… 155
一、概述 …… 155
二、色谱分析理论基础 …… 155
三、基本原理与分类 …… 157
第二节 气相色谱仪结构 …… 160
第三节 气相色谱在食品检测中的应用 …… 166
一、脂类检测 …… 167
二、农药残留检测 …… 167

三、兽药残留检测 …… 169
四、食品添加剂的检测 …… 170
五、食品掺假的检测 …… 171

第十一章 高效液相色谱法 …… 173
第一节 高效液相色谱法概述及基本原理 …… 173
一、概述 …… 173
二、高效液相色谱法基本原理及仪器结构 …… 174
第二节 液相色谱法在食品分析中的应用 …… 188
一、食品中抗生素的分析 …… 188
二、食品中农药残留的分析 …… 189
三、食品中真菌毒素的分析 …… 190
四、食品中硝酸盐和亚硝酸盐的分析 …… 191
五、食品添加剂的分析 …… 191
六、食品中维生素分析 …… 192
七、食品中糖类物质的分析 …… 193

第十二章 质谱分析法 …… 195
第一节 质谱法概述及基本原理 …… 195
一、概述 …… 195
二、质谱分析基本术语 …… 196
三、质谱分析仪的基本原理及仪器结构 …… 197
第二节 质谱分析法在食品分析中的应用 …… 208
一、气相色谱-质谱联用技术 …… 208
二、液相色谱-质谱联用技术 …… 209
三、电感耦合等离子体-质谱联用技术 …… 210
四、高分辨质谱联用技术 …… 210

第十三章 无机质谱分析法 …… 213
第一节 电感耦合等离子体质谱技术概述及原理 …… 213
一、概述 …… 213
二、电感耦合等离子体质谱仪的工作原理及结构 …… 214
第二节 电感耦合等离子体质谱技术在食品元素及元素形态分析中的应用 …… 217
一、常见电感耦合等离子体质谱联用技术 …… 218
二、电感耦合等离子体质谱在食品元素分析中的应用 …… 221
三、食品中元素形态分析 …… 225

参考文献 …… 229

CHAPTER 1

第一章 绪论

仪器分析是化学学科的一个重要分支，它是通过采用精密的仪器设备来测量物质的某些物理或物理化学性质的参数及其变化来获取物质的化学组成、含量或结构等信息的一门学科。食品仪器分析可以简单的认为是仪器分析技术在食品学科中的应用，其目的是通过仪器分析技术对食品的样品基质进行定性和定量分析，可以帮助科研人员更深入地了解食品的组成及其化学和物理变化，进而明确合适的加工和贮藏方法，以确保食品的营养和安全。食品仪器分析现已经成为食品安全领域的重要分支。

一、食品仪器分析技术的分类

由于不同物质物理或物理化学性质各异，因而相应的仪器分析方法也数目繁多，自成体系。依据物质采集的特征信息和分析信号的不同，食品仪器分析方法可大致分为光学分析法、色谱分析法、电化学分析法、质谱分析法等。

（一）光学分析法

光学分析法是根据物质发射的电磁辐射或电磁辐射与物质的相互作用而建立的分析方法，可以分为光谱法和非光谱法两大类。

光谱法是通过测量光谱的波长和强度来进行分析的方法。由于这些光谱是通过物质的原子或分子的特定能级的跃迁所产生的，因而带有相应物质的结构信息，可根据特征谱线的波长进行定性分析。仪器所测定的光谱强度与物质的含量有关，故可依据特征谱线的信号强度进行定量分析。这类方法包括原子发射光谱法、原子吸收光谱法、紫外-可见吸收光谱法、红外光谱法、核磁共振波谱法等。

非光谱法则是通过测量光的折射、反射、干涉和衍射等特性的变化而建立起来的方法。这类方法包括折射法、旋光法、X 射线衍射法和电子衍射法等。

（二）色谱分析法

色谱分析法主要依赖于混合物各组分在互不相溶的两相中吸附能力、分配系数或其他亲和作用的差异来实现混合物组分的分离。根据流动相态差异性可将色谱分析法分为气相色谱、液相色谱和超临界流体色谱。其中以气体作为流动相的为气相色谱；以液体作为流动相的为液相色谱；以超临界流体作为流动相的为超临界流体色谱。

（三）电化学分析法

电化学分析法是根据物质在溶液中和电极上的电化学性质为基础而建立起来的分析方法。

由于溶液的电化学现象一般发生于电化学池中，因此测量时要将试液构成化学电池的组成部分。通过测量电池的电导、电位、电量和电流等参数变化对被测物进行分析。根据测量参数的差异，电化学分析法可进一步分为电导分析法、伏安法和库仑分析法等。

(四) 质谱分析法

质谱分析法是根据质荷比将离子化后的物质进行分离，然后根据离子质量确定化学物组成。为满足微量及多种类检测的需要，质谱常与色谱技术联用。如气相色谱-质谱联用，该技术可快速实现对物质的扫描、定性及定量分析。而液相色谱-质谱联用技术又将检测范围扩大到热不稳定或难挥发物质。

二、食品仪器分析的特点

现代仪器分析法是从 20 世纪 60 年代开始迅速发展起来的，它使我们对物质世界的认识产生了质的飞跃，解决了许多前人无法解决的问题，如物质的痕量分析、动态分析、精细结构分析等。尽管仪器分析方法内容广泛，不同仪器分析方法之间各有特点，且相互独立，但将其作为一个整体与传统的化学分析相比，具有以下特点：

(1) 样品用量少，可进行不破坏样品的无损分析。样品量由传统化学分析的 mg 级和 mL 级降低到 μg 级和 μL 级，并适于复杂组分样品的分析。

(2) 灵敏度远高于化学分析法。其灵敏度可低至 1×10^{-6} g，甚至 1×10^{-12} g，因此可进行微量、痕量和超痕量分析。

(3) 分析速度快，适于大批量试样的分析，许多仪器配有连续自动进样装置，可在短时间内分析几十个样品，适于批量分析。有的仪器甚至可同时测定样品的多种组分。

(4) 容易实现在线分析和遥控监测。在线分析以其独特的技术和显著的经济效益引起人们的关注与重视，现已研制出适用于不同生产过程的各种类型在线分析仪器。

(5) 用途广泛，能适应各种分析要求。除能进行定性分析及定量分析外，还能进行结构分析、物相分析和价态分析等。

三、食品仪器分析的发展趋势

仪器分析技术已应用于食品科学领域。近年来，伴随着一些食品安全事件的发生，人们对食品质量与安全越发关注，这不仅对仪器分析技术在准确度、灵敏度和分析速度等方面提出了更高的要求，而且还不断提出新的研究课题，如以下三个发展方向：

(1) 便携化可能是食品仪器分析技术的一大发展方向。这一发展需求是为了迎合越来越普遍的现场检测、移动实验室等使用环境。传统的分析仪器通常体积庞大，且要求特定的实验室放置，因此采样后需要将样品带回实验室进行分析。这样繁琐的采样和分析步骤，必然降低执法人员在现场执法过程中抽检样品作为执法证据的时效性。此外，对于大规模生产、流通的产品，实时监测将有效保障食品质量与安全。

(2) 需要先分离再分析的仪器正向多位分离方向发展。以多维色谱为例，多维色谱技术是将同种色谱不同选择性分离柱或不同类型色谱分离技术进行组合联用，从而大大提高色谱系统的分离能力。特别是针对复杂食品样品基质中低浓度有害物质的检测。以具有中等极性和碱性的目标分析物为例，单一分离步骤如 C18 色谱柱分离，样品基质中与目标物相同极性的化合物容易共洗脱，这将导致假阳性或假阴性检测结果。假如在 C18 色谱柱分离后，针对分析物的碱性，进一步采用离子色谱进行分离，将酸性、中性的分子或与目标物碱性存在差异的分子与目标分析物分离，将提高目标物的分析检测可靠性。

（3）仪器分析方法向高通量与高灵敏度发展。样品前处理是仪器分析中最为繁琐的步骤，也是仪器分析过程误差的主要来源，而高灵敏度仪器设备的发展，使得更低浓度的化学组分可以被有效检测。这一发展将大大降低样品前处理过程，如直接采用“dilute and shoot”（稀释并上样）样品处理手段结合高灵敏度的液相色谱-质谱联用技术可实现样品的快速分离和检测，使得食品组分的检测更加高效。

CHAPTER 2

第二章 紫外-可见吸收光谱法

学习目标

1. 学习朗伯-比尔定律及紫外-可见吸收光谱法基本原理。
2. 掌握紫外-可见吸收光谱法测定样品含量的方法。
3. 掌握运用紫外-可见吸收光谱法测定菠菜叶中铁离子含量。

第一节　紫外-可见吸收光谱法概述及基本原理

一、概述

溶液中分子外层电子吸收特定波段光的能量，发生能级跃迁，产生吸收光谱图，其光谱区域依赖于分子的电子结构，因此紫外-可见吸收光谱法可通过化合物的紫外-可见吸收光谱确定与其结构相关的信息。同时，利用被测物质在特定波长下的吸光度与已知浓度的对照溶液的吸光度对比，可以计算出未知物质的浓度。所以紫外-可见吸收光谱法可广泛地用于有机和无机化合物的定性定量分析，并具有应用范围广、操作简单且灵敏度高等优点。目前，紫外-可见分光光度计的波长范围普遍能达到190~1100nm。

二、基本原理

（一）物质对光的选择性吸收

1. 光的基本性质

光是一种真空传播速度为3.0×10^8m/s的电磁波，具有波粒二象性，即波动性和粒子性。光的传播，如光的折射、衍射、偏振和干涉等现象可以用光的波动性来解释。描述波动性的重要参数是波长λ（cm），频率ν（Hz），它们与光速c的关系是：

$$c=\lambda\nu \tag{2-1}$$

式中 λ——波长，nm；

ν——频率，Hz；

c——光速，3×10^8 m/s。

光的吸收和发射等现象可以用光的粒子性来解释，即把光看作带有能量的微粒流，这种微粒称为光子或光量子。单个光子的能量 E 取决于光的频率，它们的关系是：

$$E=h\nu=\frac{hc}{\lambda} \tag{2-2}$$

式中 h——普朗克常数，6.626×10^{-34} J · s。

由此可见，光子的能量与波长成反比。根据波长的不同，可分为：紫外光区（200～380nm）、可见光区（380～760nm）、红外光区（760nm～300μm）。理论上，仅具有某一波长的光称为单色光，单色光由具有相同能量的光子所组成。由不同波长的光组成的光称为复合光。白光（如日光）是复合光，由波长为 380～760nm 的光混合而成。

2. 物质的颜色和对光的选择性吸收

颜色是物质对不同波长的光的吸收特性表现在人视觉上所产生的反应。当光束照射到物体上时，由于不同物质对于不同波长的光的吸收、反射、折射的程度不同而呈现不同的颜色（图 2-1）。溶液的颜色是由于均匀分布在溶液中的有色化合物的质点选择性地吸收了某种颜色的光而呈现。当含有可见光区整个波长的多色光通过某一有色溶液时，该溶液会选择性地吸收某部分波长的光而其他波长的色光透过，则溶液呈现透射光的颜色，将被吸收的色光和透射过的色光称为互补色光。如 $KMnO_4$ 吸收绿色光，因此 $KMnO_4$ 溶液呈现紫色。物质呈现的颜色与对应的吸收光见表 2-1。

彩图2-1

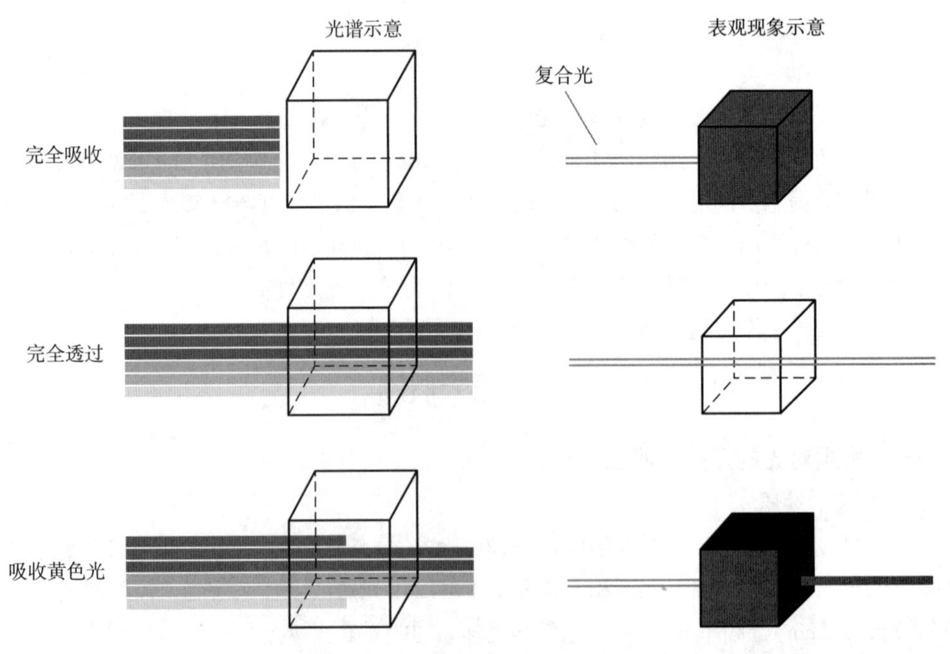

图 2-1　物质颜色与光的关系

表 2-1　　物质呈现的颜色与对应的吸收光

物质的颜色	吸收光	
	颜色	波长范围/nm
黄绿	紫	380~435
黄	蓝	435~480
橙红	蓝绿	480~500
红紫	绿	500~560
紫	黄绿	560~580
蓝	黄	580~595
绿蓝	橙	595~650
蓝绿	红	650~760

3. 吸收光谱的产生

两个以上原子组成的物质分子，除了电子相对于原子核的运动外，还有原子核间的相对振动和分子作为整体绕着重心的转动。这些运动状态各自具有相应的能量，分别称为电子能量、振动能量和转动能量。这些运动状态的变化是不连续的，即能级间的能量差是量子化的。由于光子的能量决定于频率，是量子化的，所以分子对光的吸收也是量子化的，即分子选择吸收的能量是与其能级间隔相一致的光子，而不是对各种能量的光子普遍吸收，这就是分子对光的吸收具有选择性的原因。

物质对光的吸收满足普朗克条件：

$$\Delta E = E_2 - E_0 = h\nu = \frac{hc}{\lambda} \tag{2-3}$$

式中　ΔE——激发态能级 E_2 与基态能级 E_0 之间的能量差。

分子吸收光能后引起运动状态的变化称为跃迁，跃迁过程中所需的能量称为激发能。分子中电子能级间的能量差 ΔE_e 约为 419kJ/mol。在同一电子能级上，不同振动能级之间的能级差 ΔE_v 约为 21kJ/mol。在同一电子能级和振动能级上，转动能级的能级差 ΔE_r 约为 0.042kJ/mol。分子选择吸收光的同时，伴随着分子吸收光谱的产生。电子能级间的能量差较大，跃迁产生的吸收光谱位于紫外-可见光谱区，称为分子的电子光谱。振动能级间的跃迁产生的吸收光谱位于红外区，称为红外光谱。转动能级跃迁产生的吸收光谱位于远红外区，称为远红外光谱。在发生振动能级跃迁时，不可避免地引起转动能级变化，同样在电子能级跃迁时，也必然会引起振动能级和转动能级变化，所以分子光谱为带状光谱。

吸收光谱又称吸收曲线，将不同波长的光透过某一个固定溶液，测定不同波长下溶液对光的吸光度，以波长为横坐标，吸光度为纵坐标绘制成吸收曲线。若入射光强度为 I_o，吸收光强度为 I_a，透射光强度为 I_t，反射光的强度为 I_r，它们的关系是：

$$I_o = I_a + I_t + I_r \tag{2-4}$$

式中　I_o——入射光强度；

I_a——吸收光强度；

I_t——透射光强度；

I_r——反射光强度。

在分光光度法中，所使用的比色皿应是同种材质，因此反射光的强度基本上是不变的，其影响可以相互抵消，即：

$$I_o = I_a + I_t \qquad (2-5)$$

透射光强度 I_t 与入射光强度之比称为透光度或透光率，用 T 表示，即：

$$T = \frac{I_t}{I_o} \text{ 或 } T\% = \frac{I_t}{I_o} \times 100\% \qquad (2-6)$$

式中　T——透光度或透光率。

从式（2-5）可知，溶液的透光度越大，说明溶液对光的吸收越小，其浓度越低；溶液的透光度越小，说明溶液对光的吸收越大，其浓度越高。

吸光度 A 可以用来衡量溶液中吸光物质对波长为 λ 的单色光的吸收程度，值越大，其吸收程度越大；反之亦然。

$$A = \lg\frac{I_o}{I_t} = \lg\frac{1}{T} \qquad (2-7)$$

式中　A——吸光度。

对于同一种物质，它对不同波长的光有不同的吸光度，吸光度最大处称为该物质的最大吸收波长（λ_{max}），如 $KMnO_4$ 的 λ_{max}=525nm，咖啡因的 λ_{max}≈275nm。同一物质的不同浓度，其吸收曲线的线状特征相似，λ_{max} 相同，且吸光度随物质浓度增大而增大，可以作为物质定量分析的依据；对于不同物质，它们的吸收曲线线状特征及 λ_{max} 可以作为物质定性分析的依据。但应注意，紫外吸收光谱图相同，两种化合物有时也不一定相同，可能是具有相同生色团的不同分子结构。

（二）光的吸收定律

1. 朗伯-比尔定律

1760 年，朗伯指出，当单色光通过浓度一定的、均匀的吸收溶液时，该溶液对光的吸收程度与液层厚度 b 成正比。这种关系称为朗伯定律，数学表达式为：

$$\lg(I_o/I_t) = K_1 b \qquad (2-8)$$

1852 年，比尔指出，当单色光通过某一均匀的吸收溶液时，该溶液对光的吸收程度与溶液中吸光物质的浓度 c 成正比。这种关系称为比尔定律，数学表达式为：

$$\lg(I_o/I_t) = K_2 c \qquad (2-9)$$

将朗伯定律和比尔定律结合起来，则可得：

$$\lg(I_o/I_t) = Kbc \qquad (2-10)$$

式中　I_o、I_t——入射光强度和透射光强度；

b——光通过的液层厚度，cm；

c——吸光物质的浓度，mol/L；

K_1、K_2 和 K——比例常数。

上式的物理意义是：当一束平行的单色光通过某一均匀的溶液时，溶液对光的吸收程度与吸光物质的浓度和光通过的液层厚度成正比。朗伯–比尔定律不仅适用于可见光区，也适用于紫外光区和红外光区，不仅适用于溶液，也适用于其他均匀的非散射吸光物质，是各类分光光度法的定量依据。

2. 吸光系数、摩尔吸光系数

比例常数 K 随 b、c 的单位而变化，当液层厚度 b 的单位为 cm，c 为质量浓度，单位为 g/L 时，K 用 a 表示，称为吸光系数，其单位是 L/（g · cm），则：

$$A=abc \tag{2-11}$$

式中　a——吸光系数。

如果液层厚度 b 的单位仍是 cm，但浓度 c 的单位为 mol/L，则常数 K 用 ε 表示，ε 称为摩尔吸光系数，其单位是 L/（mol · cm），此时：

$$A=\varepsilon bc \tag{2-12}$$

式中　ε——摩尔吸光系数。

吸光系数 a 和摩尔吸光系数 ε 是吸光物质在一定条件下、一定波长和溶剂情况下的特征常数。ε 在数值上等于浓度为 1mol/L、液层厚度为 1cm 时该溶液在某一波长下的吸光度。ε 值越大，表示该有色物质对此波长光的吸收能力越强，显色反应越灵敏。同一物质与不同显色剂反应，生成不同的有色化合物时具有不同的 ε 值，同一化合物在不同波长处的 ε 也可能不同。在最大吸收波长处的摩尔吸光系数，常以 ε_{max} 表示。所以，可根据不同显色剂与待测组分形成有色化合物的 ε 值的大小，比较它们对测定该组分的灵敏度。

三、光谱分析

紫外–可见吸收光谱法是基于分子中某些基团吸收入射光中特定波长的光能量，发生电子跃迁而产生吸收光谱，反映的是化合物中的发色团和助色团的特征。紫外–可见吸收光谱可以提供分子的电子信息，所有的有机化合物都吸收紫外线区域的光，有些也吸收可见光区域的光。由于不同物质具有不同的分子结构，其吸收光的能量也不同，因此不同的化合物都有其特有的吸收光谱，光谱横轴的位置和形状可以作为化合物的定性依据，纵轴的吸光度可以作为化合物定量的依据。物质对光的选择吸收是定性的基础［图 2–2（1）］，且在同样实验条件下，吸光度随物质浓度升高而变大［图 2–2（2）］。

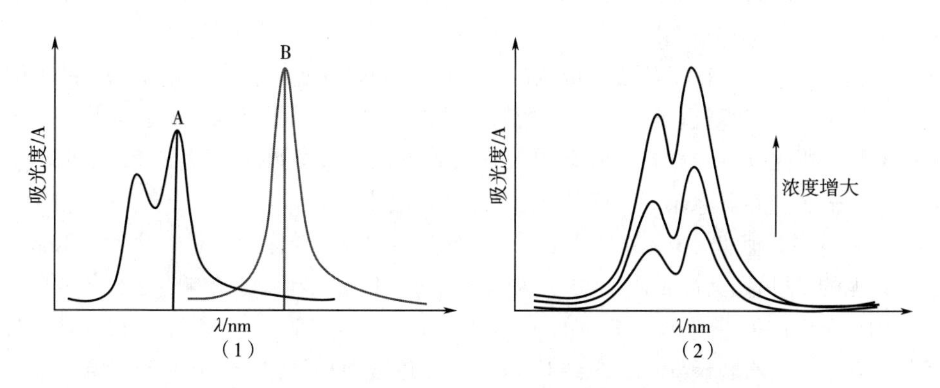

图 2–2　不同物质对光的选择性吸收（1）及吸光度随物质浓度变化示意图（2）

（一）电子跃迁和吸收带

分子轨道是由原子轨道线性组合而成。形成的分子轨道能量较原来的原子轨道能量低，有利于成键，称为成键轨道；形成的分子轨道能量较原来的原子轨道能量高，称为反键轨道。每一个成键轨道都有一个与之对应的反键轨道。成键轨道分为σ成键轨道和π成键轨道，与之对应的反键轨道分别为σ^*反键轨道、π^*反键轨道。与紫外-可见吸收光谱有关的价电子有：形成单键的σ电子，形成双键的π电子和分子中未成键的孤对电子n。在紫外-可见光区，电子跃迁有2种，电子从基态的成键轨道跃迁到激发态的反键轨道，如$\sigma\rightarrow\sigma^*$，$\pi\rightarrow\pi^*$；杂原子的孤对电子跃迁到反键轨道，如$n\rightarrow\sigma^*$，$n\rightarrow\pi^*$。它们跃迁所需能量大小为：$\sigma\rightarrow\sigma^*>n\rightarrow\sigma^*>\pi\rightarrow\pi^*>n\rightarrow\pi^*$。由于不同能级的跃迁（图2-3）需要吸收的能量大小不同，吸收光的波长也不同，具有特征性，所以化合物的电子光谱可以用来研究其结构骨架。

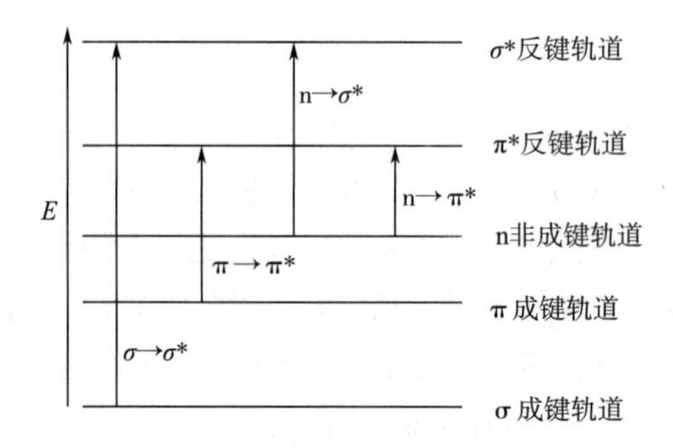

图2-3 电子跃迁能级示意图

$\sigma\rightarrow\sigma^*$跃迁所需能量最大，因此所需吸收的光波长较短，一般发生在远紫外区，即$\lambda<200nm$。在有机化合物中，由单键构成的化合物饱和烃就能产生$\sigma\rightarrow\sigma^*$跃迁，如甲烷的$\lambda_{max}$为125nm，乙烷的$\lambda_{max}$为135nm。因此饱和烃在紫外-可见光区不产生吸收峰。

$n\rightarrow\sigma^*$跃迁是分子中未被共用的电子即孤对电子跃迁到σ^*反键轨道。所以含有杂原子（O、N、S、Cl、Br、I等）的有机物都可以发生此类跃迁。含杂原子的饱和烃发生的$n\rightarrow\sigma^*$，其吸收峰在150~200nm，在近紫外区可观察到。由于杂原子的电负性不同，同样是$n\rightarrow\sigma^*$跃迁，但其所需的能量却不同。一般情况下，电负性越大，杂原子对电子的束缚力越大，跃迁需要的能量越高，与此对应的光子波长越短。如CH_3Cl、CH_3Br、CH_3I的最大吸收波长分别为173nm、204nm、258nm。

$\pi\rightarrow\pi^*$是双键中的π电子从π成键轨道跃迁到π^*反键轨道。含有π电子基团的不饱和有机化合物会发生$\pi\rightarrow\pi^*$跃迁。$\pi\rightarrow\pi^*$跃迁所需要的能量比$n\rightarrow\sigma^*$跃迁需要的能量低，比$n\rightarrow\pi^*$所需要能量高，因此$\pi\rightarrow\pi^*$跃迁大部分出现在近紫外区，大多数是强吸收峰，一般$\varepsilon_{max}>10^3$。根据产生$\pi\rightarrow\pi^*$跃迁的体系不同，可以分为以下3种吸收带：

（1）K带　在共轭非封闭体系中，$\pi\rightarrow\pi^*$跃迁产生的吸收带称为K带（由德语Konjugation而来，是共轭的意思）。其特征$\varepsilon_{max}>10^4$，为强吸收带，具有共轭双键结构的分子出现K带，如丁二烯（$CH_2{=}CH{-}CH{=}CH_2$）K带的$\lambda_{max}=217nm$，$\varepsilon_{max}=21000$。芳环上由发色基团取代时，如苯乙烯、苯甲醛、乙酰苯等，也都会出现K带。因为它们都具有π-π共轭双键。这些$\pi\rightarrow\pi^*$跃迁通常具有高摩尔吸光系数，$\varepsilon_{max}>10000$。极性溶剂会使K带红移。

（2）B带　即苯吸收带，是芳香族和杂环芳香族化合物光谱的特征谱带，也是$\pi\rightarrow\pi^*$跃迁产生。苯的 B 带在 230~270nm 的近紫外范围内是一个宽峰，属于跃迁概率较小禁阻跃迁产生的弱吸收带（$\varepsilon_{max}=200$），包含多重峰（精细结构），这是由于振动能级对电子跃迁的影响所引起。当芳香环上连有一个发色基团时（含有 π-π 共轭），不仅可以观察到 K 带，还可以观察到芳香族特征 B 带。以苯乙烯为例，可以观察到 2 个吸收带，K 带：$\lambda_{max}=244$nm，$\varepsilon_{max}=12000$；B 带：$\lambda_{max}=282$nm，$\varepsilon_{max}=450$。当芳香环上有取代基时，B 带的精细结构会减弱或者消失。在极性溶剂中，由于溶剂与溶质相互作用，B 带的精细结构也会被破坏。

（3）E 带　在封闭共轭体系（如芳香族和杂环芳香族化合物）中，$\pi\rightarrow\pi^*$ 跃迁产生的 K 带又称 E 带，属于跃迁概率较大或中等允许跃迁，E 带类似于 B 带也属于芳香结构的特征谱带。其中 E_1 带 $\varepsilon_{max}>10^4$，E_2 带 $\varepsilon_{max}>10^3$。

$n\rightarrow\pi^*$ 跃迁是杂原子上的 n 非键电子向 π^* 反键轨道跃迁，因此只有分子中同时存在杂原子（具有孤对电子 n）和双键 π 电子时才有可能发生。$n\rightarrow\pi^*$ 跃迁产生的吸收带称为 R 带（由德语 Radukal 而来，是基团的意思），所需要的能量最小，因此大部分在 200~700nm 范围内有吸收，但 $n\rightarrow\pi^*$ 跃迁的 ε_{max} 较小，是弱吸收，属于 $\varepsilon_{max}<10^3$ 的禁阻跃迁。基团中的氧原子被硫原子取代后吸收峰会发生红移，如 C ═O 和 C ═S 的 $n\rightarrow\pi^*$ 跃迁的 λ_{max} 分别为 280~290nm、400nm 左右，若被硒原子、碲原子取代则波长会变得更长。R 带在极性溶剂中发生蓝移，溶剂对丙酮的 $n\rightarrow\pi^*$ 跃迁的影响已经被测量，在正己烷中吸收波长最大为 279nm，当溶剂为乙醇和水时，吸收波长分别减小到 272nm、264. 5nm。

（二）提供的有机化合物结构信息

（1）在 200~800nm 范围内没有吸收带　说明化合物是脂肪烃、脂环烃或是它们的衍生物（氯化物、醇、醚、羧酸等），也可能是单烯或孤立多烯等。

（2）在 220~250nm 范围内有强吸收带（$\varepsilon_{max}>10^4$）　说明有共轭的两个不饱和键存在，所以为 $\pi\rightarrow\pi^*$ 跃迁的 K 带，那么化合物含有共轭二烯结构或含有 α，β-不饱和醛酮结构。但 α，β-不饱和醛酮结构除了具有 K 带，在 320nm 附近应该还会有 R 带出现。一般共轭体系中每增加一个双键，吸收带红移 29nm。

（3）在 270~350nm 范围内有弱吸收带（$\varepsilon_{max}=10\sim100$）但在 200nm 附近无其他吸收　该吸收带为醛酮中羰基 $n\rightarrow\pi^*$ 跃迁产生的 R 带。

（4）在 260~300nm 范围内有中等强度吸收带（$\varepsilon_{max}=200\sim2000$）　该吸收带可能带有精细结构，很有可能是芳香环。则该吸收带为单个苯环的特征 B 带或是某些杂环的特征吸收带。

（5）在 260nm、300nm、330nm 附近有强吸收带（$\varepsilon_{max}>10^4$）　该化合物可能存在 3 个、4 个、5 个双键共轭体系。若大于 300nm 或吸收延伸到可见光区有高强度吸收，且具有明显的精细结构，说明有稠环芳烃、稠杂环芳烃或其衍生物存在。

几种发色团的光谱信息见表 2-2。

表 2-2　几种发色团的光谱信息

发色团	溶剂	λ/nm	ε_{max}	跃迁类型
烯	正庚烷	177	13000	$\pi\rightarrow\pi^*$
炔	正庚烷	178	10000	$\pi\rightarrow\pi^*$
羧基	乙醇	204	41	$n\rightarrow\pi^*$

续表

发色团	溶剂	λ/nm	ε_{max}	跃迁类型
酰胺基	水	214	60	$n \to \pi^*$
羰基	正己烷	186	1000	$n \to \pi^*$，$n \to \sigma^*$
偶氮基	乙醇	339665	150000	$n \to \pi^*$
硝基	异辛酯	280	22	$n \to \pi^*$
亚硝基	乙醚	300，665	100	$n \to \pi^*$
硝酸酯	二氧杂环己烷	270	12	$n \to \pi^*$

（三）纯度检验

如果化合物在紫外区没有吸收峰，而其中的杂质有较强吸收，就能方便检出该化合物中的痕量杂质。如检定甲醇或乙醇中的杂质苯，可利用苯在254nm处的B带，而甲醇或乙醇在此处几乎没有吸收。

（四）未知化合物定性分析

在相同条件下，将未知化合物溶液的吸收曲线与标准化合物溶液的吸收曲线进行比较，是常用的初步定性方法。如果光谱的形状，包括光谱的 λ_{max}，ε_{max} 都相同，就可以对未知化合物初步定性。

（五）化合物定量分析

用紫外-可见吸光光谱法检测某混合物中某一个物质的含量时，首先对目标物质进行显色反应，得到特征显色反应的产物。配制不同浓度产物标准品测得相应的吸光度，以标准品浓度为横坐标，吸光度为纵坐标绘制标准曲线。再测得显色后混合物的吸光度，代入标准曲线方程，即得出该混合物中目标物质的浓度。

四、影响因素

（一）偏离朗伯-比尔的原因

（1）单色光不纯引起偏离　朗伯-比尔定律只用于单色光，这取决于仪器的分辨率，入射光实际为一段波长范围很窄的谱带，即在工作波长的附近或多或少含有其他杂色光，这些杂色光导致朗伯-比尔定律的偏离。

（2）介质不均匀引起偏离　朗伯-比尔定律是适用于均匀、非散射的溶液。胶体、乳浊液或悬浊液由于散射的作用使吸光度增大，或入射光不是垂直通过比色皿产生正偏差。

（3）吸光质点的相互作用引起偏离　浓度较大时，产生负偏差，朗伯-比尔定律只适合于稀溶液（$c<10^{-2}$mol/L）。

（4）溶质的解离、缔合、互变异构及化学变化（使用标准溶液时注意保质期，避免因化学降解影响检测）引起偏离。解离是偏离朗伯-比尔定律的主要化学因素。溶液浓度改变，解离程度也会发生变化，吸光度与浓度的比例关系便发生变化，导致偏离朗伯-比尔定律。

（二）显色反应和显色条件的选择

在分光光度分析中，利用显色反应把待测组分X转变为有色化合物，然后再进行测定。使试样中的被测组分与化学试剂作用生成有色化合物的反应称为显色反应。显色反应主要有配位反应和氧化还原反应，其中绝大多数是配位反应。

1. 对显色反应的要求

灵敏度高，选择 ε 较大的显色反应；避免共存组分干扰；选择性好，显色剂只与被测组分反应；有色物组成固定；有色物稳定性高，其他离子干扰小；显色过程易于控制，而且有色化合物与显色剂之间的颜色差别应尽可能大。

2. 显色反应条件的选择

显色剂要适量，适宜的用量要通过实验得出；溶液酸度要合适，既要防止被测离子生成沉淀，又需防止有色配合物离解，调节溶液酸度的有效方法是加入缓冲溶液；通过实验找到适宜的温度范围以及在颜色稳定的时间范围内测量吸光度；选择合适的溶剂，有机溶剂会降低有色物的离解度，从而提高显色反应的灵敏度；排除共存干扰离子的影响，如加入遮蔽剂，控制酸度使干扰离子不显色，改变干扰离子价态或是采取沉淀、电解、萃取等方法使干扰离子分离。

（三）吸光度测量条件的选择

1. 入射光波长的选择

以最大吸收波长 λ_{max} 为测量的入射光波长，在此波长处摩尔吸光系数 ε 最大，测定灵敏度最高。若干扰物在 λ_{max} 处也有吸收，在干扰条件最小的情况下选择吸光度最大的波长。有时为了消除其他离子干扰，也常加入遮蔽剂。

2. 参比溶液的选择

为了使样品溶液的吸光度真正能反映待测物的浓度，利用空白试验来消除溶剂和器皿对入射光的反射和吸收带来的影响。

当样品溶液、试剂、显色剂均无颜色时，用纯溶剂或蒸馏水作为参比液；当样品溶液无色，试剂、显色剂有色时，加入相同量的试剂和显色剂作为参比液；当试剂和显色剂没有颜色，而样品溶液存在其他有色离子时，用不加显色剂的溶液作为参比液。

3. 吸光度度数范围选择

透光度度数误差 ΔT 是一个常数，但在不同度数范围内所引起的溶液浓度误差不同。因此，为了减小浓度的相对误差，提高测量的准确度，一般控制被测液的吸光度在 0.2~0.7。当溶液吸光度不在此范围的时候，可以通过稀释溶液来控制吸光度。

（四）溶剂对吸收峰的影响

溶剂极性的不同会对吸收峰有影响。在 $\pi\rightarrow\pi^*$ 跃迁中，极性溶剂能使激发态能量降低，使吸收峰发生红移。在 $n\rightarrow\pi^*$ 跃迁中，极性溶剂与未成键的电子形成氢键，降低了 n 轨道的能量，使跃迁需要更大的能量，所以吸收峰会发生蓝移。当水和乙醇作为溶剂时，蓝移可达 30nm 以上。另外溶剂对吸收峰的强度及光谱的精细结构也有影响，因此在比较标准溶液与待测溶液时，应使用同一种溶剂。

第二节　紫外-可见分光光度计的结构

紫外-可见分光光度计如今已发展为光学、电学、机械和计算机等学科相结合的高科技产品，逐步向自动化、智能化、小型化发展。目前较新的紫外-可见分光光度计有以下几种。①岛津 UV-1900i 是一款双光束紫外-可见分光光度计，检测波长范围 190~1100nm，光谱带宽 1nm，支持无线数据传输及无线打印，兼容键盘和扫码器。②岛津 UV-2600i 可以通过配置 ISR-260 双检测器积分球，将传统仪器模式下的 300~1100nm 波长范围扩展至 300~1400nm。因此，岛津 UV-2600i 可进行太阳能电池防反射膜和多晶硅硅片的测量。③岛津 UV-2700i 实现了超低杂散光，扩展测定范围至 8Abs，透过率 0.000001%，除了测定高浓度样品不需要稀释外，此系统还能用于评价偏振膜的透过率性能。④赛默飞 Evolution™ 350 紫外-可见分光光度计配备的是氙灯，使用寿命更长。

紫外-可见分光光度计通常由光源、单色器、样品室、检测器、放大器、信号显示和数据处理系统所组成。紫外-可见分光光度计按照光学系统可以分为以下类型（图 2-4）：

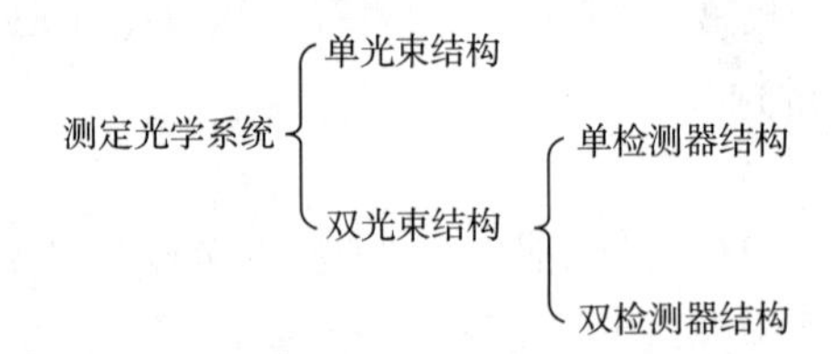

图 2-4 紫外-可见分光光度计按光学系统分类

单光束和双光束结构如下（图 2-5、图 2-6）：

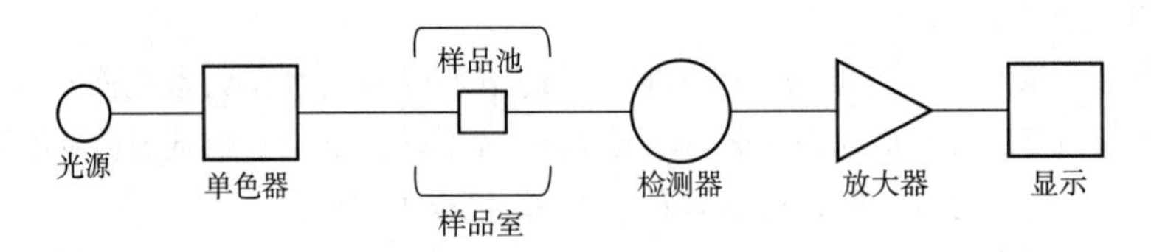

图 2-5 紫外-可见分光光度计单光束结构

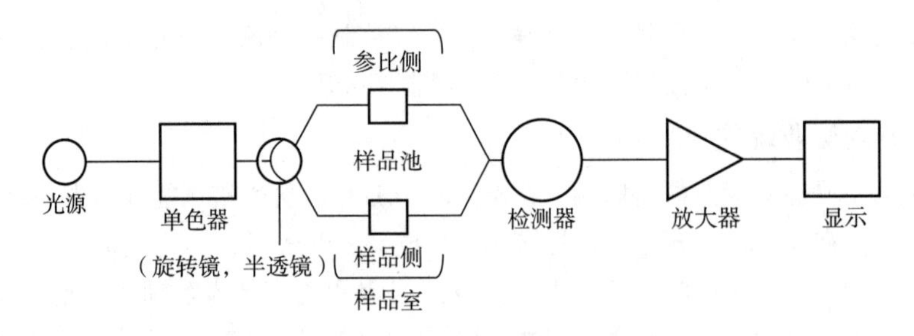

图 2-6 紫外-可见分光光度计双光束结构

一、光源

光源是提供入射光的装置，紫外-可见分光光度计常用的光源为氘灯和钨灯。氘灯是最常用的紫外光光源，其所覆盖的波长范围为 190~400nm。可见光区则使用钨灯，它所覆盖的波长范围为 320~2500nm，其中最适宜使用波长范围为 320~1000nm。氙灯也可作为光源，其所覆盖的波长范围为 190~700nm，波长覆盖范围比氘灯大，可代替氘灯和钨灯双灯组合。氙灯为冷光源，使用时无需预热，因此使用寿命一般较氘灯长。

二、单色器

单色器把复合光分解为按波长顺序排列的单色光，并能通过出射狭缝分离出某一波长的单色光，又称分光器。它由入射和出射狭缝、反射镜和色散元件组成，其关键部位是色散元件。色散元件有两种基本形式：棱镜和衍射光栅。

（一）棱镜单色器

棱镜单色器（图 2-7）的原理是棱镜对不同波长的光具有不同的折射率，复合光通过棱镜时，形成按波长顺序排列的光谱带，聚焦后在焦面上的不同位置成像，依次通过出射狭缝，形成不同波长的单色光。棱镜色散作用的大小取决于制作棱镜材料和几何形状，一般用玻璃或石英。

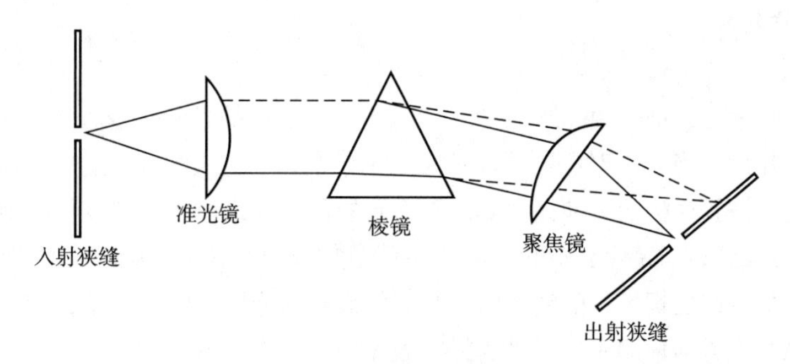

图 2-7　棱镜单色器

对一般的棱镜材料，在紫外-可见光区内，折射率与波长之间的关系用柯西色散公式：

$$n=a+(b/\lambda^2)+(c/\lambda^4) \tag{2-13}$$

式中　n——波长为 λ 的入射光的折射率；

a、b、c——柯西色散系数。

所以，当复合光通过棱镜的两个界面发生两次折射后，根据折射定律，波长小的偏向角大，分辨率也越高，波长大的偏向角小，因而能将复合光色散成不同波长的单色光，但所获得的是非均匀排列光谱。

（二）光栅单色器

光栅单色器（图 2-8）的原理是以光的衍射和干涉现象为基础。光栅高度抛光的表面上刻画许多根平行线槽而成。当复合光照射到光栅上时，光栅的每条刻线都产生衍射作用，而每条刻线所衍射的光又会互相干涉而产生干涉条纹。光栅正是利用不同波长的入射光产生的干涉条纹的衍射角不同，波长长的衍射角大，波长短的衍射角小，从而使复合光色散成按波长顺序排列的单色光。光栅具有波长范围宽、色散率均匀等优点，是广泛使用的色散元件，可分为透色光栅和反射光栅，反射光栅又分为平面反射光栅（闪耀光栅）和凹面反射光栅。

由光栅方程：

$$d(\sin\alpha+\sin\beta)=n\lambda \tag{2-14}$$

式中　d——光栅常数；

α——入射角；

β——衍射角；

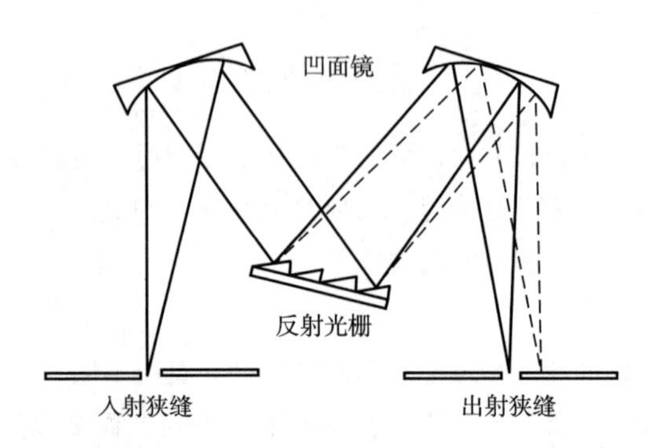

图 2-8　光栅单色器

n——光谱级次；

λ——波长。

当 $n=0$，±1，±2，…时，可得到零级、一级、二级、…的光栅光谱。当 $n=0$ 时，β 与 λ 无关，即没有分光作用。当 $n>0$ 时，不同波长 λ_1、λ_2、λ_3、…组成的混合光以同样的入射角 α 投射到光栅上，每种波长产生的干涉极大都位于不同的角度位置，即不同波长的衍射光以不同的衍射角 β 出射。$n=\pm1$ 时，λ 短，β 小，靠近零级光谱；λ 长，β 大，远离零级光谱，实现分光。闪耀光栅是将光栅刻画成锯齿形的线槽断面时，使衍射的能量集中到某个预定衍射角附近，即一级光谱上，从这个方向检测时，光谱的强度最大。

三、样品室

样品室内装有吸收池架。吸收池由玻璃或石英制成，玻璃吸收池只能用于可见光区，而石英池既可以用于可见光区、也可用于紫外光区。对于单光束结构的光度计，只有一束光穿过样品室，因此要先在样品室中注入溶剂，设置透光率为 100% 或将吸光度设为 0，然后用样品替换溶剂测定吸光度。对于双光束结构的光度计，旋转镜或半透镜等将单色光分为两束，在样品室内同时穿过盛有样品池和参比池，然后进入检测器，可以一次测定样品吸光度和参比吸光度。

四、检测器

检测器是一种光电转换元件，用来检测单色光通过溶液后透射光的强度，并把这种光信号转化为电信号。目前，多用光电管和光电倍增管，后者更灵敏，可检测微弱光信号。多数紫外-可见分光光度计使用光电二极管阵列检测器。

五、信号显示和数据处理系统

早期的分光光度计多采用检流计、微安表作显示装置，直接读出吸光度或透光率。目前的分光光度计信号显示与数据处理系统大多采用微型计算机，既可用于仪器自动控制，实现自动分析，又可用于记录吸收曲线和数据处理，大大提高了仪器的精密度和稳定性。

第三节　紫外-可见吸收光谱在食品领域中的应用

紫外-可见分光光度法（UV-vis）是目前世界上历史最悠久、使用最多、覆盖面最广的分析方法之一，目前已在生命科学、材料科学、环境科学、农业科学、计量科学、食品科学、医疗卫生、化学化工等各个领域的科研、生产、教学等工作中得到广泛应用。它可作定性定量分析、纯度分析、结构分析，特别在定量分析和纯度分析方面有着重要意义。在许多领域更是必备的分析方法，例如，在食品等行业中的产品质量控制上是一种重要检测手段。

一、食品中某种矿物元素含量的测定

铁是人体必需的微量元素之一，在人体内的血红蛋白、肌红蛋白、细胞色素和某些酶的合成中起着非常重要的作用，不仅能传递氧，还能促进脂肪的氧化，调节机体的免疫功能。缺乏铁元素易造成贫血、代谢紊乱等疾病。在日常生活中，食物是人体所需铁元素的重要来源，在肉、蛋、肝脏和果蔬中均含有丰富的铁元素。食品在贮存过程中常由于受到包装容器中铁的污染而产生金属味，色泽加深并导致食品中脂肪氧化和维生素 D 分解，造成食品品质降低，影响食品风味，所以，食品中铁的测定不仅具有卫生意义，而且具有营养学意义。

目前，测定铁元素含量的方法主要有原子吸收光谱法、重铬酸钾法和分光光度法等，其中邻二氮菲比色法在众多测定方法中较为常用，具有快速、稳定、灵敏度高、操作简便、选择性好、成本低等优点。在 pH 2～9 的溶液中，Fe^{2+} 与邻二氮菲生成稳定的橘红色配合物 $[Fe(C_{12}H_8N_2)_3]^{2+}$，在 510nm 波长下有最大吸收，其吸光度与铁的含量成正比。反应式如下（图 2-9）：

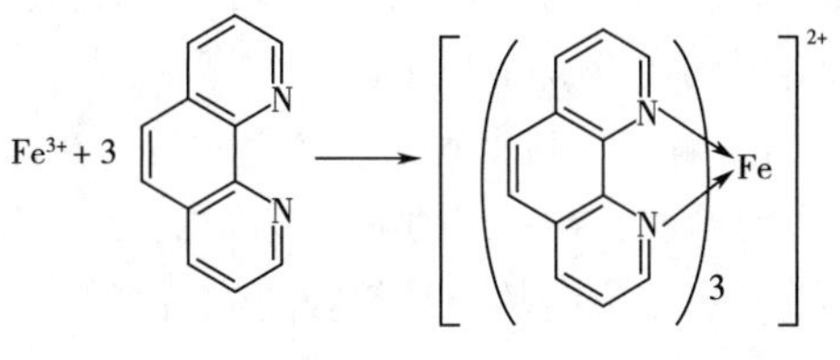

$$Fe^{3+} + 3\,(C_{12}H_8N_2) \longrightarrow [Fe(C_{12}H_8N_2)_3]^{2+}$$

图 2-9　邻二氮菲比色法反应原理

以菠菜中铁含量测定为例，采用湿法消化或干法灰化等手段得到菠菜消化液，消化液中铁以三价形式存在，测定铁时，需先把 Fe^{3+} 还原（还原剂为盐酸羟胺或抗坏血酸）为 Fe^{2+}，再用邻二氮菲显色，测定溶液吸光度。根据标准曲线，即可对菠菜中铁元素进行定量测定。

$$2Fe^{3+} + 2NH_2OH \cdot HCl = 2Fe^{2+} + N_2\uparrow + 2H_2O + 4H^+ + 2Cl^- \qquad (2-15)$$

许多二价金属离子，如 Cu^{2+}、Co^{2+}、Ni^{2+}、Cd^{2+}、Zn^{2+}、Mn^{2+}、Hg^{2+} 等，也与邻二氮菲生成稳定配合物，但最大吸收波长有较大的差别，存在少量这些离子时，不影响 Fe^{2+} 的测定，而含量较多时可用乙二胺四乙酸（EDTA）掩蔽或预先分离。

二、食品总糖的含量测定

糖类（carbohydrate）是多羟基醛、多羟基酮以及能水解而生成多羟基醛或多羟基酮的有机化合物，可分为单糖、低聚糖和多糖等。糖类是食品的重要组成部分，在植物性食品中的含量较高。糖类是人和动物体内三大营养物质之一，是主要的供能物质，是合成其他化合物的基本原料，如糖类可转化为脂肪。因此，糖类是人类及动物的生命源泉。新型低聚糖不被人体消化酶水解，具有非消化性、胰岛素非依赖性、促进双歧杆菌增殖、抗龋齿、改善脂质代谢及预防便秘等作用，可作为糖尿病人、肥胖病人的甜味剂。从海藻中分离出的硫酸多糖具有免疫调节、抗癌、抗病毒、抗过敏、抗凝血、抗糖尿病和抗氧化作用。此外，糖类可改善食品的多种性质，如体积、黏度、乳化和起泡稳定性、持水性、冷冻解冻稳定性、风味、质地褐变等。在食品生产和科学研究中，定性定量测定各种糖类是必要的。许多加工食品的包装袋上食物成分表中需标示出糖、增稠剂（食品胶）、淀粉等的含量；在营养配餐中，需测定各种食品的成分，如糖类；蜂蜜掺假的检测需进行糖品种的测定。总糖的测定方法主要有滴定法、分光光度法、红外定量法、高效液相色谱法等。

紫外-可见分光光度法是近年来应用于多糖含量测定最广泛的方法。依据朗伯-比尔定律，利用物质分子对200~760nm内电磁波的吸收特性建立的光谱分析方法，具有较高的灵敏度和准确度，操作快捷，仪器设备简单等优点。在食品分析中，总糖一般是指具有还原性的糖（葡萄糖、果糖、半乳糖、麦芽糖等）和在测定条件下能水解成为还原糖的低聚糖的总和，不包括淀粉。因为在测定条件下，淀粉的水解作用很微弱，所以在此仅简要介绍总糖和淀粉的定量分析方法。

糠醛缩合显色法，是目前应用最普遍的测定多糖的方法，主要利用多糖在强酸性条件下脱水生成糠醛或其衍生物，然后与酚类（或胺类）化合物缩合，对生成有特定吸收波长的有色物质进行测定，这类方法有地衣酚硫酸（盐酸）法、苯酚-硫酸法和蒽酮-硫酸法。以苯酚-硫酸法测定食品中的总糖为例：糖类在浓硫酸的作用下，非单糖水解为单糖，单糖再脱水生成的糠醛或糠醛衍生物能与苯酚缩合成一种橙红色化合物，在一定的浓度范围内其颜色深浅与糖的含量成正比，可在480~490nm波长下比色测定。此法操作简单，灵敏度高，基本不受蛋白质存在的影响，并且产生的颜色稳定时间在160min以上。

淀粉含量的测定方法有酸水解法、酶水解法、碘量法等。在此介绍以碘量法测定淀粉含量：淀粉可与碘生成深蓝色的络合物，在一定的浓度范围内，络合物颜色的深浅与样品中淀粉含量成正比，即吸光度值与淀粉含量之间的关系符合朗伯-比尔定律，可用分光光度法测定样品中淀粉的含量。

三、食品中硝酸盐和亚硝酸盐的含量的测定

亚硝酸盐具有防腐性，可与肉制品中的肌红蛋白结合而更稳定，所以在食品加工业被添加至香肠和腊肉中作为护色剂，以维持良好外观；同时，亚硝酸盐可以抑制微生物的生长，提高食用肉制品的安全性。亚硝酸盐还可直接使血红蛋白氧化，导致高铁血红蛋白血症。如果亚硝酸盐摄入过多，就会把血液中正常携带氧的血红蛋白亚铁离子氧化成高铁血红蛋白，造成红细胞结合和运输氧的能力下降，从而发生全身性缺氧。临床上，高铁血红蛋白高达15%即呈现紫绀；达到35%以上出现头痛、呼吸困难；超过60%~70%时，发生呕吐、嗜睡、昏迷、循环衰竭以致死亡。

硝酸盐本身是无毒的，但是硝酸盐在特定情况下极易被还原成具有毒性的亚硝酸盐，如在

微生物或还原酶的作用下硝酸盐可转变为亚硝酸盐。因此，我国在 GB 2762—2017《食品安全国家标准　食品中污染物限量》中针对不同种类食品中的亚硝酸盐含量和硝酸盐含量给出了不同种类食品相应的限量（表 2-3）。因此，对食品中亚硝酸盐的定量分析具有重要意义。

表 2-3　　不同种类食品中亚硝酸盐、硝酸盐限量指标

食品类别（名称）	限量/（mg/kg）	
	亚硝酸盐（以 $NaNO_2$ 计）	硝酸盐（以 $NaNO_3$ 计）
蔬菜及其制品		
腌渍蔬菜	20	—
乳及乳制品		
生乳	0.4	—
乳粉	2.0	—
饮料类		
包装饮用水（矿泉水除外）	0.005mg/L（以 NO_2^- 计）	—
矿泉水	0.1mg/L（以 NO_2^- 计）	45mg/L（以 NO_3^- 计）

紫外-可见分光光度计是我国食品行业中检测硝酸盐的普遍方法之一，检测过程简便且准确。目前很多的食品企业选用紫外-可见分光光度计法来检测食品中的硝酸盐含量。我国制定的标准中蔬菜以及水果中的硝酸盐可用紫外-可见分光光度法进行测定。

格里斯试剂比色法测定亚硝酸盐：在弱酸性条件下，亚硝酸盐与对氨基苯磺酸重氮化，产生重氮盐，此重氮盐再与偶合试剂（盐酸萘乙二胺）偶合形成紫红色染料，其最大吸收波长为 550nm，测定其吸光度后，可与标准比较定量（图 2-10）。

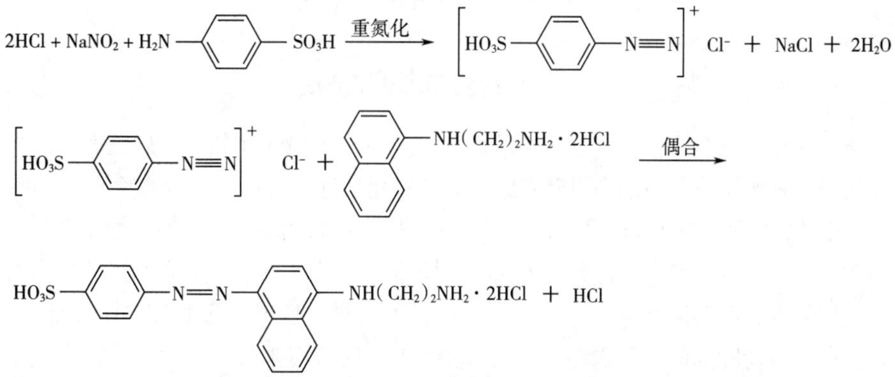

$$2HCl + NaNO_2 + H_2N-C_6H_4-SO_3H \xrightarrow{\text{重氮化}} [HO_3S-C_6H_4-N\equiv N]^+ Cl^- + NaCl + 2H_2O$$

$$[HO_3S-C_6H_4-N\equiv N]^+ Cl^- + C_{10}H_7-NH(CH_2)_2NH_2 \cdot 2HCl \xrightarrow{\text{偶合}}$$

$$HO_3S-C_6H_4-N=N-C_{10}H_6-NH(CH_2)_2NH_2 \cdot 2HCl + HCl$$

图 2-10　格里斯试剂比色法反应原理

镍柱法检测硝酸盐：将样品通过镉柱，使其中的硝酸根离子还原成亚硝酸根离子，同亚硝酸盐的测定方法，即可得到亚硝酸盐总量，由总量减去还原前亚硝酸盐量，即可求得硝酸盐的含量。

第四节　紫外-可见吸收光谱在生物领域中的应用

一、研究酶动力学

酪氨酸酶（tyrosinase，EC 1. 14. 18. 1）是一种广泛存在于动植物、微生物和人体内的含铜金属的氧化还原酶。双核铜离子位于酪氨酸酶活性中心，是黑色素合成中的关键限速酶。酪氨酸酶活性异常过表达可导致多种皮肤病的产生，包括黑色素瘤、雀斑和皮肤癌等；酪氨酸酶参与人脑中的神经黑色素形成，并且可能在神经变性中起作用，导致帕金森病的产生；酪氨酸酶也是引起果蔬褐变的主要原因，导致果蔬营养价值丢失。因此，测定酪氨酸脱羧酶酶活力对于食品保鲜和人类健康具有重要意义。

酪氨酸酶催化酪氨酸羟化成 L-3，4-二羟基苯丙氨酸（L-多巴），并最后将 L-多巴氧化成多巴醌，进而形成多巴色素，该多巴色素在 475nm 波长处有最大吸收峰。通过紫外-可见分光光度法对添加酪氨酸酶前后催化生成的多巴色素的变化即可测定酪氨酸酶活力。黑色素生物合成途径见图 2-11。

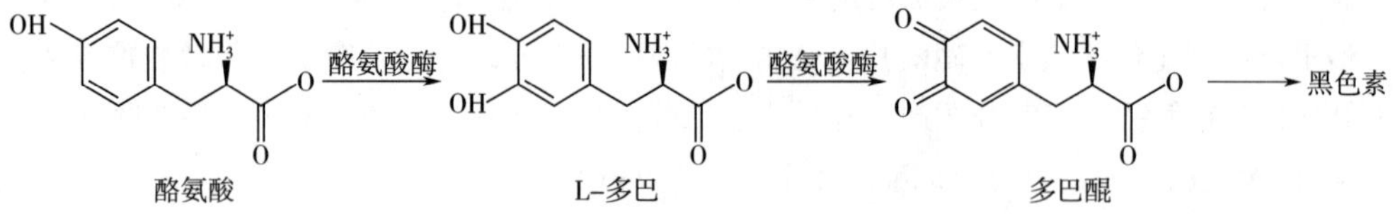

图 2-11　黑色素生物合成途径

二、抗氧化性能的测定

大量研究指出，摄食丰富水果和蔬菜的饮食模式与某类癌症和其他疾病发病率的降低相关联，可能的原因是水果蔬菜中的微量营养素具有抗氧化活性，可抑制疾病的发生与发展。1，1-二苯基-2-三硝基苯肼（DPPH）是一种很稳定的氮中心的自由基，它的稳定性主要来自共振稳定作用的 3 个苯环的空间障碍，使夹在中间的氮原子上不成对的电子不能发挥其应有的电子成对作用。它的无水乙醇溶液呈紫色，在 517nm 波长处有最大吸收，吸光度与浓度呈线性关系。向其中加入自由基清除剂时，可以结合或替代 DPPH，使自由基数量减少，吸光度变小，溶液颜色变浅，借此可评价清除自由基的能力。即通过在 517nm 波长处检测样品清除 DPPH 自由基的效果，来计算抗氧化能力。用于评价食品抗氧化活性的方法还有 2，2′-联氮-双-3-乙基苯并噻唑啉-6-磺酸（ABTS）自由基清除法、羟基自由基清除法等。

第五节　其他应用

吸光光度法还可以用于测定某些物理和化学数据，比如物质的相对分子质量、络合物的配比及稳定常数、弱酸和弱碱的解离常数、化合物中氢键的强度、光度滴定等。下面简述弱酸和弱碱解离常数的测定和吸光度光度滴定法中的应用。

一、弱酸和弱碱解离常数的测定

分析化学中所使用的指示剂或显色剂大多是有机弱酸或有机弱碱。在研究某些新试剂时，均需先测定其解离常数，测定方法主要有电位法和吸光光度法。吸光光度法的灵敏度高，适于测定溶解度较小的有色弱酸或弱碱的解离常数。下面以一元弱酸解离常数的测定为例介绍该方法的应用。

设有一元弱酸 HB，其分析浓度为 c_{HB}，在溶液中有下述解离平衡：

$$HB \rightleftharpoons H^+ + B^- \tag{2-16}$$

$$K_a = \frac{[H^+][B^-]}{[HB]} \tag{2-17}$$

$$pK_a = pH + \lg\frac{[HB]}{[B^-]} \tag{2-18}$$

$$c_{HB} = [HB] + [B^-] \tag{2-19}$$

设在某波长下，HB 和 B^-均有吸收，液层厚度 $b=1cm$，根据吸光度的加和性

$$A = A_{HB} + A_{B^-} = \varepsilon_{HB}[HB] + \varepsilon_{B^-}[B^-] = \varepsilon_{HB}\frac{c_{HB}[H^+]}{K_a+[H^+]} + \varepsilon_{B^-}\frac{c_{HB}K_a}{K_a+[H^+]} \tag{2-20}$$

令 A_{HB} 和 A_{B^-}分别为弱酸 HB 在高酸度和强碱性时的吸光度，溶液中该弱酸几乎全部分别以 HB 或 B^-形式存在。则可以得到下式：

$$pK_a = -\lg\frac{(A_{HB}-A)}{(A-A_{B^-})} + pH \tag{2-21}$$

由式（2-21）可知，只要测出 A_{HB}，A_{B^-}和 pH 就可以计算出解离常数 K_a。这是用吸光光度法测定一元弱酸解离常数的基本公式。解离常数也可通过 $\lg\frac{(A_{HB}-A)}{(A-A_{B^-})}$对 pH 作图，由图解法求出。

二、吸光度光度滴定法

在定量滴定分析中，如果被测组分、滴定剂或反应产物在紫外或可见区有特征吸收，就可以通过测定体系的吸光度变化来指示滴定过程和滴定终点，称为光度滴定法。

在滴定过程中，随着滴定剂的加入，溶液中吸光物质（待测物质或反应产物）的浓度不断

发生变化，因而溶液的吸光度也随之变化。以吸光度 A 对加入的滴定剂体积 V 作图，可得到光度滴定曲线。光度滴定曲线一般由两条斜率不同的直线组成，一条位于化学计量点之前，另一条位于化学计量点之后，两条直线段的交点或延长线的交点，即为滴定终点。

第六节　案例分析——盐酸副玫瑰苯胺法测定食品中的亚硫酸盐

亚硫酸盐可作为添加剂，用于食品漂白、脱色、防腐和抗氧化等，通常是指二氧化硫及能够产生二氧化硫的无机性亚硫酸盐的统称。向干鲜食品中加入适量的亚硫酸盐类，可提高食品色泽，延长存放时间。但如果在食品加工中广泛使用甚至是非法滥用亚硫酸盐，可能导致食品中残留的亚硫酸含量超过食品安全标准限量。由于亚硫酸盐具有一定的毒性，若人体摄入过多，导致红细胞、血红蛋白减少，会出现头晕、呼吸不畅、咳嗽以及恶心等症状。特别是一些患有哮喘病的人，极易因此而出现呼吸道病变等问题。因此，GB 2760—2024《食品安全国家标准 食品添加剂使用标准》中对二氧化硫在食品中的使用范围及最大使用量等都作了明确规定。测定二氧化硫常规的方法主要有碘量法、蒸馏法、盐酸副玫瑰苯胺法、液相色谱法等。盐酸副玫瑰苯胺法是食品中二氧化硫测定通常采用的方法，其原理（图 2-12）是亚硫酸盐或二氧化硫可与四氯汞钠反应生成稳定的络合物，再与甲醛及盐酸副玫瑰苯胺作用生成紫红色物质，其色泽深浅与亚硫酸含量成正比。依据其吸光度与二氧化硫标准曲线可计算出亚硫酸盐的含量。

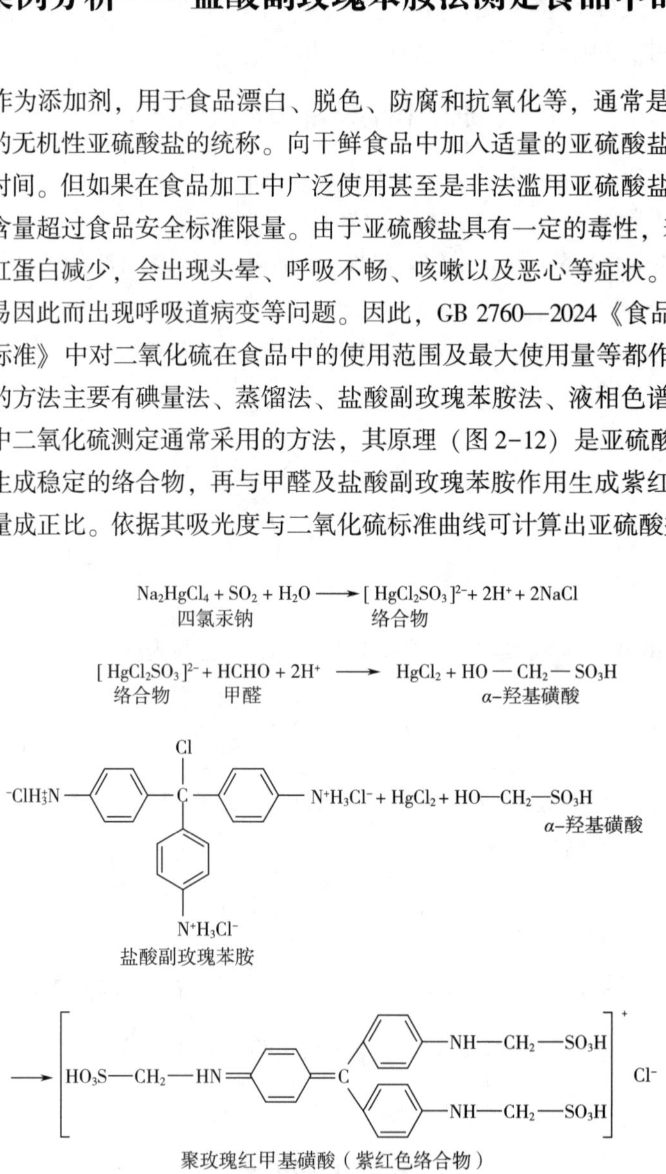

$$Na_2HgCl_4 + SO_2 + H_2O \longrightarrow [HgCl_2SO_3]^{2-} + 2H^+ + 2NaCl$$

四氯汞钠　　　　络合物

$$[HgCl_2SO_3]^{2-} + HCHO + 2H^+ \longrightarrow HgCl_2 + HO-CH_2-SO_3H$$

络合物　　甲醛　　　　α-羟基磺酸

图 2-12　盐酸副玫瑰苯胺法反应原理

1. 二氧化硫标准溶液的制备

参照 QB/T 5009—2016《白砂糖中亚硫酸盐的测定》，称取 0.5g 亚硫酸氢钠，溶于 200mL

四氯汞钠吸收液中，放置过夜，上清液用定量滤纸过滤备用。吸取 10.0mL 亚硫酸氢钠-四氯汞钠溶液于 250mL 碘量瓶中，加 100mL 水，准确加入 20.0mL 碘溶液，5.0mL 冰乙酸，摇匀，放置于暗处 2min 后迅速以硫代硫酸钠标准溶液滴定至淡黄色，加 0.5mL 淀粉指示液，继续滴至无色。另取 100mL 水，准确加入 20.0mL 碘溶液、5.0mL 冰乙酸，按同一方法做试剂空白试验。

计算公式如下：

$$c(SO_2)=\frac{(V_2-V_1)\times c(Na_2S_2O_3\cdot 5H_2O)\times 32.03}{10} \tag{2-22}$$

式中　$c(SO_2)$——二氧化硫标准溶液浓度，mg/mL；

V_2——试剂空白消耗硫代硫酸钠标准溶液体积，mL；

V_1——测定用亚硫酸氢钠-四氯汞钠溶液消耗硫代硫酸钠标准溶液体积，mL；

$c(Na_2S_2O_3\cdot 5H_2O)$——硫代硫酸钠标准溶液的浓度，mol/L；

32.03——与每升硫代硫酸钠标准溶液 [$c(Na_2S_2O_3\cdot 5H_2O)=1.000$mol/L] 相当的二氧化硫的质量，mg。

2. 最大吸收波长的选择

准确吸取 3mL 二氧化硫标准使用液置 25mL 比色管中并加入四氯汞钠吸收液至 10mL，然后再加入 1mL 氨基磺酸铵溶液（12g/L）、1.5mL 甲醛溶液（2g/L）及 1mL 盐酸副玫瑰苯胺溶液，充分混匀后，25°C 下放置 10min，在 480~600nm 波长范围内测定吸光度 A，绘制吸收光谱图。以该紫红色物质的最大吸收波长作为测定波长。

3. 工作曲线的制备

吸取 2.0mL、4.0mL、6.0mL、8.0mL、10.0mL、12.0mL 二氧化硫标准使用液（相当于每 10mL 中二氧化硫含量 5μg、10μg、15ug、20μg、25μg、30μg），分别置于 25mL 具塞比色管中。于标准管中各加入四氯汞钠吸收液至 20.0mL，然后再加入 2.0mL 氨基磺酸铵溶液，2.0mL 甲醛溶液及 2.0mL 盐酸副玫瑰苯胺溶液，摇匀，放置 20min。用 1cm 比色皿，标准溶液用蒸馏水调节零点，于波长 550nm 处测吸光度，绘制标准曲线（每组至少三个平行）。

4. 干扰排除

（1）二氧化硫检测的主要干扰物为氮氧化物　加入氨基磺酸铵是为使亚硝酸分解消除对 SO_2 测定的干扰。

（2）温度对盐酸副玫瑰苯胺比色法测定二氧化硫有较大影响　温度在 15~25℃ 时显色稳定，若温度超出范围需水浴处理，因为液温随时间而下降，吸光度也逐渐下降，出现偏低现象（玫瑰紫色络合物的生成热是正值，温度降低时，会影响其络合平衡）。

（3）显色时间对显色反应也有影响　吸光度随时间的增长而增加，显色 20min 后，吸光度随时间的增长而下降，所以显色时间应控制在 20min 内，到时间应尽快测定。

（4）样品溶液本身的颜色也对结果造成较大的影响　除了精制白砂糖、方糖及部分优级白砂糖溶液的颜色很浅可以忽略不计外，其他有颜色的食糖应进行脱色处理。活性炭进行脱色处理比较耗时，不推荐使用。可采用参比溶液调零的方法，即样品测定时可按上述方法测定，但不应仍以蒸馏水为零管调节零点，可吸取相同容积的样品处理液于 25mL 带塞比色管中，然后加水至总容积 26mL，以此作为零管调节零点，以消除溶液本身颜色的影响，此法比较简单易做，推荐使用，若样品已进行脱色处理，就不必重复此操作。

5. 样品测定

吸取 10.0mL 上述试样处理液于 25mL 具塞比色管中。于试样加入四氯汞钠吸收液至 20.0mL，然后再加入 2.0mL 氨基磺酸铵溶液，2.0mL 甲醛溶液及 2.0mL 盐酸副玫瑰苯胺溶液，摇匀，放置 20min 用 1cm 比色皿，经试样调节零点，于波长 550nm 处测吸光度，从标准曲线中查得相应二氧化硫含量，然后进行计算（每组至少三个平行）。

计算公式如下：

$$X=\frac{A}{m} \tag{2-23}$$

式中 X——试样中二氧化硫的含量，mg/kg；

A——从曲线（或计算）得到相当二氧化硫的质量，μg；

m——测定时所吸取样液中所含样品的质量，g；

6. 误差分析

实验所得数据为多次平行试验的平均值，测定结果用平均值□标准差（$\bar{x}$±SD）的形式表示。误差分析的目的是评定实验数据的精确性，通过误差分析，认清误差的来源及其影响，并设法消除或减小误差，提高实验的精确性。对实验误差进行分析和估算，在评判实验结果和设计方案方面具有重要的意义。误差线是通常用于统计或科学数据，显示潜在的误差或相对于系列中每个数据标志的不确定程度。样本标准差 SD，是离均差平方的算术平均数的平方根。

$$SD=\sqrt{\frac{1}{n-1}\sum_{i=1}^{N}(x_i-\bar{x})^2} \tag{2-24}$$

式中数值 x_1，x_2，x_3，…，x_N（皆为实数），其平均值（算术平均值）为 $\bar{x}$，标准差为 SD。n 为样本数。实际情况下，往往因总体标准差未知，常用样本标准差来估计总体标准差。由此，误差线的范围可以表示为（$\mu-SD$，$\mu+SD$）。

思考题

1. 吸光光度法的原理是什么？有什么优缺点？
2. 紫外-可见分光光度计由哪些部分组成？作用分别是什么？
3. 紫外-可见吸收光谱法可用于哪些食品添加剂的检测？
4. 在吸光光度法中，影响显色反应的因素有哪些？
5. 朗伯-比尔定律的原理是什么？
6. 使用紫外-可见分光光度法如何进行条件优化？

CHAPTER 3

第三章

红外吸收光谱法

学习目标

1. 掌握红外吸收光谱法的基本原理，红外吸收光谱产生的条件及分子振动形式，傅里叶变换红外光谱的基本原理。

2. 学习傅里叶变换近红外光谱仪和傅里叶变换红外光谱仪的主要部件、工作原理及性能指标，能够进行固体样品和液体样品的制备。

3. 了解傅里叶变换近红外光谱仪和傅里叶变换红外光谱仪在食品分析中的应用及优缺点。

第一节　红外吸收光谱法概述及基本原理

一、概述

19 世纪初红外线被发现，由于红外检测器灵敏度较低等原因使得红外光谱技术应用进展缓慢，1892 年，朱利叶斯（Julius）利用岩盐棱镜和测热辐射计采集了 20 多种有机化合物的红外光谱。1905 年，科布伦茨（Coblentz）采集到 128 种化合物的红外光谱，红外光谱与分子结构、官能团之间的特征吸收才得到初步确定。随着计算机技术的发展、化学计量学研究的深入及红外光谱附件的不断更新换代，红外光谱技术（尤其是近红外光谱和中红外光谱技术）得到了快速发展，已广泛应用于食品、农业、环境、石油化工和生物医药等领域。

二、基本原理

红外吸收光谱是一种分子吸收光谱。分子吸收光谱是由分子内电子和原子的运动产生的，当分子内原子在其平衡位置产生振动（分子振动）或分子围绕其重心转动（分子转动），会产生分子振动能级和转动能级的跃迁，此类跃迁所需能量较小，在0.78~1000μm波长下产生红外吸收光谱。

红外吸收光谱区域可分为近红外光区、中红外光区和远红外光区三个部分，如表3-1所示。

表3-1 红外光谱的3个谱区

区域	波长 λ/μm	波数 $\tilde{v}$/cm^{-1}	能级跃迁类型
近红外光区	0.75~2.5	13300~4000	分子中化学键振动的倍频和组合频
中红外光区	2.5~25	4000~400	分子中化学键振动的基频
远红外光区	25~1000	400~10	分子骨架的振动和转动

通常波长 λ 和波数 $\tilde{v}$ 之间存在下述关系：

$$\tilde{v}=\frac{1}{\lambda}=\frac{\nu}{c} \tag{3-1}$$

式中 $\tilde{v}$——波数，cm^{-1}，$\tilde{v}$（cm^{-1}）$=10^4/\lambda$（μm）；

λ——波长，μm；

v——频率，s^{-1}；

c——光速 3.0×10^8 m/s。

在红外吸收光谱的三个区域中，远红外光谱主要是由小分子的转动能级跃迁产生的转动光谱；中红外光谱和近红外光谱是由分子振动能级跃迁产生的振动光谱。仅有简单的气体或气态分子才能产生纯转动光谱，大多数有机化合物的气、液、固态分子产生的是振动光谱，主要集中在中红外光谱区域。

三、分子的振动能级和转动能级

分子的能级由分子内的电子能级、构成分子的原子相互间的振动能级和整个分子的转动能级组成。电子能级跃迁所吸收的辐射能为1~20eV，位于电磁波谱的可见光区和紫外光区（0.2~0.8μm），所产生的光谱称为电子光谱。分子内原子间的振动能级跃迁所吸收的辐射能为0.05~1.0eV，位于电磁波谱的中红外区（1~15μm）；整个分子转动能级跃迁所吸收的辐射能为0.001~0.05eV，位于电磁波谱的远红外区和微波区（10~10000μm）。由分子的振动和转动产生的吸收光谱称为分子的振动和转动光谱。

分子中存在着许多不同类型的振动，其振动自由度与原子的个数有关。若分子由 n 个原子组成，每个原子在空间都有3个自由度。原子在空间的位置可用直角坐标系中的3个坐标 x、y、z 表示，因此 n 个原子组成的分子总共有 $3n$ 个自由度。这 $3n$ 个运动状态包括3个整个分子沿 x 轴、y 轴、z 轴方向的平移运动和3个整个分子绕 x 轴、y 轴、z 轴的转动运动，这6种运动都不是分子的振动，所以分子的振动应为 $3n-6$ 个自由度。对直线形分子，若贯穿原子的轴在x方向，则整个分子只能绕 y 轴、z 轴转动，因此其分子振动只有 $3n-5$ 个自由度。

分子振动时，分子中的原子以平衡点为中心，以非常小的振幅作周期性的振动（简谐振动）。对双原子分子，可把2个原子看成质量分别为 m_A 和 m_B 的2个刚性小球，两球之间的化学键好似一个无质量的弹簧，如图3-1所示。按此模型双原子分子的简谐振动应符合经典力学的胡克定律，其振动频率可表示为：

$$v = \frac{1}{2\pi}\sqrt{\frac{K}{\mu}} \tag{3-2}$$

振动波数表示为

$$\tilde{v} = \frac{1}{2\pi c}\sqrt{\frac{K}{\mu}} \tag{3-3}$$

式中　K——化学键力常数，N/cm；

μ——折合质量，g，$\mu=\frac{m_A m_B}{m_A+m_B}$；

m_A、m_B——两个原子的相对原子质量；

c——光速，3.0×10^8 m/s。

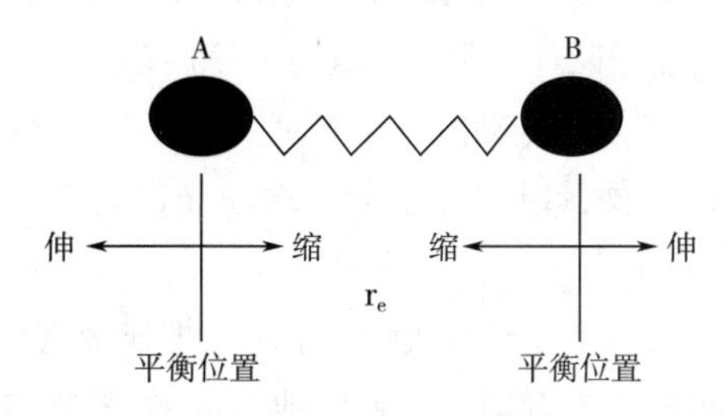

图 3-1　双原子分子的振动（r_e 为振动过程中某瞬间距离）

分子的振动能与振动频率成正比，不同分子的振动频率不同，频率与原子间的化学键力常数成正比，与折合质量成反比。在室温时大部分分子都处于最低的振动能级（$v=0$），当吸收红外辐射后，振动能级的跃迁主要从 $v=0$ 状态跃迁到 $v=1$ 状态，两个振动能级的能量差 $\Delta E_{振}$ 为：

$$\Delta E_{振} = \frac{h}{2\pi}\sqrt{\frac{K}{\mu}} \tag{3-4}$$

式中　h——普朗克常数，6.63×10^{-34} J·s。

如图 3-2 所示，分子的基本振动形式可分为伸缩振动、弯曲（变形）振动及变形振动。

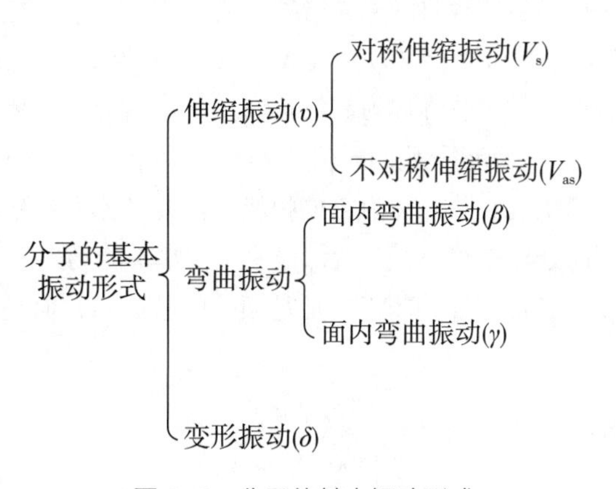

图 3-2　分子的基本振动形式

当分子处于气态时，它能够自由转动，因而在振动能级改变的同时，伴随有转动能级的改变。振动能级之间能级差较大，转动能级之间能级差要小得多。当分子吸收红外辐射时，在振动能级升高的同时，有可能发生转动能级的升高和降低。因此，在气体分子的红外吸收光谱中包含由振动能级改变所决定的吸收带，同时也伴有因转动能级改变产生的吸收带，所以其红外光谱吸收带由一组较长的波长谱线和一组较短的波长谱线所组成。

在液态和固态条件下，由于分子间存在相互作用，分子的转动受到限制，观察不到能够区分开的振动能级改变与转动能级改变所对应谱线的精细结构，只能观察到波长变宽的振动吸收峰。

四、红外吸收光谱的产生条件

当分子吸收红外辐射后，必须满足以下两个条件才会产生红外吸收光谱：一是辐射刚好具有能满足分子跃迁所需要的能量；二是辐射与分子之间有耦合作用发生。

（一）辐射光子具有的能量与发生振动跃迁所需的跃迁能量相等

红外吸收光谱是分子振动能级跃迁产生的。因为分子振动能级差为0.05~1.0eV，比转动能级差（0~0.05eV）大，因此分子发生振动能级跃迁时，不可避免地伴随转动能级的跃迁，因而无法测得纯振动光谱。为讨论方便，以双原子分子振动光谱为例，说明红外光谱产生的这一条件。

若把双原子分子（A-B）的两个原子看成两个小球，把连接它们的化学键看成质量可以忽略不计的弹簧，则两个原子间的伸缩振动，可近似地看成沿键轴方向的简谐振动。在室温时，分子处于基态（$\nu=0$），此时伸缩振动的频率很小。当有红外辐射照射到分子时，若红外辐射的光子（ν_L）所具有的能量（E_L）恰好等于分子振动能级的能量差（ΔE_ν）时，则分子将吸收红外辐射而跃迁至激发态，导致振幅增大。实际上处于基态的分子振动能级差不止一个，因而可能激发到不同振动能级，产生不同的吸收光谱特征，有必要加以区别。

分子吸收红外辐射后，由基态振动能级（$\nu=0$）跃迁至第一振动激发态（$\nu=1$）时，所产生的吸收峰称为基频峰。因为 $\Delta\nu=1$ 时，此时 $\nu_L=\nu$，所以基频峰的位置（ν_L）等于分子的振动频率。

在红外吸收光谱上除基频峰外，还有振动能级由基态（$\nu=0$）跃迁至第二激发态（$\nu=2$）、第三激发态（$\nu=3$）……所产生的吸收峰称为倍频峰。

由 $\nu=0$ 跃迁至 $\nu=2$ 时，振动量子数的差值 $\Delta\nu=2$，则 $\nu_L=2\nu$，即吸收的红外线谱线（ν_L）是分子振动频率的两倍，产生的吸收峰称为二倍频峰。

由 $\nu=0$ 跃迁至 $\nu=3$ 时，振动量子数的差值 $\Delta\nu=3$，则 $\nu_L=3\nu$，即吸收的红外线谱线（ν_L）是分子振动频率的三倍，产生的吸收峰称为三倍频峰，由此类推。在倍频峰中，二倍频峰还比较强，三倍频峰以上，因跃迁概率很小，一般都很弱，常常不能测到。

由于分子非谐振性质，各倍频峰并非正好是基频峰的整数倍，而是略小一些。以 HCl 气体为例：

基频峰　（$\nu_L\to1$）	2885.9cm^{-1}	最强
二倍频峰（$\nu_L\to2$）	5668.0cm^{-1}	较弱
三倍频峰（$\nu_L\to3$）	8346.9cm^{-1}	很弱
四倍频峰（$\nu_L\to4$）	10923.1cm^{-1}	极弱
五倍频峰（$\nu_L\to5$）	13396.5cm^{-1}	极弱

除此之外，还有合频峰（$\nu_1+\nu_2$，$2\nu_1+\nu_2$，…），差频峰（$\nu_1-\nu_2$，$2\nu_1-\nu_2$，…）等，这些峰多数很弱，一般不容易辨认。倍频峰、合频峰和差频峰统称为泛频峰。

以上分析表明，只有当红外辐射频率等于振动量子数的差值与分子振动频率的乘积时，分子才能吸收红外辐射，产生红外吸收光谱。

（二）辐射与物质之间有耦合作用

分子有多种振动形式，并不是每种振动都会吸收红外辐射而产生红外吸收光谱，只有能引起分子偶极矩瞬间变化的振动（称为红外活性振动）才会产生红外吸收光谱，并且影响红外吸收峰的强度。红外吸收峰的强度与分子振动时偶极矩变化的平方成正比，振动时偶极矩变化越大，其吸收强度也越强。

从整体来看，分子是呈电中性的，但是由于构成分子的各原子的电负性（价电子得失的难易不同）的不同，会显示不同的极性，称为偶极子。由此，当分子与外界物质作用时也会显现出极性。通常用分子的偶极矩（μ）来描述分子极性的大小。设正负电荷中心的电荷分别为$+q$和$-q$，正负电荷中心距离为d，则

$$\mu = qd \tag{3-5}$$

由于分子内原子处于在其平衡位置不断振动状态，故任意时刻d的值会不断变化，μ的值也会相应变化。当偶极子处在电磁辐射电场时，该电场做周期性反转，偶极子将经受交替的作用力而使偶极矩增加或减少。由于偶极子具有一定的原有振动频率，显然，只有当辐射频率与偶极子频率相匹配时，分子才与辐射相互作用（振动耦合）而增加它的振动能，使振幅增大，即分子由原来的基态振动跃迁到较高振动能级。因此，并非所有的振动都会产生红外吸收，只有发生偶极矩变化（$\Delta\mu\neq0$）的振动才能引起可观测的红外吸收光谱，该分子称为红外活性的分子；$\Delta\mu=0$的分子振动不能产生红外振动吸收，称为非红外活性的分子。当一定频率的红外光照射分子时，如果分子中某个基团的振动频率与其一致，二者就会产生共振。此时，光的能量通过分子偶极矩的变化而传递给分子，这个基团就吸收一定频率的红外光，产生振动跃迁。如果用连续改变频率的红外光照射某样品，由于试样对不同频率的红外光吸收程度不同，使通过试样后的红外光在一些波数范围减弱，在另一些波数范围内仍然较强，用仪器记录下该试样的红外吸收光谱，就可以进行样品的定性和定量分析。

五、傅里叶变换红外光谱的基本原理

随着计算机技术的不断发展，傅里叶变换红外光谱技术得到更加广泛应用。目前，傅里叶变换红外光谱仪遍布我国高等院校、科研机构、企业和各种分析测试部门，在教学、科研和分析测试中发挥着越来越重要的作用，下面对傅里叶变换红外光谱的基本原理做简单介绍。

（一）单色光干涉图和基本方程

红外光谱仪中所使用的红外光源发出的红外光是连续的，从远红外区到中红外区到近红外区，是由无数个无限窄的单色光组成的。当红外光源发出的红外光通过迈克尔逊干涉仪（Michelson interferometer）时，每一种单色光都发生干涉，产生干涉光。红外光源的干涉图就是由这些无数个无限窄的单色干涉光组成的。也可以说，红外干涉图是由多色光的干涉光组成的。

为了更好地理解在迈克尔逊干涉仪中多色光的干涉情况，首先考虑单色光的干涉情况。如果一个单色光源在理想状态下能发出一束无限窄的理想的准直光，即单色光，假设单色光的波

长为 λ （cm），波数为 ν （cm^{-1}，即波长的倒数）。

假定分束器是一个不吸收光的薄膜，它的反射率和透射率各为50%。当单色光照射到干涉仪中的分束器后，50%的光反射到固定镜，又从固定镜反射回到分束器，另外50%的光透射过分束器到达动镜，又从动镜反射回到分束器。这两束光从离开分束器到重新回到分束器，所走过的距离的差值称为光程差。如图3-3所示，光程差值为2（$OM-OF$），用符号 δ 表示光程差。

$$\delta = 2(OM - OF) \tag{3-6}$$

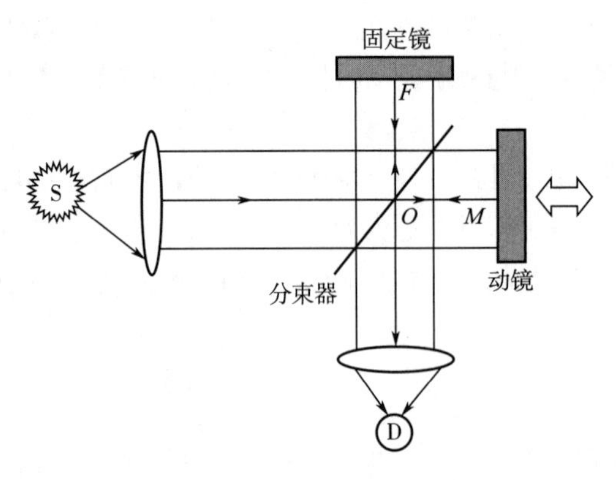

图3-3 迈克尔逊干涉仪示意图

当固定镜和动镜到分束器的距离相等时，称此时的光程差为零光程差（$\delta=0$）。在零光程差时，从固定镜和动镜反射回到分束器上的两束光，它们的相位完全相同，这两束光相加后并没有发生干涉，相加后光的强度等于这两束光的强度之和，如图3-4（1）所示。如果从固定镜反射回来的光全部透射过分束器，从动镜反射回来的光也全部在分束器上反射，那么，检测器检测到的光强就等于单色光源发出的光强。

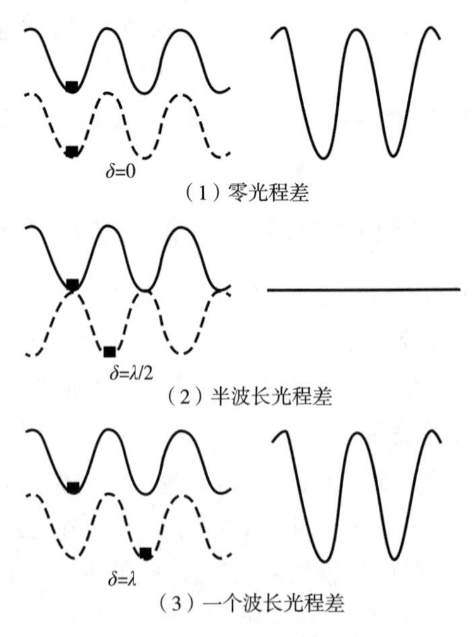

图3-4 来自固定镜（实线）和动镜（虚线）的单色光在不同光程差时的相位示意图（左）和检测器检测到的光强示意图（右）

当动镜移动 1/4 波长时，此时的光程差 $\delta=\lambda/2$，从固定镜和动镜反射回到分束器上的两束光，它们的相位差正好等于半波长，也就是说，它们的相位差为 180°，此时这两束光的相位正好相反。这两束光发生干涉，两束光相加后相互抵消，光强正好等于零。如图 3-4（2）所示，这时检测器检测到的信号为零。

当动镜沿同一方向再移动 1/4 波长时，此时的光程差 $\delta=\lambda$，从固定镜和动镜反射回到分束器上的两束光，它们的相位差正好等于一个波长，它们的相位完全相同。这种情况与零光程差时完全一样。如图 3-4（3）所示。

如果动镜以匀速移动，检测器检测到的信号强度呈余弦波变化，也就是说，单色光的干涉图是一个余弦波。当光程差等于单色光波长的整数倍时，到达检测器的信号最强。所以，对于单色光来说，干涉图上无法确定哪一点对应零光程差。由于动镜以匀速移动，检测器检测到的干涉光的强度是光程差的函数，以符号 $I'(\delta)$ 表示，当光程差 $\delta=n\lambda$（n 是一个整数）时，干涉光的光强等于单色光光源的光强。当光程差 δ 等于其他值时，检测器检测到的干涉光强 $I'(\delta)$ 由式（3-7）给出：

$$I'(\delta) = 0.5I(\nu)\left[1+\cos\left(2\pi\frac{\delta}{\lambda}\right)\right] = 0.5I(\nu)[1+\cos(2\pi\nu\delta)] \tag{3-7}$$

式中　$I(\nu)$ ——波数为 ν 的单色光光源的光强。

从式（3-7）可以看出，当光程差 δ 等于波长的整数倍时，$\cos\left(2\pi\frac{\delta}{\lambda}\right)=1$，$I'(\delta)=I(\nu)$。

光的强度 $I'(\delta)$ 由两部分组成：一部分是常数项 $0.5I(\nu)$，另一部分是余弦调制项 $0.5I(\nu)\cos(2\pi\nu\delta)$。

在光谱测量中，余弦调制项的贡献是主要的。干涉图就是由余弦调制项产生的。单色光通过理想的干涉仪得到的干涉图 $I(\delta)$ 由式（3-8）给出：

$$I(\delta) = 0.5I(\nu)\cos(2\pi\nu\delta) \tag{3-8}$$

式中　$I(\delta)$ ——单色光通过理想的干涉仪得到的干涉图。

从式（3-8）可以看出，干涉图 $I(\delta)$ 与单色光的光强 $I(\nu)$ 成正比。实际上，干涉图不只是与单色光的光强有关，还有几个因素会影响检测器检测到的信号强度。

第一，不可能找到一种理想的分束器，它的反射率和透射率正好都是 50%。而且，对于同一种介质，不同波长的光反射率也不相同。因此，式（3-8）中的 $I(\nu)$ 应乘以一个与波数有关的因子。

第二，绝大多数的红外检测器并不是对所有的波数都能均匀地响应。

第三，红外仪器中的许多放大器的响应也与频率有关。因为放大器中通常都有滤波电路，除了红外信号以外，还会有其他信号到达检测器，滤波电路的设计就是将红外信号以外的信号去除掉。正是这些滤波器使放大器的响应与频率有关。

总之，检测器检测到的干涉图强度不仅正比于光源的强度，而且正比于分束器的效率、检测器的响应和放大器的特性。以上三个因素对于某一特定仪器的影响会保持不变，是一个常量。因此，式（3-8）应该乘以一个与波数有关的因子 $H(\nu)$。式（3-8）变成

$$I(\delta) = 0.5H(\nu)I(\nu)\cos(2\pi\nu\delta) \tag{3-9}$$

式中　$H(\nu)$ ——与波数有关的因子。

设0.5H（ν）I（ν）等于B（ν），式（3-9）变成

$$I(\delta) = B(\nu)\cos(2\pi\nu\delta) \tag{3-10}$$

式中　B（ν）——经仪器特性修正后的波数为ν的单色光光源强度。

这就是干涉图最简单的方程，也是波数为ν的单色光的干涉图方程。参数B（ν）代表经仪器特性修正后的波数为ν的单色光光源强度。

数学上，I（δ）称为B（ν）的余弦函数傅里叶变换。光谱要从干涉图I（δ）的余弦函数傅里叶逆变换计算得到。这就是傅里叶变换光谱名称的来源。

单色光的干涉图是余弦波，所以对单色光干涉图进行傅里叶变换是非常简单的操作，因为余弦波的振幅和波长（或频率）都可以直接测量。

（二）二色光干涉图和基本方程

单色光的干涉图是一条余弦波，余弦波的波长等于单色光的波长。二色光的干涉图是由两个单色光的干涉图叠加的结果，也就是由两个不同波长的余弦波叠加而成。

假设两条无限窄的单色光的波数分别为ν_1和ν_2，它们的光强相同，如图3-5（1）所示。这两条单色光的波长分别为λ_1和λ_2，假设$10\lambda_1=9\lambda_2$，如图3-6所示。图3-6（1）中的实线代表波长为λ_1的单色光的干涉图，虚线代表波长为λ_2的单色光的干涉图。当这两条干涉图相加时，就得到二色光的干涉图，如图3-6（2）所示。

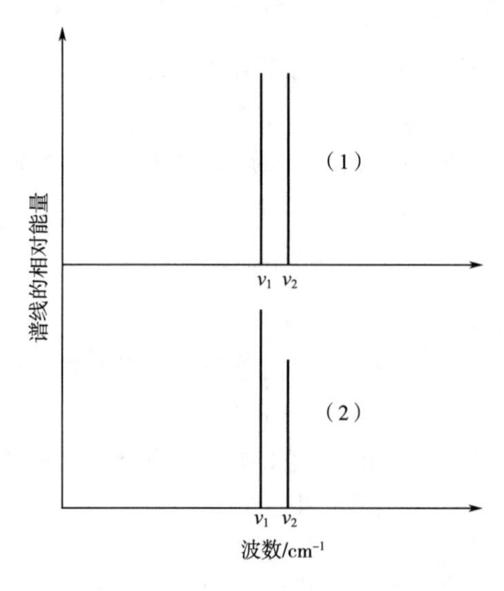

图3-5　二色光光源发出的两条无限窄的单色光光谱

（1）强度相等的两条无限窄的谱线　（2）强度不相等的两条无限窄的谱线

在光程差等于零（$\delta=0$）时，由于这两条单色光的强度相等，干涉图的强度等于余弦波振幅的两倍，当光程差等于$5\lambda_1$时，正好是波长为λ_1的波峰和波长为λ_2的波谷，这两个余弦波的相位正好相反，相加的结果表现在干涉图的强度等于零。当光程差等于$10\lambda_1$时，这两个余弦波的相位正好相同，此时干涉图的强度又等于余弦波振幅的两倍。当光程差继续增加时，干涉图又重复这个单元，如图3-7（1）所示。

假如两个单色光的强度不相同，如图3-5（2）所示，它们的干涉图示于图3-7（2）中。图3-7（1）和图3-7（2）形状很相似，需要注意的是，在图3-7（2）中，在两个余弦波相位

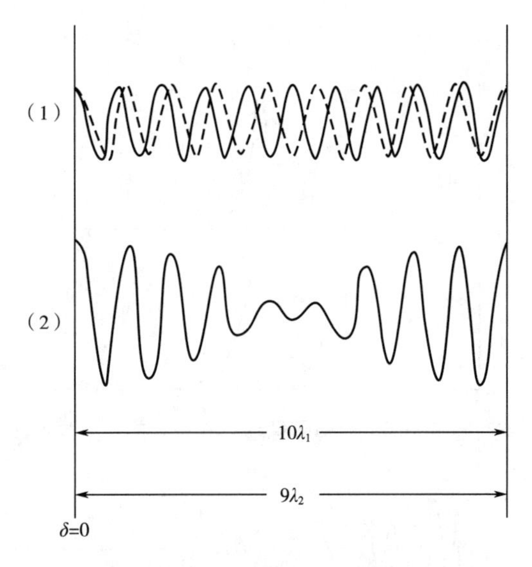

图 3-6　强度相等的二色光干涉图示意图

（1）两条单色谱线干涉图　（2）两条单色谱线干涉图叠加的结果

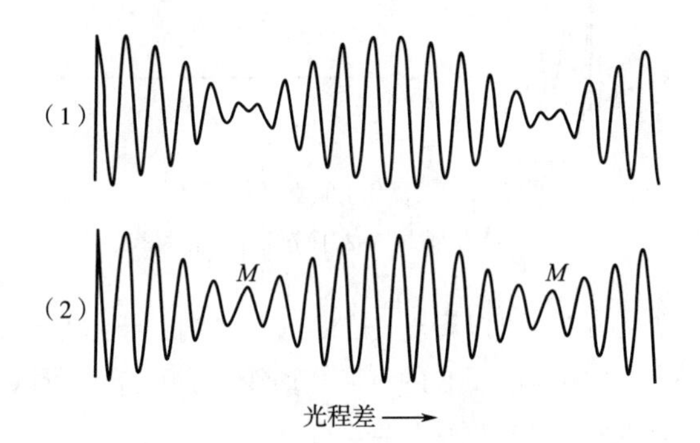

图 3-7　距离相等的强度相等和强度不相等的二色光干涉图示意图

（1）强度相等的二色光干涉图示意图　（2）强度不相等的二色光干涉图示意图

正好相反的地方（点 *M* 处），干涉图的强度不等于零。

图 3-7（1）和图 3-7（2）中的干涉图都具有对称性，因此，在二色光干涉图中，单从干涉图也无法确定零光程差的位置。

二色光干涉图的方程和单色光干涉图的方程相同［式（3-10）］，干涉图的强度等于两个单色光干涉图强度的叠加。干涉图的强度与两个单色光的波数和强度有关，与光程差有关。

（三）多色光和连续光源的干涉图及基本方程

单色光干涉图的傅里叶变换是非常简单的，但是，如果一个光源发射的是几条不连续的谱线，或发射的是连续的辐射，得到的干涉图就要复杂得多，就要用计算机对干涉图进行傅里叶变换。

当一个光源发出的辐射是几条线性的单色光时，测得的干涉图是这几条单色光干涉图的加和。图 3-8 是简单的连续光源发出的辐射，谱线 B 的宽度是谱线 A 的两倍。谱线 A 和谱线 B 的干涉图分别示于图 3-9（1）和图 3-9（2）中。

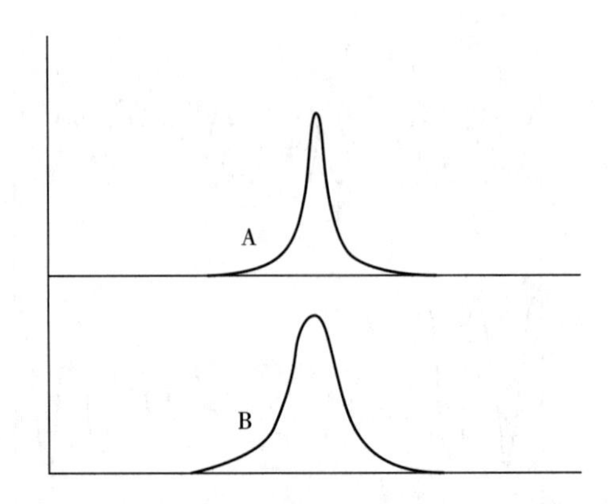

图 3-8　简单的连续光源的辐射示意图（谱线 B 的宽度是谱线 A 的两倍）

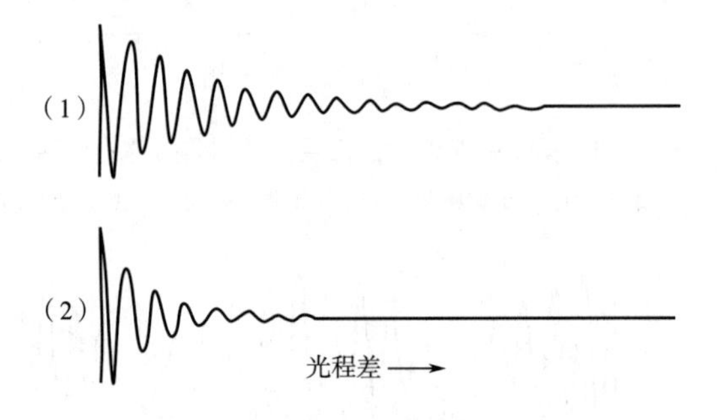

图 3-9　简单的连续光源干涉图

（1）和（2）分别代表图 3-8 中光源 A 和光源 B 的干涉图

从图 3-9（1）和图 3-9（2）可以看出，在零光程差时，干涉信号最强。随着光程差的增加，干涉图强度呈指数衰减。因为谱线 B 的宽度是谱线 A 的两倍，所以谱线 B 对应的干涉图衰减速度比谱线 A 对应的干涉图衰减速度快一倍。

图 3-10 是一个连续光源的干涉图，也是一台傅里叶变换红外光谱仪中红外光源的干涉图。

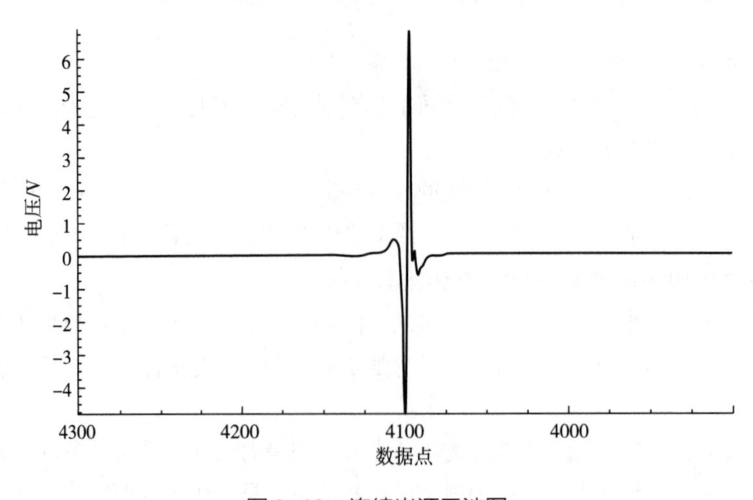

图 3-10　连续光源干涉图

对于连续光源，干涉图用积分的形式表示，即对单色光干涉图方程［式（3-10）］进行积分。

$$I(\delta) = \int_{-\infty}^{+\infty} B(\nu)\cos(2\pi\nu\delta) \tag{3-11}$$

$I(\delta)$ 表示光程差为 δ 这一点时，检测器检测到的信号强度。这个信号是从 $-\infty \rightarrow +\infty$ 对所有波数 ν（不同波长的光）进行积分得到的，即所有不同波长的光强度的加和。因为 δ 是连续变化的，因而得到一张完整的干涉图。

式（3-11）得到的只是干涉图，为了得到红外光谱图，要对式（3-11）进行傅里叶逆变换：

$$B(\nu) = \int_{-\infty}^{+\infty} I(\delta)\cos(2\pi\nu\delta)\,\mathrm{d}\delta \tag{3-12}$$

式（3-11）和式（3-12）是余弦函数傅里叶变换式，是傅里叶变换光谱学的基本方程。

请注意，$I(\delta)$ 是一个偶函数，因此，式（3-12）可以重新写成

$$B(\nu) = 2\int_{0}^{+\infty} I(\delta)\cos(2\pi\nu\delta)\,\mathrm{d}\delta \tag{3-13}$$

式（3-13）表明，理论上可以测量波数范围为 $0 \sim +\infty$ cm^{-1} 且分辨率无限高的光谱。从式（3-11）可以看出，为了得到这样一张干涉图，干涉仪的动镜必须扫描无限长的距离，即 δ 要在 $0 \sim +\infty$ 变化。这样，红外仪器的干涉仪要做成无限长。显然，这是不可能的。

从式（3-11）也可以看出，如果用数字计算机进行傅里叶变换，干涉图必须数字化，而且必须在无限小的光程差间隔中采集数据。显然，这也是不可能的。

实际上，商用红外光谱仪干涉仪中的动镜扫描的距离是有限的，而且数据采集的间隔也是有限的。

（四）干涉图数据的采集

采集无数个数据要耗尽计算机的存储空间。即使这些数据能够采集，实施傅里叶变换也需要无限长时间。因此，只能在干涉仪动镜移动过程中，在一定的长度范围内，在距离相等的位置采集数据，由这些数据点组成干涉图。然后对这个干涉图进行傅里叶逆变换，得到一定范围内的红外光谱图。

这里所说的距离相等，指的是光程差相等，在相等的光程差间隔位置采集数据点，而不能在动镜连续移动的情况下，在相等时间间隔采集数据点。因为动镜移动速度的微小变化都会改变数据点采集的位置，从而影响计算得到的光谱。

在实验中，数据的采集是用氦-氖（He-Ne）激光器控制的。在干涉仪动镜移动过程中，He-Ne 激光光束和红外光光束一起通过分束器，有一个独立的检测器检测从分束器出来的激光干涉信号。He-Ne 激光的谱线宽度非常窄，有非常好的相干性。He-Ne 激光干涉图在动镜移动过程中是一个不断伸延的余弦波，波长为 0.6329μm。干涉图数据信号的采集是用激光干涉信号触发的。

在测量中红外和远红外光谱时，每经过一个 He-Ne 激光干涉图余弦波采集一个数据点。数据点间隔的光程差 Δx 为 0.6329μm，即动镜每移动 0.31645μm 采集一个数据点，如图 3-11（1）所示。

在测量近红外光谱时，每经过半个 He-Ne 激光干涉图余弦波采集一个数据点，即在余弦波

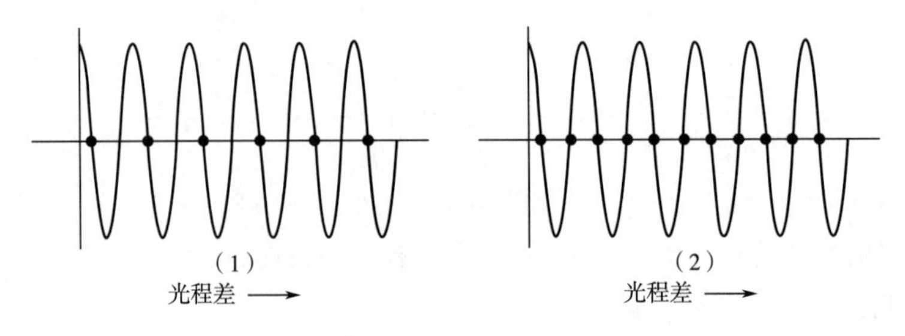

图 3-11　数据点采集示意图

(1) 测量中红外和远红外光谱时，每经过一个 He-Ne 激光干涉图余弦波采集一个数据点
(2) 测量近红外光谱时，每经过半个 He-Ne 激光干涉图余弦波采集一个数据点

的每个零值处采集数据。数据点间隔的光程差 Δx 为 0.31645μm，即动镜每移动 0.158225μm 采集一个数据点。如图 3-11 (2) 所示。近红外光谱的测试，数据点之间的间隔只有中红外和远红外的 1/2。这是因为采样间隔与测得的光谱范围有关。干涉图采样间隔无限小（无限小的光程差）时，能得到 $-\infty \sim +\infty\ cm^{-1}$ 光谱。也就是说，采样间隔越小，测得的光谱区间越大。

干涉图采样间隔 Δx 必须符合式 (3-14)：

$$\Delta x \leqslant \frac{1}{2\nu_{max}} \tag{3-14}$$

式中　ν_{max}——所测光谱区间的最高波数。

如果干涉图采样间隔 $\Delta x > 1/(2\nu_{max})$，从干涉图计算得到的光谱会出现叠加而发生畸变。同样，干涉图采样间隔 Δx 并不是越小越好。Δx 远小于 $1/(2\nu_{max})$ 是不必要的，因为这意味着进行傅里叶变换计算的数据点数量增多，计算时间增长。

现在计算一下中红外和远红外光谱区间的干涉图采样间隔。中红外区光谱范围为 4000~400cm^{-1}，最高波数为 4000cm^{-1}。根据式 (3-14) 得

$$\Delta x \leqslant \frac{1}{2\times 4000cm^{-1}} = 1.25\mu m \tag{3-15}$$

即在中红外区，干涉图采样间隔 Δx 必须≤1.25μm。实际的采样间隔 Δx 为 0.6329μm，符合采样条件。如果采样间隔为两个 He-Ne 激光干涉信号余弦波，则采样间隔 Δx>1.25μm。不符合干涉图采样条件。

如果远红外区光谱范围为 650~30cm^{-1}，根据计算，Δx≤7.7μm。有些红外光谱仪的远红外采样间隔是可选的，间隔可以比中红外区长一倍。如果不选，仪器将按中红外区的采样间隔采集数据。

至于近红外区，如果最高波数 ν_{max} 为 12000cm^{-1}，由式 (3-14) 计算得到 Δx≤0.417μm。如果也和中红外区的采样间隔相同（Δx 为 0.6329μm），就不符合干涉图采样间隔的条件。因此必须缩短干涉图采样间隔，实际的采样间隔 Δx 为 0.3164μm。

干涉图数据采集的方式有好几种，根据不同的分辨率或不同的需要，仪器会自动选用不同的采集方式，主要包括单向采集数据和双向采集数据，其中单向采集数据又包括单边采集数据和双边采集数据。有些红外仪器也可以人为设定不同的采集方式。

第二节　红外光谱仪

红外光谱根据其测定的频率范围，可分为近红外区、中红外区及远红外区的吸收光谱。在近红外区大部分的吸收峰是氢伸缩振动的泛频峰，这些峰可供研究如—OH、—NH、—CH 等官能团用；中红外区主要研究化合物的基本振动频率，从中红外区所得的红外光谱可得到大量关于官能团及分子结构的信息；远红外区可给出转动跃迁和晶格的振动类型以及大分子的骨架振动信息。对大多数有机化合物的气、液、固态分子来说，产生的是振动光谱，仅有简单的气体或气态分子能产生纯转动光谱。因此，最重要的应用是中红外区有机化合物的结构鉴定。通过与标准谱图比较，可以确定化合物的结构。对于未知样品，通过官能团、顺反异构、取代基位置、氢键结合以及络合物的形成等结构信息可以推测结构。近年来，随着科学技术不断完善，以及化学计量学软件的发展，使得近红外光谱技术在有机物定量分析的应用方面快速发展，已广泛用于各个领域。

一般情况下，提及中红外光谱仪时指的是傅里叶变换红外光谱（FTIR）仪。近红外光谱仪种类繁多，从应用的角度分类，可以分为在线过程监测仪器、专用仪器和通用仪器，目前较为常用的是傅里叶变换近红外光谱（FTNIR）仪，其他类型近红外光谱仪实际应用较少，因此本节将对 FTNIR 与 FTIR 两种分析技术进行详细介绍。

FTNIR 技术和 FTIR 技术各有特点，在应用时，需要根据不同的应用场景，选择使用不同的技术和方法。其主要的技术特征见表 3-2。

表 3-2　　FTNIR 与 FTIR 技术主要技术特征比较分析

序号	项目	FTNIR 技术	FTIR 技术
1	有效光谱范围	波数范围为 12000~4000cm^{-1}	波数范围为 4000~400cm^{-1}
2	光程长度	较长，可以是几厘米	较短，几微米到几毫米
3	频率特性	光谱的合频和倍频	光谱的基频
4	信息量	小，约为中红外的千分之一	大约为近红外的 1000 倍
5	特征吸收峰	任何一特征点都是反映混合化学组分的综合信息，无任何特征吸收峰	有足够清晰独立的特征吸收峰或谱带，组分含量和其对应的吸光度成正比关系
6	化学组成测定	需要建立校正集样品数据库，进行化学计量和统计相关计算	直接测量吸收峰或谱带得到化学组分
7	物理特性测定	根据组分数据，再经过二级相关统计计算	根据组分数据，经过一级相关计算
8	数学方法模型	需要建立校正集样品数据库和化学计量法相关计算，完全依赖数学统计模型	不需要建立校正集样品数据库，计算简单，组分直接根据吸收峰得出，结果对模型的依赖小

续表

序号	项目	FTNIR 技术	FTIR 技术
9	硬件误差对结果的影响	细微硬件差异经大量数学计算，结果偏差将被放大，增加系统误差概率，无法进行批量资源共享，一机一模型的标定方法	数据直接取于吸收峰，系统误差概率低，一机标定模型可进行多机共享
10	样品测试范围	只能测试已经标定的即校正集中的样品	可以测试标定范围以外的样品
11	混合样的测试	不适合	适合
12	分析适用性	分析适用性测定结果取决于基础校正集样品数据的准确性，不能测试校正集范围外的样品	适合分析复杂的样品
13	光源能量	强，光谱穿透能力强	弱，光谱穿透能力弱
14	光谱获取	简便性好	需要特性的装置获取光谱
15	光谱信息	无指纹光谱区域	有相关物质指纹光谱区域

一、傅里叶变换近红外光谱技术

傅里叶变换近红外光谱（FTNIR）技术集合物性学、化学、物理学、计算机科学、信息科学及相关技术于一体，是近年来发展最为迅速的分析技术之一。我国从 20 世纪 80 年代开始进行傅里叶变换近红外光谱技术的研究和应用工作，20 世纪 90 年代后期逐渐应用到农业、石油、制药和食品等多个领域。傅里叶变换近红外光谱技术应用于食品领域的时间虽然不算太长，但其在食品成分和有害物质定量分析方面具有突出的优点，使得其在食品检测领域中的应用越来越广泛。

（一）工作过程

傅里叶变换近红外光谱的测定方法主要有：透射光谱法和反射光谱法。透射光谱法（多指短波近红外区，波长一般在 0.7~1.1μm）是指将待测样品置于光源与检测器之间，检测器所检测的光是透射光或与样品分子相互作用后的光（承载了样品的结构与组成信息，见图 3-12）。

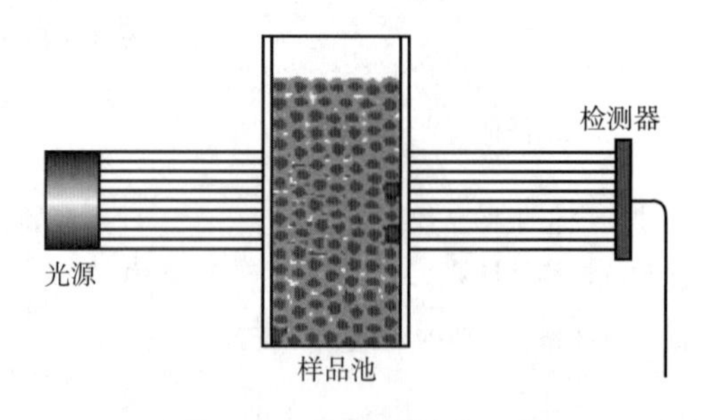

图 3-12　透射光谱法示意

被测物质是透明的物质（溶液），物质（溶液）内部只发生光的吸收，没有光的反射、散射、荧光等其他现象发生时，其吸光度遵循朗伯-比尔定律：

$$A = \lg \frac{I_0}{I_t} = \lg \frac{1}{T} = Kbc \tag{3-16}$$

式中　A——被测物的吸光度；

I_0——入射光强度；

I_t——透射光强度；

T——透射比。

在 FTNIR 实际测量中，由于被测物是放在样品池中，在界面间会发生反射，且大多数物质都非透明液体，这些都导致光束的衰减。为了补偿这些影响，在另一等同的吸收池中放入标准物质（又称参比）与被分析物质的透射强度进行比较。将入射光 I_0 分别照射标准溶液和试验溶液，分别测得透射光强度为 I_s 和 I_t，引入了相对透射比 T 概念：

$$T = \frac{I_t}{I_s} \tag{3-17}$$

$$A = \lg \frac{I_s}{I_t} = \lg[1/T] \tag{3-18}$$

式中　A——相对吸光度，应用时通称吸光度；

I_s——标准溶液透射光强度；

I_t——试验溶液透射光强度。

反射光谱法（多指长波近红外区，波长一般在 1.1~2.5μm）是指将检测器和光源置于样品的同一侧，检测器所检测的是样品以各种方式反射回来的光（图 3-13）。物体对光的反射又分为规则反射（镜面反射）与漫反射。规则反射指光在物体表面按入射角等于反射角的反射定律发生的反射；漫反射是光投射到物体后（常是粉末或其他颗粒物体），在物体表面或内部发生方向不确定的反射。应用漫反射光进行的分析称为漫反射光谱法。

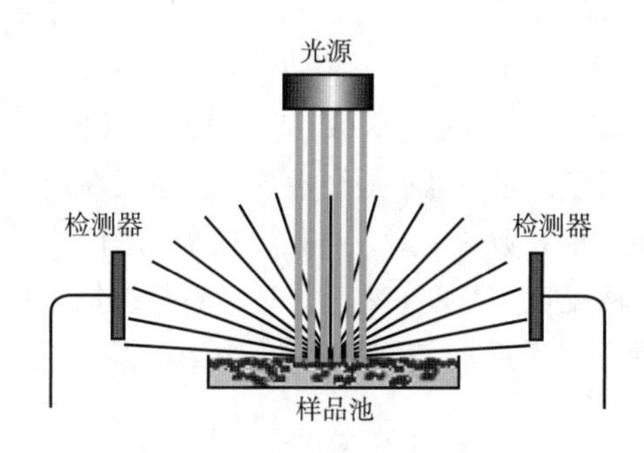

图 3-13　反射光谱法示意

在探讨漫反射光强度与样品浓度之间的关系时，引入库贝尔卡-蒙克方程：

$$\frac{K}{S} = \frac{(1 - R_\infty)^2}{2R_\infty} \tag{3-19}$$

式中　K——试料的吸收系数（单位面积，单位深度）；

S——试料散射系数；

R_∞——样品厚度大于入射光透射深度时的漫反射比（含镜面反射），定义为全部漫反射光强与入射光强之比，又称绝对反射率。

与透射相似，引入相对反射率概念，即将试料的反射光强与标准版（参比）的反射光强之比定义为相对反射率 R（一般记作 R）。对于标准测试板，其绝对反射率为 $R_\infty^s = I_s/I_o$，对于测试样，其绝对反射率为 $R_\infty^t = I_t/I_o$，则相对反射率定义为：

$$R = R_\infty^t / R_\infty^s = I_t/I_s \tag{3-20}$$

将相对反射率代替绝对反射率，式（3-19）变成：

$$\frac{K}{S} = \frac{(1-R)^2}{2R} = f(R) \tag{3-21}$$

式中，K 与被测物质的摩尔吸收系数 ε 和试样浓度呈比例关系，因此在散射系数不变（或认为不变）的条件下，显然 $f(R)$ 也是与试样浓度成正比的量。在漫反射条件下，$f(R)$ 也满足朗伯-比尔定律。因此，漫反射测量时也定义名义吸光度：

$$A = \lg\left[\frac{I_s}{I_t}\right] \tag{3-22}$$

代入入射光强度 I_0，式（3-22）可以变换为：

$$A = \lg\left[\frac{I_s}{I_0} * \frac{I_0}{I_t}\right] = \lg\frac{1}{R_t{}^*} - \lg\frac{1}{R_s{}^*} \tag{3-23}$$

式中　$R_t{}^*$——试料的绝对反射率；

$R_s{}^*$——标准板的绝对反射率。

因此，即使是同一试样，如果标准板不一样，FTNIR 将会发生上下移动。故当进行一系列试验时，使用同一标准板是一个最基本的要求。在 FTNIR 分析中，A（λ）简称吸光度，比较式（3-20）和式（3-22）可以得到：

$$A = \lg\frac{1}{R} \tag{3-24}$$

在漫反射条件下，由于库贝尔卡-蒙克函数（与浓度 c 呈比例关系）与吸光度之间不是线性关系，因此吸光度与试样浓度 c 之间也不是线性关系。但是在定量分析中所用到的吸光度变化范围都很小，并且当影响散射系数的因素（粒径、温度、颜色、组织疏密均匀度等）变化不大时，可以忽视散射影响，吸光度与浓度 c 之间可近似看作线性关系。在一定条件下，也可以认为反射率 R 与试样浓度呈线性关系，实践和试验也都证明了这一点。

（二）基本构成

光学系统是傅里叶变换近红外光谱仪的核心，主要包括光源、分光系统、测样附件和检测器等部分。

（1）光源　傅里叶变换近红外光谱仪光源应在所测量的光谱区域内，发射一定强度的稳定光辐射，照射试样。傅里叶变换近红外光谱仪最常用的光源是卤钨灯，价格相对较低。发光二极管（LED）是一种新型光源，波长范围可以设定，线性度好，适于在线或便携式仪器，但价格较高。目前，在一些专用仪器上，也有采用激光发光二极管作光源，其单色性更好。

（2）分光系统　是光学系统的核心器件，其作用是将复合光转化为单色光。根据分光器相对于样品的放置位置，光谱仪结构可分为前分光和后分光两种形式，傅里叶干涉仪多采用前分光方式，即通过样品的光束是经过分光系统得到的单色光。

（3）测样附件　是指承载样品的器件。液体样品可使用玻璃或石英样品池，在短波近红外区，常使用较长光程的样品池（20~50mm）。固体样品可使用积分球或漫反射探头，近年来，也有不少采用透射方式测量固体样品的报道。现场分析和在线分析常用光纤附件。

（4）检测器　检测器用于把携带样品信息的傅里叶变换近红外光谱信号转变为电信号，再通过A/D转变为数字形式输出。用于近红外区域的检测器可分为单点检测器和阵列检测器两种。

（三）近红外光谱仪测样附件

近红外光谱穿透能力强，因此一般可直接对样品进行近红外光谱测量，不需要进行样品预处理。而样品的物态、形状各式各样，这就需要采用不同的测样附件去适应各种形态的样品。傅里叶变换近红外光谱仪的测试方法主要分为透射和反射两种类型。依据不同的测量对象，又可细分为透（反）射、漫反射、漫透（反）射等方式。针对不同的测量对象，各仪器厂商开发出了形形色色的测样附件。下面主要介绍实验室型近红外光谱仪常用的测量附件。

1. 透射和透反射测样附件

对于均匀透光液体，如食用油、白酒、蜂蜜等样品，透射是最理想的测量方式。最常用的透射测量附件是石英材料制成的比色皿（图3-14），用于装载比色皿的池架通常为标准件。依据不同的测量对象和使用的波段，可选用不同光程和结构的比色皿。透反射与透射的测量原理相同，只是在比色皿后放置一组反射镜，使透过比色皿的光又折回重新通过样品。显然，与透射相比，透反射的光程增加一倍。

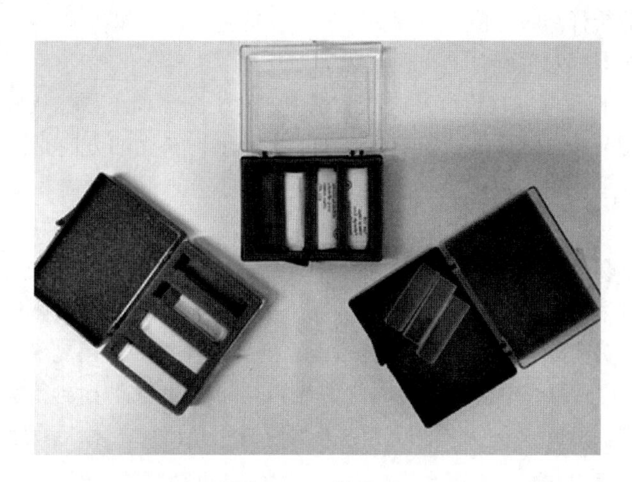

图3-14　比色皿

如图3-15所示，浸入透（反）射式光纤探头是另一种常用的透射测样附件，其种类多样，但原理基本相似。浸入透射式光纤探头的原理是入射光纤传输的光经透镜耦合准直后变成平行光，照射到棱镜上，经棱镜改变光的传输方向后，进入待测样品，携带样品信息的光再通过透镜耦合进入出射光纤中。透反射光纤探头的原理与透射探头相似，只是入射光和出射光都通过样品，对于同样窗口开度的探头，透反射方式的光程为透射方式的2倍。光纤探头进行样品测量时较为方便，只需将探头完全浸入液体即可，但使用时，应注意不要过度弯曲光纤，以防折断。

2. 漫反射测样附件

对于固体颗粒、粉末等样品，如谷物、面粉等，漫反射是最常见的傅里叶变换近红外光谱

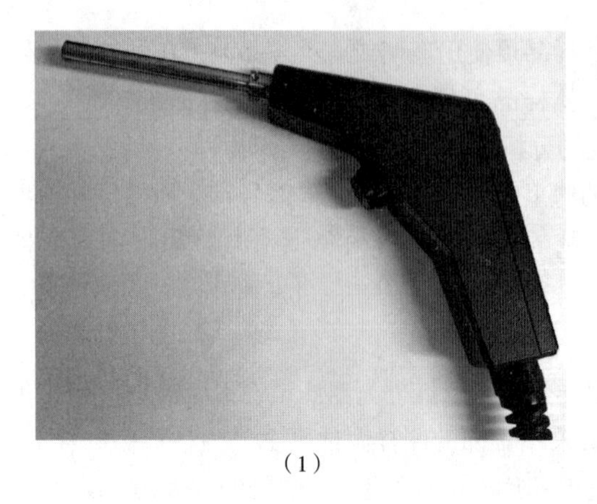
（1）

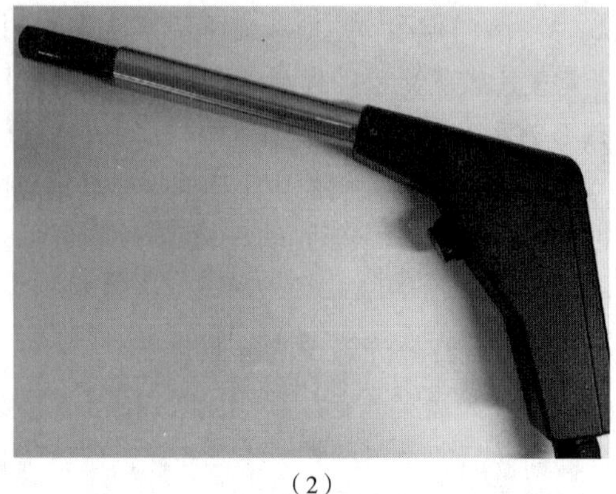
（2）

图 3-15 浸入透（反）射式光纤探头
（1）固体（2）液体

测量方式。在漫反射过程中，分析光与样品表面或内部作用，光传播方向不断变化，最终携带样品信息又反射出样品表面，由检测器进行检测。目前主要有三种类型附件用于漫反射测量：

（1）普通漫反射附件　是结构相对简单、也是最早使用的一种漫反射测量附件。分析光垂直照射到样品杯或样品瓶中盛放的样品上，检测器在 45°收集反射光，为有效收集反射光，在 45°方向上可使用 2 个或 4 个检测器。为了减少样品的不均匀性给光谱测量带来的影响，用于漫反射测量的样品杯通常设计为可旋转式或上下往复运动式，以得到重复性或再现性好的光谱。在采用漫反射方式分析样品时，应注意保持每次装样的一致性，如颗粒大小、样品的松紧度等。此外，还应保证装样厚度对近红外光来说是无穷厚。

（2）积分球　在傅里叶变换近红外光谱测量中，对于固体和小颗粒状样品，另一种常见的漫反射测样方式是积分球。从固体或粉末样品表面漫反射回来光的方向是向四面八方的，积分球的作用就是收集这些反射光以被检测器检测。显然，积分球的反射光收集率在一定程度上优于以上提到的普通漫反射测量附件，得到的光谱信噪比高、重复性也较好。而且，检测器放置在积分球的出口，不易受到入射光束波动的影响。

（3）光纤漫反射探头　漫反射光纤探头可以用来测量各种类型的固体样品，如水果、谷物和食品包装材料等。为有效收集样品漫反射的光，漫反射探头多采用光纤束。如 $n \times m$ 光纤束，n 根光纤用来传输来自光源或单色器的光（称为光源光纤），使之照射到待测样品上，m 根光纤则用来收集样品的漫反射光（称为检测光纤），并传输回光谱仪。由于采用光纤束，光能量衰减严重，传输距离不宜过长。

3. 漫透射和漫透反射附件

对于浆状、黏稠状以及含有悬浮物颗粒的液体，如牛奶、豆浆和番茄酱等，多采用漫透射或漫透反射方式进行测量。与均匀透明液体相比，当一束平行光照射到上述液体时，除了吸收光外，还将对光产生散射作用，因此，对这些样品进行透射分析称为漫透射。它的测试形式与透射相同，只是光与样品的作用形式不同。利用上述介绍的透射附件如比色皿和透射式光纤探头可以对这类液体进行测量。对于一些透光性较好的固体颗粒或粉末，也可以采用漫透射或漫透反射方式进行测量。

（四）近红外光谱检测方法的构建

近红外区的光谱吸收带是有机物质中能量较高的含氢基团，主要包括是—C—H、

—O—H、—SH、—NH 等在中红外光谱区基频吸收的倍频、合频和差频吸收带叠加而成的，也有其他一些基团的信息（如—C ═C—、—C ═O 等），但是强度相对较弱。傅里叶变换近红外光谱技术利用近红外谱区包含的丰富的物质信息、吸收带的吸收强度与分子组成或化学基团的含量来测定化学物质的成分和分析物理性质。对于多组分的复杂样品，其傅里叶变换近红外光谱也不是各组分单独光谱的简单叠加。因此，傅里叶变换近红外光谱技术需要结合化学计量学方法来对光谱信号进行处理，从而提取食品中的有效信息，以实现对食品品质的有效分析。因此，傅里叶变换近红外光谱分析的关键是建立一个准确且抗干扰能力强的校正模型。傅里叶变换近红外光谱分析过程如图 3-16 所示。

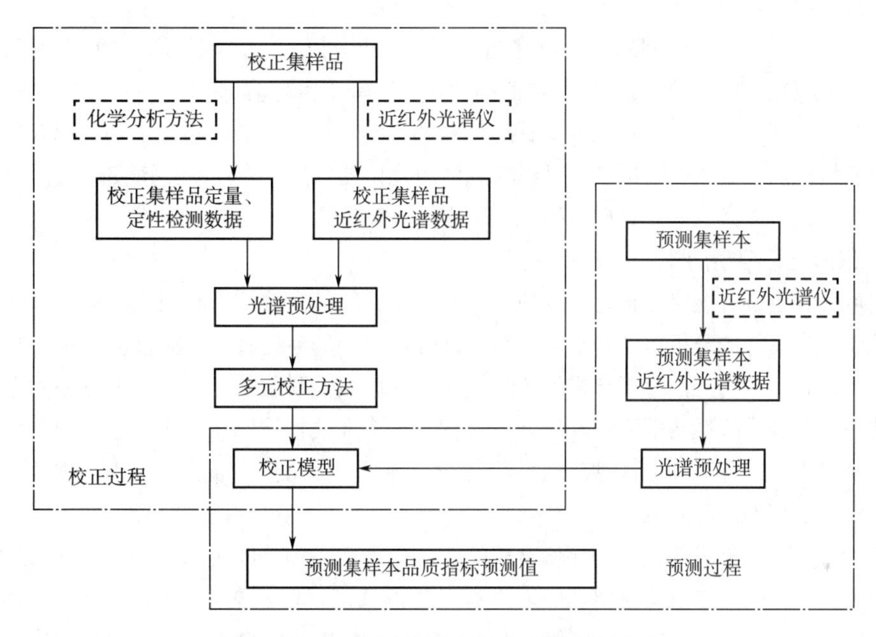

图 3-16　傅里叶变换近红外光谱分析过程

傅里叶变换近红外光谱分析技术的应用过程主要有以下几个步骤：①采集足量的有代表性的样品；②根据样品的状态，采用合适的方式测得样品的傅里叶变换近红外光谱；③选择在光谱和化学特征上有代表性的样品组成校正集；④采用标准或权威的方法测定样品组分浓度或性质；⑤对校正集光谱数据进行合理的预处理，选择合适的化学计量学方法建立校正模型；⑥对模型加以校正和改进，以得到稳定、准确、可靠的校正模型；⑦利用校正模型，对未知样品的各组分参数进行预测。在以上分析过程中，除了合适的化学计量学方法外，规范样品光谱收集方法和选择有代表性的校正样品集也是傅里叶变换近红外光谱定量分析的关键因素。

1. 样品信息采集

傅里叶变换近红外光谱分析是通过透射光谱技术和反射光谱技术实现的。一般透射光谱技术是把待测样品置于光源和检测器之间，检测器所检测的是透过样品的光源光；反射光谱技术是把检测器与光源置于待测样品的同一侧，检测器所检测的是被样品以各种方式反射回来的光。

2. 数据预处理

检测器检测到的光谱信号除含样品待测组分信息外，还包括各种非目标因素，如高频随机噪声、基线漂移、杂散光、样品背景等。因此，在分析数据前，首先应针对特定的光谱测量和样品体系，对测量的光谱进行合理的处理，减弱或消除各种非目标因素对光谱信息的影响，为稳定、可靠的校正模型的建立奠定基础。常用的预处理方法包括：高频噪声滤除（卷积平滑、傅里叶变换、小波变换等），光谱信号的代数运算（中心化、标准化处理等），光谱信号的微分，基线校正，对光谱信号的坐标变换（横轴的波长、波数等单位变换，纵轴的吸光度、透过率、反射率等单位变换）等。

Savitzky-Golay 卷积平滑法基于最小二乘法原理，能够保留分析信号中的有用信息，消除随机噪声，但是过度的平滑将会失去有用的光谱信息。

数据中心化方法的目的是改变数据集空间的坐标和原点，这样处理后的光谱数据充分反映了变化信息，对于之后的回归运算可以简化并使之稳定。

数据标准化处理是将原始数据矩阵中各元素减去该列元素均值后再除以所在列元素的方差。其特点是权重相同（一列元素），均值都为 0，方差和标准差都为 1。

基线校正主要是扣除仪器背景或漂移对信号的影响，可以采取峰谷点扯平、偏置扣减、微分处理和基线倾斜等方法。采用微分可以较好地净化谱图信息，应注意光谱微分变换会将噪声放大引入光谱，所以微分窗口数据点的大小也应做出合理的选择。

3. 近红外光谱模型的建立

傅里叶变换近红外光谱分析是一种快速分析技术，能够在较短时间内完成样品的分析，但这一切须建立在良好的分析模型基础上。在光谱分析中，最为耗时的是光谱的数据分析。光谱分析的目的是将样品的光谱特征与样品的组成或有关性质关联起来。根据建模方法的不同，可将光谱建模方法分为线性建模方法（一元线性回归、多元线性回归、逐步线性回归、主成分回归、偏最小二乘回归等）和非线性建模方法（非线性回归分析法、非线性最小二乘法、人工神经网络算法、遗传算法等）两大类。

傅里叶变换近红外光谱模型的评价常规的做法是将样品集分成两部分：一部分用来建立校正模型，另一部分则用来校验模型。如果没有足够的样品，留一交互校验法（leave-one-out）则是一种较好的选择。交互校验法的优点在于校正样品集中不包含用于校正模型的样品，可以独立地对校正模型进行校验。一般模型质量的好坏常用相关系数（R）、校正集样品的标准偏差（SEC）、预测集样品的标准偏差（SEP）、预测相对标准偏差（RPD）来评定。

4. 近红外光谱特征区间的选择

随着傅里叶变换近红外光谱技术和化学计量学的发展，傅里叶变换近红外光谱技术越来越广泛地应用到食品品质分析中，借助先进的傅里叶变换近红外光谱仪，研究人员可以在短时间内便捷地获得大量光谱数据。首先，光谱数据除样品的自身信息外，还包含了其他无关信息和噪声，如电噪声、样品背景等，这些信息很难在预处理中全部消除。其次，有些区域样品的信息很弱，与样品的组成或性质间缺乏相关关系。如果这些数据都参与建模，不但计算量大、模型复杂，而且精度也不一定高。研究表明，通过特定方法对自变量进行优选，可以简化模型，更重要的是通过剔除不相关或非线性变量，可以得到预测能力强、稳健性好的校正模型。

主要基团合频与各级倍频吸收带是在傅里叶变换近红外光谱中的某个区间，通常样品在光谱的某个或者某几个波段发生特征吸收，决定了高信息量波数点邻近的波数点也具有较高的信息量，即光谱数据具有一定的连续相关性。根据光谱数据的这一特点，兼顾减少波长选择算法计算量，提高算法效率等要求，将全光谱分为若干个谱区，常用的是联合区间偏最小二乘、向后区间偏最小二乘和遗传算法-区间偏最小二乘、模拟退火算法-区间偏最小二乘法进行特征谱区筛选。

二、傅里叶变换红外光谱技术

傅里叶变换红外光谱（FTIR）技术是利用有机物在中红外光谱区的电磁波的光学特性，研究有机化合物分子的振动跃迁基频，为化合物的结构鉴定提供信息。中红外光谱一般是指波数在 4000~400cm^{-1} 红外区的光谱。目前，傅里叶变换红外光谱技术现已广泛应用于化学、制药、高分子聚合物等领域。该技术在食品检测的应用虽起步较晚，但由于其分析速度快、操作成本低，样品前处理简单，具有环保、高效等特点，推动了食品检测行业发展，显示出良好的应用前景。特别是随着光谱测量技术与化学计量学学科的有机结合，该技术在各行业中的定性、定量分析均得到长足的发展。

中红外光谱区可分为 4000~1300cm^{-1} 和 1300~400cm^{-1} 两个区域。4000~1300cm^{-1} 区域的峰是由伸缩振动产生的吸收带。该区域内的吸收峰比较稀疏，易于辨认，常用于鉴定官能团，因此称为官能团区或基团频率区。在 1300~400cm^{-1} 区域中，除单键的伸缩振动外，还有因变形振动产生的复杂谱带。这些振动与分子的整体结构有关，当分子结构稍有不同时，该区的吸收就有细微的差异，并显示出分子的特征，就像每个人的指纹不同一样，因此称为指纹区。指纹区对于区别结构类似的化合物很有帮助，而且可作为化合物存在某种基团的旁证。如食用油傅里叶变换红外光谱主要特征吸收峰（b）和肩峰（s）吸收情况见表 3-3。

表 3-3　食用油傅里叶变换红外光谱主要特征吸收峰（b）和肩峰（s）吸收情况

编号	频率	官能团	振动模式	强度
1	3468（b）	—C=O（酯）	倍频峰	弱
2	3025（s）	=C—H（反式）	伸缩振动	非常弱
3	3006（b）	=C—H（顺式）	伸缩振动	中等
4	2953（b）	—C—H（CH_3）	反对称伸缩振动	中等
5	2924（b）	—C—H（CH_2）	反对称伸缩振动	非常强
6	2853（b）	—C—H（CH_2）	对称伸缩振动	非常强
7	2730（b）	—C=O（酯）	费米共振	非常弱
8	2678（b）	—C=O（酯）	费米共振	非常弱
9	1746（b）	—C=O（酯）	伸缩振动	非常强
10	1711（s）	—C=O（酸）	伸缩振动	非常弱
11	1654（b）	—C=C—（顺式）	伸缩振动	非常弱
12	1648（b）	—C=C—（顺式）	伸缩振动	非常弱
13	1465（b）	—C—H（CH_2，CH_3）	剪式振动	中等
14	1417（b）	=C—H（顺式）	面内摇摆振动	弱
15	1400（b）	—	弯曲振动	弱
16	1377（b）	—C—H（CH_3）	对称变角振动	中等
17	1319（b，s）	—	弯曲振动	非常弱

续表

编号	频率	官能团	振动模式	强度
18	1238（b）	—C—O，—CH_2—	伸缩振动，弯曲振动	中等
19	1163（b）	—C—O，—CH_2—	伸缩振动，弯曲振动	强
20	1118（b）	—C—O	伸缩振动	中等
21	1097（b）	—C—O	伸缩振动	中等
22	1033（s）	—C—O	伸缩振动	非常弱
23	968（b）	—HC═CH—（反式）	面外弯曲振动	弱
24	914（b）	—HC═CH—（顺式）	面外弯曲振动	非常弱
25	723（b）	—（CH_2）$_n$—，—HC═CH—（顺式）	面内摇摆振动，面外弯曲振动	中等

（一）工作过程

一般实验室常用的傅里叶变换红外光谱定量分析是通过对特征吸收谱带强度的测量来求出组分含量，其理论依据仍遵循朗伯-比尔定律。具体地，傅里叶变换红外光谱仪是用一定频率的红外线聚焦照射被分析的试样，如果分子中某个基团的振动频率与照射红外线相同就会产生共振，这个基团就吸收一定频率的红外线，把分子吸收红外线的情况用仪器记录下来，便能得到全面反映试样成分特征的光谱，从而推测化合物的类型和结构。20 世纪 70 年代出现的傅里叶变换红外光谱仪是一种非色散型红外吸收光谱仪，其光学系统的主体是迈克尔逊干涉仪(图 3-3)。

干涉仪主要由两个互成 90°角的平面镜（动镜和定镜）和一个分束器组成。固定定镜、可调动镜和分束器组成了傅里叶变换红外光谱仪的核心部件——迈克尔逊干涉仪。动镜在平稳移动中要时时与定镜保持 90°角。分束器具有半透明性质，位于动镜与定镜之间并和它们成 45°角放置。由光源射来的一束光到达分束器时即被它分为两束，Ⅰ为反射光，Ⅱ为透射光，其中 50%的光透射到动镜，另外 50% 的光反射到定镜。射向探测器的Ⅰ和Ⅱ两束光会合在一起已成为具有干涉光特性的相干光。动镜移动至两束光光程差为半波长的偶数倍时，这两束光发生相长干涉，干涉图由红外检测器获得，经傅里叶变换处理得到红外光谱图（图 3-17）。

（二）基本构成

（1）光源　能发射出稳定、高强度连续波长的红外光，通常使用能斯特（Nernst）灯、碳化硅或涂有稀土化合物的镍铬旋状灯丝。

（2）光阑　作用是控制光通量的大小。傅里叶变换红外光谱仪光阑孔径的设置分为两种：一种是连续可变光阑；另一种是固定孔径光阑。

（3）干涉仪　迈克尔逊干涉仪的作用是将复色光变为干涉光。傅里叶变换红外光谱仪中干涉仪的分束器主要由溴化钾材料制成。

（4）检测器　检测器一般分为热检测器和光检测器两大类。热检测器是把某些热电材料的晶体放在两块金属板中，当光照射到晶体上时，晶体表面电荷的分布发生变化，由此可以测量红外辐射的功率。热检测器有氘化三甘氨硫酸酯（DTGS）、钽酸锂（$LiTaO_3$）等类型。光检测器是利用材料受光照射后，由于导电性能的变化而产生信号，最常用的光检测器有锑化铟

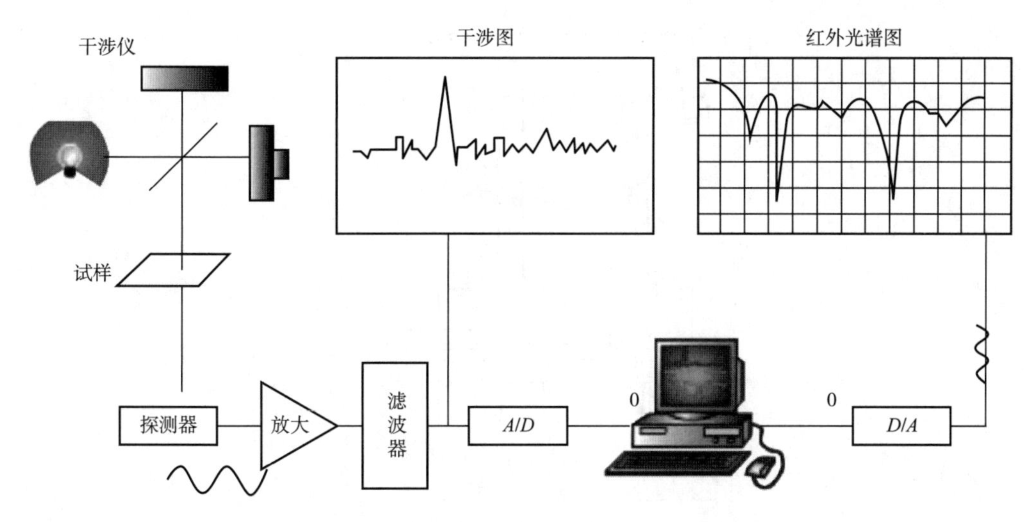

图 3-17 傅里叶变换红外光谱仪的工作原理

(InSb)、碲镉汞(MCT)等类型。

(三)样品制备和测试

傅里叶变换红外光谱的优点是应用范围非常广泛。测试的对象可以是固体、液体或气体,单一组分或多组分混合物,各种有机物、无机物、聚合物、配位化合物,复合材料等。由于傅里叶变换红外光谱穿透能力较弱,因此测样时对不同的样品要采用不同的制样技术,对同一样品,也可以采用不同的制样技术,但可能得到不同的光谱。根据测试目的和要求选择合适的制样方法(图 3-18),才能得到准确可靠的测试数据。

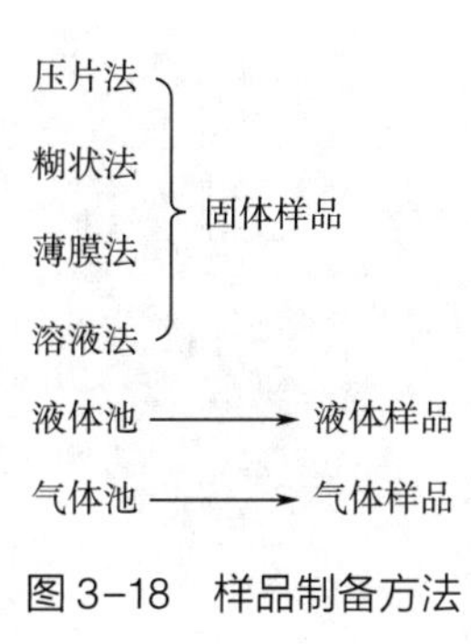

图 3-18 样品制备方法

1. 固体样品的制备和测试

(1)压模的构造 压模的构造如图 3-19 所示,它主要由压杆和压舌组成。压舌的直径为 13mm,两个压舌的表面光洁度很高,以保证压出的薄片表面光滑。因此,使用时要注意样品的粒度、湿度和硬度,以免损伤压舌表面的光洁度。

(2)压模的组装 将其中一个压舌放在底座上,光洁面朝上,并装上压片套圈,研磨后的样品放在这一压舌上,将另一压舌光洁面向下轻轻转动以保证样品平面平整,按顺序放压片套筒、弹簧和压杆,加压 20MPa,持续 1~2min。

拆模时,将底座换成取样器(形状与底座相似),将上压舌、下压舌及其中间的样品片和压片套圈一起移到取样器上,再分别装上压片套筒及压杆,稍加压后即可取出压好的薄片。

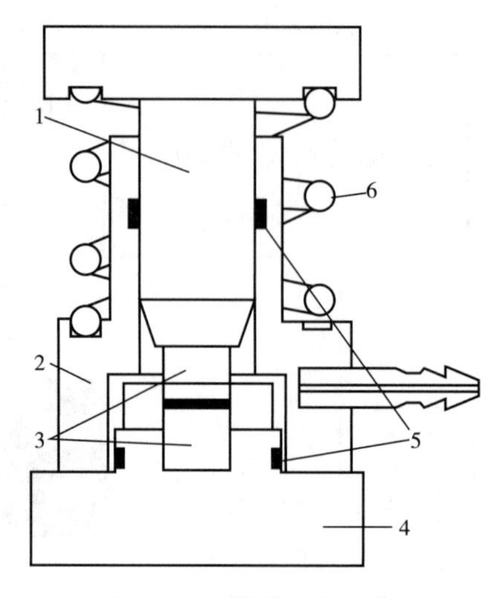

图 3-19　压模的构造示意图

1—压杆　2—套筒套圈　3—压舌　4—底座　5—橡胶圈　6—弹簧

（3）样品的制备

①压片法：将 1～2mg 固体试样在玛瑙研钵中充分磨成细粉末后，与 200～400mg 干燥的纯溴化钾（分析纯）研细混合，研磨至完全混匀，粒度 2μm（200 目），取出 100mg 混合物装于干净的压模模具内（均匀铺洒在压模内），于压片机在 20 MPa 压力下压制 1～2min，压成透明薄片，即可用于测定。在定性分析中，所制备的样品最好使最强的吸收峰透过率为 10% 左右。压片模具及压片机如图 3-20、图 3-21 所示。

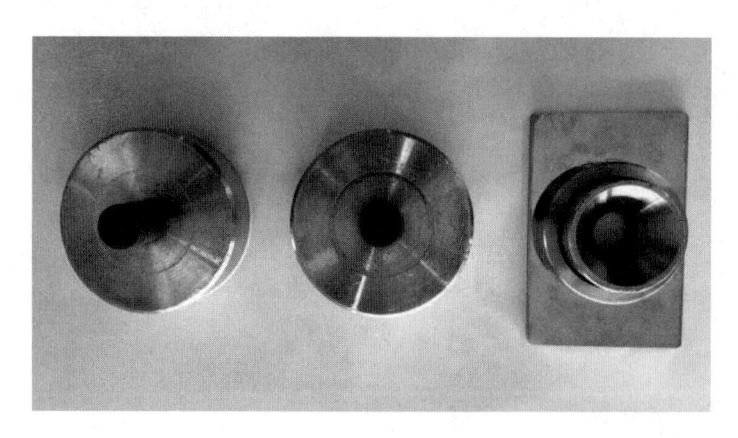

图 3-20　压片模具

②糊状法：在玛瑙研钵中，将干燥的样品研磨成细粉末。然后滴加 1～2 滴液体石蜡混研成糊状涂于 KBr 或 NaCl 窗片上测试。

③薄膜法：将样品溶于适当的溶剂中（挥发性的，极性比较弱，不与样品发生作用）滴在红外晶片上（KBr、KCl、BaF_2 等），待溶剂完全挥发后就得到样品的薄膜。滴在 KBr 上是最好的方法，可以直接测定。而且，如果吸光度太低，可以继续滴加溶液；如果吸光度太高，可以加溶剂溶解掉部分样品。此法主要用于高分子材料的测定。

④溶液法：把样品溶解在适当的溶液中，注入液体池内测试。所选择的溶剂应不腐蚀池

窗，在分析波数范围内没有吸收，并对溶质不产生溶剂效应。一般使用 0.1mm 的液体池，溶液质量浓度在 100g/L 左右为宜。

2. 液体样品的制备和测试

（1）液体池的构造　如图 3-22 所示，液体池由后框架、窗片框架、垫片、后窗片、间隔片、前窗片和前框架 7 个部分组成。一般后框架和前框架由金属材料制成，前窗片和后窗片为 NaCl、KBr、KRS-5 或 ZnSe 等晶体薄片，间隔片常由铝箔或聚四氟乙烯等材料制成，起固定液体样品的作用，厚度为 0.01～2mm。

图 3-21　压片机

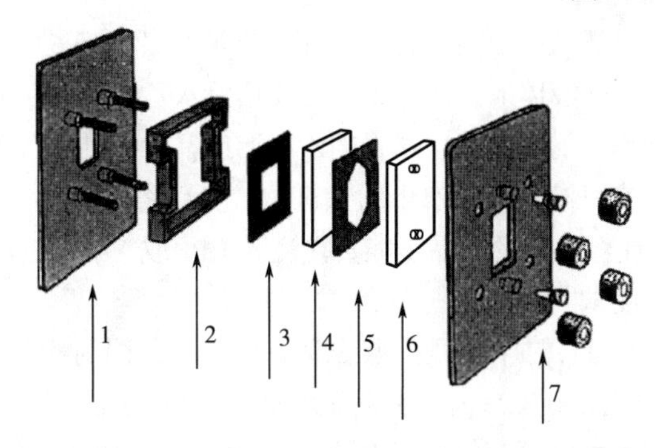

图 3-22　液体池组成示意图

1—后框架　2—窗片框架　3—垫片　4—后窗片　5—间隔片　6—前窗片　7—前框架

（2）装样和清洗方法　吸收池应倾斜 30°，用注射器（不带针头）吸取待测样品，由下孔注入直到上孔看到样品溢出为止，用聚四氟乙烯塞子塞住上、下注射孔，用高质量的纸巾擦去溢出的液体后，便可测试。测试完毕后，取出塞子，用注射器吸出样品，由下孔注入溶剂，冲洗 2～3 次。冲洗后，用吸球吸取红外线灯附近的干燥空气吹入液体池内以除去残留的溶剂，然后放在红外线灯下烘烤至干，最后将液体池存放在干燥器中。

（3）液体池厚度的测定　根据均匀的干涉条纹数目可测定液体池的厚度，测定方法是将空的液体池作为样品进行扫描，干涉条纹如图 3-23 所示，由于两盐片间的空气对光的折射率不同而产生干涉。一般选定 1500～600cm^{-1} 的范围较好，计算公式如下：

$$b = \frac{n}{2}\left(\frac{1}{\nu_1 - \nu_2}\right) \tag{3-25}$$

式中　b——液体池厚度，cm；

n——两波数间所夹的完整波形数量，个；

ν_1——起始波数，cm^{-1}；

ν_2——终止波数，cm^{-1}。

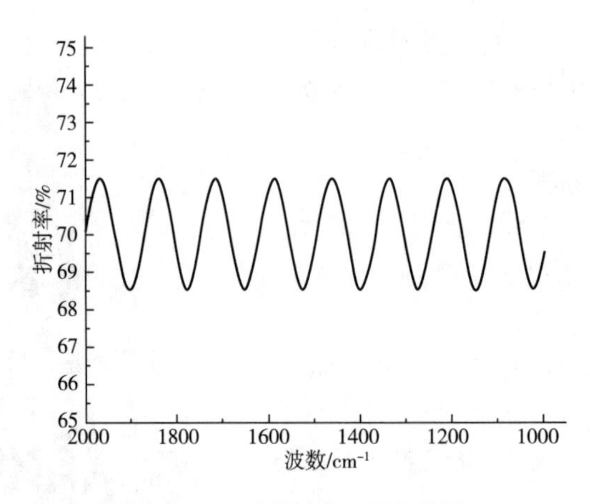

图 3-23 液体池的干涉条纹图

（4）液体样品的制备

①有机液体：最常用的是 KBr 和 NaCl，但 NaCl 低频端只能到 $650cm^{-1}$，KBr 可到 $400cm^{-1}$，所以最适合的是 KBr。用 KBr 液体池，测试完毕后要用无水乙醇清洗，并用镜头纸或纸巾擦干，使用多次后，晶片会有划痕，而且样品中微量的水会溶解晶片，使之下凹，此时需要重新抛光。

②水溶液样品：可用有机溶剂萃取水中的有机物，然后将溶剂挥发干，所留下的液体涂于 KBr 窗片上测试。应特别注意含水的样品不能直接注入 KBr 或 NaCl 液体池内测试。水溶性的液体也可选择其他窗片进行测试，最常用的是 BaF_2、CaF_2 晶片等。

③液膜法：沸点高于 100℃的样品可采用液膜法制样。黏稠的样品也采用液膜法。非水溶性的油状或黏稠液体，直接涂于 KBr 窗片上测试。非水溶性的流动性大沸点低（≤100℃）的液体，可夹在两块 KBr 窗片之间或直接在两个盐片间滴加 1~2 滴未知样品，使之形成一个薄的液膜，然后在液体池内测试。流动性大的样品，可选择不同厚度的垫片来调节液体池的厚度。对强吸收的样品用溶剂稀释后再测定，测试完毕使用相应的溶剂清洗红外窗片。

3. 气体样品的测试

气体红外光谱的测试需要有气体池，将需要测试的气体充进气体池中才能测试。气体池分为短光程气体池和长光程气体池。短光程气体池指的是气体池长度为 10~20cm 的气体池。长光程气体池指的是红外光路在气体池中经过的路程达到米级以上的气体池，如 10m、100m、200m 或更长光路的气体池。10m 光程气体池通常由不锈钢材料制成圆柱形，红外光通过窗口进入气体池后，在气体池内多次反射，达到预定光程长后，红外光从另一个窗口射出，到达检测器。10m 光程的气体池可以安装在红外仪器样品仓中测试。100m 以上光程的气体池不能安装在样品仓中，需要将红外光路从红外仪器中引出来。最简单的短光程气体池实物如图 3-24 所示。

4. 其他测试方法

衰减全反射（ATR）光谱技术也是红外光谱法在分析中一种应用十分广泛的技术，它已经成为傅里叶变换红外光谱分析测试工作者经常使用的一种红外样品测试手段。这种技术在测试过程中不需要对样品进行任何处理，对样品不会造成任何破坏。单反射 ATR 附件实物如图 3-25 所示。

（四）傅里叶变换红外光谱检测方法的构建

傅里叶变换红外光谱能够提供有机物官能团的信息，通过对光谱特征吸收峰的解析，利用

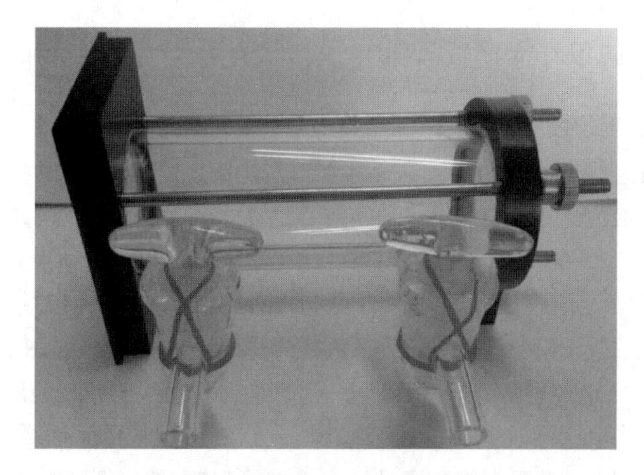

图 3-24　最简单的短光程气体池实物

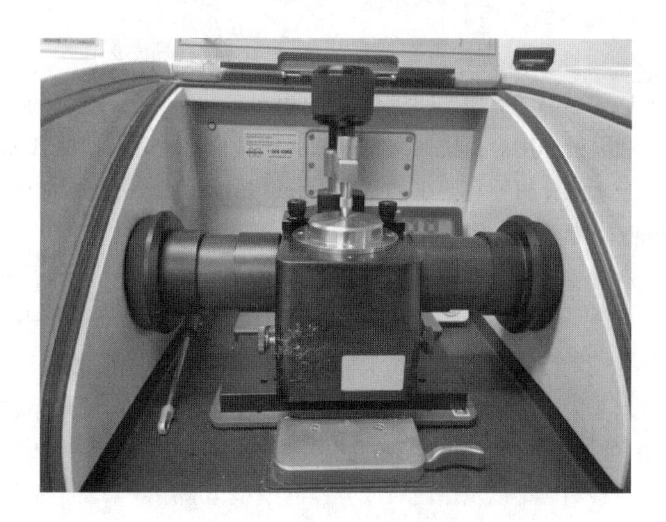

图 3-25　单反射 ATR 附件实物

相关特征吸收峰的峰高或峰面积构建线性关系，即可实现定性和定量分析。例如，傅里叶变换红外光谱技术直接测定油脂中游离脂肪酸含量的方法就是基于—C ═O 在 1711cm^{-1} 处的特征吸收峰，通过构建模型，进而实现其定量测定。有时傅里叶变换红外光谱也与化学计量学相结合以实现对物质的快速定量分析，方法构建的具体步骤可参考傅里叶变换近红外光谱检测方法的构建。

第三节　红外光谱法在食品分析中的应用

红外光谱技术是一种新型简便的检测技术，在食品检测中发挥着良好的效用。应用红外光谱技术可以直接对食品品质进行检测，而且检测效率较高，检测成本较低，污染程度较小。本节主要对傅里叶变换近红外光谱和傅里叶变换红外光谱两种技术在食品分析中的应用进行介绍。

一、傅里叶变换近红外光谱技术在食品分析中的应用

（一）在肉制品检测中的应用

傅里叶变换近红外光谱技术在肉制品检测中主要应用于牛肉、羊肉和猪肉等肉制品的品质检测。应用傅里叶变换近红外光谱技术检测牛肉时，可准确预测牛肉的鲜嫩程度，同时对牛肉中的多种成分进行准确鉴别，进而明确牛肉当中的化学物质及脂肪酸的构成比例。此外，该技术在猪肉成分的分析中，主要的功能是分析干腌猪肉香肠中饱和脂肪酸与不饱和脂肪酸的含量和比例；在鱼肉制品的分析中，其可有效分析鱼肉的物理性质，以此为基础采取有效措施进行加工控制，保证鱼类加工品的加工质量及效率。判断肉制品是否掺加是该技术应用的重要方向。在牛肉汉堡的研究当中，应科学采集生、熟碎牛肉的光谱，并利用最小二乘法来创建数据模型，明确汉堡中牛肉是否掺假，若存在掺假情况，还可分析其掺假的比例和成分。

（二）在乳制品检测中的应用

20世纪中期，傅里叶变换近红外光谱技术应用于乳制品分析当中，其与光纤技术有机结合，检测了不同养殖区中牛奶的品质，明确牛奶中的脂肪、蛋白质及糖类的含量，在奶粉和鲜奶质控中发挥了十分重要的作用。传统的质控方式无法对生产过程予以有效的控制，而采用傅里叶变换近红外光谱技术来分析原料奶中的营养成分，则可保证成品乳制品的质量。

（三）在果蔬检测中的应用

傅里叶变换近红外光谱技术在蔬菜和水果检测中也得到广泛应用。其通常被应用于生活中较为常见的马铃薯、白菜、番茄等的检测，检测的内容包括被测物中的含糖量、添加剂含量、酸度和可溶性物质等。现阶段，组合模型技术得到了较为广泛的应用，水果和蔬菜检测指标也逐渐多样化。有研究对苹果糖度检测提出了一种新型的遗传算法。利用最小二乘法建模，调整不同谱区的定量模型，以此为基础评价模型的稳定性。还利用最小二乘法和回归神经网络分析法，创建了马铃薯纤维检测模型以及蛋白质成分检测模型，应用效果较为理想。此外，该技术还可在0.8~2.5μm光谱内判定不同成熟度的水果，其相关性较强，准确度较高，且其还可在0.645~0.979μm范围内扫描蔬菜的样品，进而对蔬菜的吸氧量进行分析，获取准确的预测结果。

（四）在粮食作物检测中的应用

该技术在粮食作物检测中也发挥了不可忽视的作用，已用于检测小麦、玉米、大豆、花生等较为常见的品种。研究人员利用傅里叶变换近红外光谱技术研究了小麦粉颗粒分布状况，根据导数处理与散射校正，以较快的速度检测出13种氨基酸，而且检测操作相对较为简单。并对花生进行了抽样检测，构建了检测模型，花生油的合格率接近98%。在日后的研究工作中，该模型还可应用于其他指标的检测工作中。

（五）在酒类检测中的应用

近年来，随着酒业的不断发展，傅里叶变换近红外光谱技术广泛应用于各大酒厂，该分析技术可以检测酒中的乙醇含量，白葡萄酒中杂醇油的含量及红葡萄酒在发酵过程中苯酚含量变化等。此外，有研究探讨了傅里叶变换近红外光谱技术在预测酿酒葡萄白利糖度值的可行性，为酿酒企业和葡萄园主使用近红外光谱技术来预测葡萄采摘期及对葡萄以质论价提供了初步的实践基础。研究中列出了酿酒葡萄不同采集方式的近红外光谱及糖度预测值与真实值的相关性。

这种快速检测的方法可以取代原来的工艺，从而达到预测葡萄采摘期的目的。

（六）在食用油检测中的应用

食用油种类较多，不同种类的食用油因其营养价值的不同而价格迥异。对于食用油的掺假问题，现有的检测方法包括液相色谱法、同位素比值法及傅里叶变换近红外光谱法等，在这几种方法中，傅里叶变换近红外光谱法因其具有快速、简便、准确等优势，应用日益广泛。一些研究运用傅里叶变换近红外光谱技术和主成分分析法对初榨橄榄油中的各种食用油的掺杂作了定性分析，鉴别模型预测未知样本；采用傅里叶变换近红外光谱技术和偏最小二乘法建立了黄油中掺杂植物油检测的数学模型，精确评估了黄油的脂肪含量；基于 ARM（Advanced RISC Machine）微处理器和嵌入式 Linux 系统的傅里叶变换近红外光谱仪，在对废弃油脂光谱数据的采集、处理和对比的基础上，建立了标准样品模型，将采集的数据同标准样品模型比较，可实现不同废弃油脂的有效鉴别。

二、傅里叶变换红外光谱技术在食品分析中的应用

（一）在肉制品检测中的应用

可用傅里叶变换红外光谱技术对肉制品质量进行评定。在牛肉检测中使用傅里叶变换红外光谱技术，可对牛肉建立掺伪检测模型，如果在牛肉制品中掺入其他肉类，可用该模型确认牛肉成分是否掺假。牛肉的内脏器官，特别是肝脏器官中含有肝糖原，使用中红外光谱检测技术时，在 $1200\sim1000cm^{-1}$ 处红外谱图有特征吸收，而瘦肉、水分、蛋白质的含量的红外特征不相同，因此可以对正宗牛肉产品和掺假牛肉产品进行明确区别。

（二）在乳制品检测中的应用

通过傅里叶变换红外光谱技术对乳制品定性定量分析，是实现乳制品快速检测的有效手段。有研究利用傅里叶变换红外光谱技术测定奶粉中三聚氰胺的含量，选取 $1551cm^{-1}$ 附近特征吸收峰，建立线性定量模型。结果表明，红外光谱法测定奶粉中三聚氰胺相关度高达 0.9992，准确度高、稳定性好、检出限低，样品回收率为 98.89%。该法可用于三聚氰胺的快速无损检测，提高奶粉的质量监控能力。近年来，乳制品掺假现象层出不穷。基于傅里叶变换红外光谱技术建立主成分分析定标，最后使用建立的定标对掺假乳进行检测，创建了一种快速检测掺假原料乳的方法，该方法具有快速、准确的特点。乳制品中脂肪、蛋白质等主要成分的含量及抗生素残留是判断其品质的重要指标。有研究利用傅里叶变换红外光谱技术结合偏最小二乘法对原料奶中脂肪、蛋白质含量进行定量分析，结果表明，傅里叶变换红外光谱技术结合偏最小二乘法是一种检测原料奶中蛋白质、脂肪含量的有效手段。

（三）在果蔬检测中的应用

近年来傅里叶变换红外光谱技术在农药残留检测中受到分析界的广泛重视。虽然各种化合物的中红外光谱谱带的表现各式各样，但它所代表的各种振动形式的频率都有规律可循。这是因为谱带的波数与化学键强成正比，与振动涉及原子的折合质量成反比，价键越强吸收频率越高，由农药的分子结构式可以分析出它们大致的谱带归属。农药主要化学成分的分子基团，如—O—H、—C—N、—C═C—、—C≡C、—C═O 等，都有其特定的中红外吸收区域。因此，根据农药的分子结构及其在中红外谱区的吸收特征确定谱带归属，进而对农药的浓度、分布进行定性、定量的检测。采用傅里叶变换红外光谱技术测定嗪草酮，以 $1692\sim1670cm^{-1}$ 的峰

面积定量以确定嗪草酮的含量，相对标准偏差可以达到 mg/g 浓度水平，固体样品的检出限是 9mg/kg，分析商业样品的平均误差是 0.7%（质量分数）。

（四）在粮食检测中的应用

近年来，少数造假者在陈旧大米中涂抹植物油和矿物油，增加其亮度和光泽，冒充优质新鲜大米销售，危害消费者身体健康。为有效解决该问题，利用傅里叶变换红外光谱技术对含有矿物油的大米进行定性鉴别。通过对含有矿物油的试样进行红外光谱测试，发现 $1745cm^{-1}$（C═O）和 $1300 \sim 1000cm^{-1}$ 处有明显的伸缩振动吸收，证明该试样中含有直链烷烃的矿物油。此外，粮食在高温高湿条件下极易发霉变质，不仅造成经济损失还威胁人畜健康。有研究团队利用衰减全反射-傅里叶变换红外光谱（ATR-FTIR）技术，对稻谷中 7 种常见有害霉菌进行了快速鉴定，建立的线性判别分析和偏最小二乘判别分析模型对 7 种不同类别菌株的留一交互验证整体正确率分别达到 87.1% 和 87.3%，表明衰减全反射-傅里叶变换红外光谱技术可用于谷物中霉菌不同属间的快速鉴别，尤其对不同菌属的霉菌具有良好的判别效果。

（五）在酒类检测中的应用

不同产地的葡萄酒具有不同的质量与风格，寻找简单有效地鉴别葡萄酒产区的方法，有利于葡萄酒市场的健康发展。采用傅里叶变换红外光谱的贝叶斯信息融合技术对葡萄酒原产地进行快速识别，建模集准确率为 87.11 %，检验集准确率为 90.87 %，提高了判别的准确度，为葡萄酒原产地真伪识别提供了一种高效低成本的新方法。此外，利用红外光谱对白酒年份与香型鉴别也十分有效。

（六）在食用油检测中的应用

近年来，傅里叶变换红外光谱技术在食用油品质分析、氧化稳定性及食用油真伪鉴别中的应用范围不断扩展。如傅里叶变换红外光谱技术基于羧酸基团在 $1711cm^{-1}$ 处的特征吸收峰可直接实现油脂中游离脂肪酸含量的测定，但结果易受甘油三酯（在 $1746cm^{-1}$ 处有特征吸收峰）和基底效应的影响。为了解决该问题，基于傅里叶变换红外光谱技术，采用涂膜法采集光谱，通过研究甘油三酯的倍频特征吸收峰（$3471/3527cm^{-1}$），消除了其对游离脂肪酸含量直接测定的干扰，且测定结果准确性优于滴定法。此外，基于傅里叶变换红外光谱技术，使用不锈钢筛网，结合马氏距离，在 $3750 \sim 3150cm^{-1}$ 波谱范围内建立氧化判别模型，并对模型进行校准和验证，研究表明，校正模型和验证模型的识别率分别为 100% 和 96.9%，准确地预测了食用油氧化程度。近年来，食用油掺伪问题越来越受到人们的关注。傅里叶变换红外光谱技术通过与化学计量学相结合广泛应用于食用油真伪鉴别，这些研究的光谱范围大多在指纹区（$1500 \sim 1000cm^{-1}$）附近或指纹区与其他特征吸收区域相结合，可以快速、准确地测定混合物中的特定成分。

三、红外光谱分析技术的应用比较分析

近年来，红外光谱以其快速、准确、样品需求量少的优势，在食品分析领域得到较为广泛的应用。具体地，傅里叶变换近红外光谱和傅里叶变换红外光谱两种红外光谱技术各有优缺点，有各自的适用范围。由于傅里叶变换近红外光谱技术的信息量承载较少，其在样品分析时存在一定的局限性，建模时需与化学计量学相结合，样本量要求大（几十甚至上百），且只能够检测稳定的物质，针对复杂样品、混合物的分析与检测存在一定的难度。傅里叶变换红外光谱技术不仅能够对较为复杂的样品进行分析，还可以对混合的样品进行定性定量分析，具有较强的

适用性。分析时，其可通过在图谱中寻找到物质明显的特征吸收峰，并根据峰高或峰面积即可构建相关关系，所需样本量小（10个左右即可）；无明显特征吸收峰时，也可与化学计量学相结合。而对于光谱获取方面，由于傅里叶变换近红外光谱穿透能力强，一般可直接对样品进行傅里叶变换近红外光谱测量，不需要对样品进行预处理；而傅里叶变换红外光谱则由于其光谱穿透能力弱，测样时需对不同的样品采用不同的制样技术。因此，当两种技术都需与化学计量学相结合建模时，由于傅里叶变换近红外光谱技术操作简便，可优先选用。

思考题

1. 简述红外吸收光谱法的基本原理。
2. 傅里叶变换红外光谱技术常用样品制备方法有哪些？
3. 简述傅里叶变换近红外光谱技术和傅里叶变换红外光谱技术的区别。
4. 红外光谱法在食品分析中有哪些应用？

CHAPTER

第四章 原子发射光谱法

学习目标

1. 学习原子发射光谱法的分析过程并了解该分析方法的优缺点。

2. 了解原子发射光谱仪的结构及各关键组件的功能，掌握原子发射光谱仪的分析原理。

3. 学习原子发射光谱仪常用的定性与定量方法，了解原子发射光谱法解在食品分析领域中的应用现状。

第一节　原子发射光谱法概述及基本原理

一、概述

原子发射光谱法（atomic emission spectrometry，AES）是指激发态待测元素原子或离子在激发光源作用后返回基态时将发射出特征光谱，根据特征光谱的波长及强度对其进行定性定量的分析方法。原子光谱的发现最早可以追溯到1666年，牛顿（Newton）用棱镜将太阳光分解成不同颜色的光，提出了“光谱”的概念，这为后来光谱学的发展奠定了基础。19世纪初，泰伯特（Talbot）观察钾盐、钠盐、锶盐等加到火焰中会出现焰色的变化，认为某些波长的光线可表征某些元素的特征，可用于该元素分析，此后，原子发射光谱为人们所关注。1859年，德国学者基尔霍夫（Kirchhoff）和本森（Bunsen）研制了第一台用于光谱分析的分光镜，发现同一种元素，即便处于不同化合物中或者在不同的实验条件下，其特征谱线的位置不会发生改变，认为可以通过光谱分析发现新的元素，原子发射光谱开始进入定性分析阶段。如何实现金属元素的光谱定量分析成为研究者关注的焦点。20世纪30年代，科学家们先后提出了内标原理和定量关系经验式（赛伯-罗马金公式），建立了光谱定量分析的基础方法。与此同时，电火花、电弧等可控激发光源的出现，克服了火焰发射光谱法只能用于少数元素分析的局限性，为原子发射光谱在元素分析领域中的应用建立了充实的基础；20 世纪 60 年代以后，原子发射光谱分析又出现了一系列的新型激发光源，诸如电感耦合等离子体发射光谱、激光诱导发射光谱、辉光放电光谱等分析方法。与此同时，配套的仪器出现也得到了快速发展，融合计算机技术的应用，原子发射光谱分析已进入光电化、自动化、智能化阶段，在各种材料定性定量分析中发挥了重要作用。

（一）原子发射光谱分析过程

（1）样品蒸发、原子化、激发产生辐射　在激发光源的作用下，样品蒸发至气态原子，气态原子的外层电子被激发至高能级。激发态原子不稳定，原子外层电子会自发地由高能级跃迁至低能级，并产生特征辐射。

（2）色散分光形成光谱　产生的辐射通过分光器（光栅或棱镜）进行色散分光，得到按波长顺序排列的规则谱线，即光谱图。

（3）检测光谱谱线的波长和强度，对样品进行定性定量分析　样品元素原子能级（指原子系统能量的量子化表示方法，能量值与量子力学理论中量子数相关）结构存在差异，不同原子发射出的谱线波长不一样，以此可对样品进行定性分析；在一定条件下，谱线强度与元素原子浓度成正比，据此可定量测出样品中各元素的含量。

（二）原子发射光谱法特点

1. 原子发射光谱法的优点

（1）可多元素同时检测　待测样品经过激发，不同元素将发射各自的特征光谱，从而实现多元素同时检测。

（2）分析速度快　利用光电直读光谱仪进行测定时，试样不需要化学处理，可在几分钟内同时对几十种元素进行分析。

（3）选择性高　各元素发射不同的特征光谱，通过发射光谱可以简便地将一些化学性质相似的元素加以区分和测定。

（4）检出限低　一般光源可达 0.1~10μg/g（或 μg/mL），电感耦合等离子体（inductively coupled plasma，ICP）光源可达 ng/mL 级别。

（5）准确度高　一般光源相对误差在 5%~10%，ICP 光源相对误差可降低到 1%以下。

（6）消耗试样少　每次实验消耗的待测样为几毫克到几十毫克。

（7）电感耦合等离子体原子发射光谱法（inductively coupled plasma atomic emission spectrometry，ICP-AES）性能优越　一般光源的线性范围约 2 个数量级，而 ICP 光源可达 4~6 个数量级，可有效测定各种高、中、低含量的元素。

2. 原子发射光谱法的缺点

（1）某些非金属元素（如氧、硫、氮、卤素等）谱线在远紫外区（10~200nm），很难被检测，还有一些非金属元素（如磷、硒等）由于激发电位高，导致检测灵敏度低。

（2）只用于确定物质的元素组成和含量，无法确定元素的价态、形态以及物质的空间结构，不适用于有机物的分析。

（3）该仪器设备价格相对其他相关传统设备较高，工作时需要消耗大量氩气，运转、维护费用较高。

二、基本原理

（一）原子发射光谱的产生

当原子外层电子由高能级向低能级跃迁时，多余能量以光辐射的形式发射出去，从而得到发射光谱。根据能量和谱线波长之间的关系，可以得出以下关系式：

$$\lambda = \frac{hc}{\Delta E} = \frac{hc}{E_2 - E_1} \tag{4-1}$$

式中　E_1——低能级的能量；

E_2——高能级的能量；

h——普朗克常数；

c——光速；

λ——发射谱线的波长。

每一条发射谱线的波长取决于跃迁前、跃迁后两个能级的能量差。由于原子的各个能级不连续，致使电子跃迁存在间断现象，所以原子发射光谱为线性光谱。

（二）元素的特征谱线

由于不同原子电子构型的差异性，元素原子只能产生与其特征能级相符波长的光辐射，从而形成各自的特征谱线。元素的特征谱线对其具有专一性，是元素定性的基础。原子的外层电子由低能级激发到高能级所需的能量称为激发电位，用电子伏特表示。由第一激发态向基态跃迁能量最小，最易发生，此时发射的谱线强度最大，称为第一共振线。原子获得足够的能量（电离能）时产生电离，失去一个电子即产生一次电离。离子也能被激发，每条离子谱线也都有其激发电位，但与其电离电位高低无关。

（三）谱线的自吸与自蚀

等离子体内温度和原子浓度分布不均匀，中间的温度高，激发态原子浓度也高，边缘反之。原子从中心发射的辐射到达检测器的过程中，被边缘的同种基态原子吸收，导致谱线中心强度降低的现象称为自吸（self-absorption）。元素浓度增大时，中心到边缘厚度增大，自吸现象越严重。当到达一定浓度时，中心辐射被完全吸收，使原来的一条谱线分裂成两条谱线，见图 4-1，这种现象称为自蚀（self-reversal）。自吸和自蚀现象影响谱线强度，在定量分析时必须注意。在谱线图中，用 r 表示自吸谱线，用 R 表示自蚀谱线。

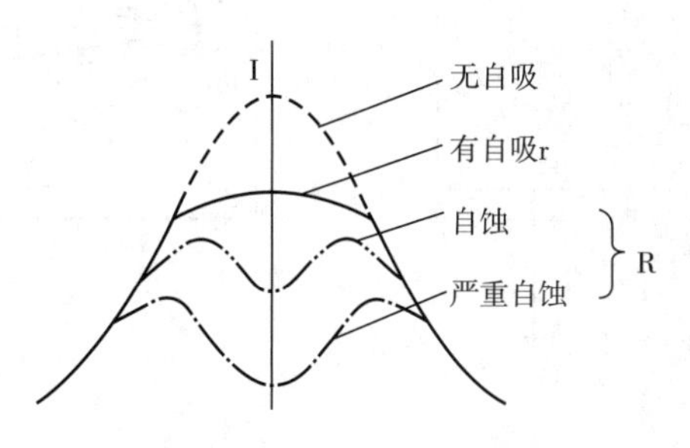

图 4-1　自吸与自蚀谱线轮廓图

（四）谱线强度及其与元素含量的关系

温度一定时，谱线强度 I 与基态原子数 N_0 成正比。在一定条件下，基态原子数 N_0 与样品中该元素的浓度 c 成正比。赛伯和罗马金先后独立提出，在一定实验条件下，谱线强度 I 与被测元素浓度 c 的关系符合经验式：

$$I = ac^{b} \tag{4-2}$$

或

$$\lg I = b \cdot \lg c + \lg a \tag{4-3}$$

式中 a——比例系数，与试样组分及其蒸发、激发过程有关；

b——自吸系数，随元素浓度增加而减小，当浓度很小无自吸时，$b=1$。

此式为原子发射光谱定量分析的基本关系式，称为赛伯-罗马金（Schiebe-Lomakin）公式。光谱定量方法有三种，分别为内标法、标准曲线法和标准加入法。

第二节　原子发射光谱仪的结构

原子发射光谱仪是根据试样中被测原子或离子在激发光源中被激发而产生特征辐射，通过判断这种特征辐射波长和强度的大小，对试样中各个元素的含量和种类进行分析鉴定的仪器。它主要由进样装置、激发光源、分光系统和检测器四个部分组成，见图4-2，(1) 为进样装置，(2) 为激发光源，(3) 为分光系统和检测器，分析过程有以下三个阶段：第一，将试样引入激发光源中使其获得足够的能量，进而通过蒸发、解离和原子化成为气态的原子或离子，再被激发产生特征辐射；第二，这些原子激发产生的特征辐射通过分光系统按波长顺序进行排列，并得到一条可以观察和测量的光谱；第三，得到的光谱谱线进入检测系统进行波长和强度的测定，从而实现对试样的定性定量分析。

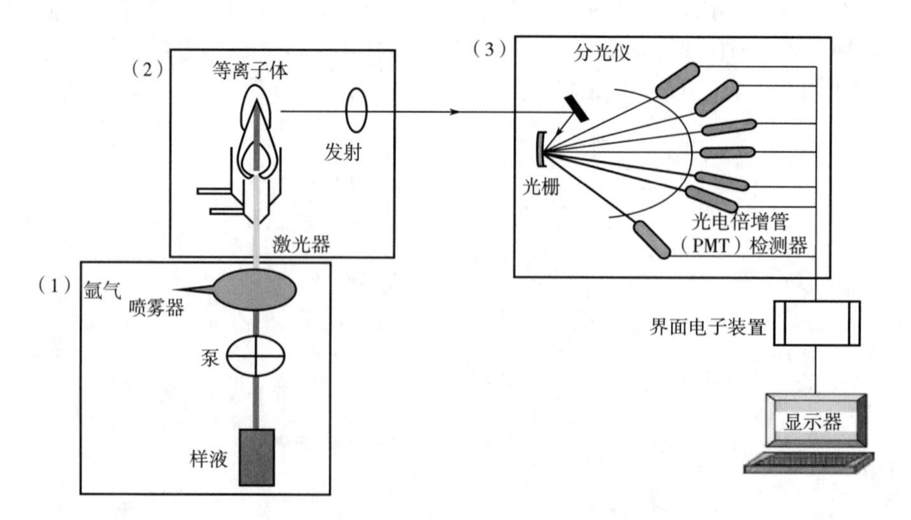

图4-2　电感耦合等离子体发射光谱仪示意图

一、激发光源

激发光源是原子发射光谱仪的重要组成部分，其对试样有两个方面的作用。首先，试样蒸发为气态（汽化）并解离为原子（原子化），然后这些气态原子被激发并产生特征光谱。不同激发光源有不同的光源温度和辐射光强度，因此激发光源的性质会影响光谱分析的准确度和灵敏度。优质的激发光源应当具有稳定性和重现性好、光源温度高、安全且光谱背景小等特点。目前，原子发射光谱分析中常用的激发光源有：直流电弧光源、低压交流电弧光源、高压火花光源、等离子体焰炬光源。

（一）直流电弧光源

直流电弧光源通过直流发电机供能，以直流电为激发能源，常用电压为220~380V，电流为5~30A。直流电路中含有镇流电阻 R、电感 L 和放电分析间隙 G 三个主要部件（图4-3），镇流电阻 R 的主要作用为稳定和调节电流大小；电感 L 可以减小电流的波动；放电分析间隙 G 在通电条件下使气体放电，创造直流电弧光源。直流电弧光源激发试样的原理：放电分析间隙 G 为两端装有碳电极的一段间隙，固体试样装在分析间隙下方电极（阳极）的凹孔中。由于直流电不能直接击穿分析间隙，因此在接通电源后，先将间隙两端碳电极短暂接触，使电路通电，再将其分开至相距4~6mm。此时阴极尖端会射出热电子流冲击阳极，分析间隙气体放电，产生直流电弧光源，冲击热可达4000~7000K（1K=−272.15℃），固体试样被充分蒸发、原子化并激发出特征谱线。

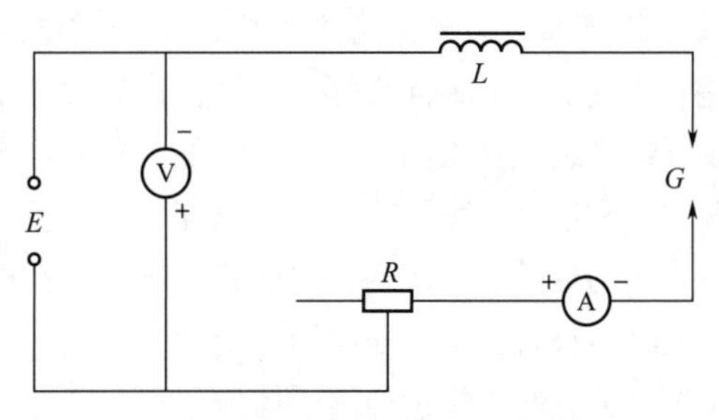

图4-3　直流电弧光源电路图

直流电弧光源的优点是电极温度高，可蒸发多种难溶性化合物，激发大量元素；试样加入量大，激发辐射光强度大；分析灵敏度高，适合痕量元素定性分析。其缺点主要是其稳定性差、重现性弱，不适合元素定量分析。

（二）低压交流电弧光源

低压交流电弧光源以低压交流电供能，工作电压一般为110~220V。由于交流电的大小随时间以正弦波形式呈现周期性变化，所以交流电弧不能像直流电弧那样经点燃后持续放电，必须使用高频率引燃装置，在半周期分析间隙内使空气发生电离并导电一次，以此维持电弧不灭。

低压交流电弧为间歇性放电，其电流具有脉冲性，因此电流密度大，瞬时电流强度高于直流电弧。此外，由于其产生的电弧温度高，试样离子化程度也相对较高，较直流电弧会产生更多的离子谱线。这种光源的优点为稳定性较好，重现性较高，操作安全且简单，适用于元素定量分析。其缺点为放电的间歇性使电极温度稍低，蒸发能力不如直流电弧，灵敏度稍差。

（三）高压火花光源

高压火花光源电路由放电电容 C、电感 L、可变电阻 R 和放电分析间隙 G 组成。首先，用高压火花发生器产生10~25kV的高压交流电对电容C进行充电，直至电容C两端的充电电压与放电分析间隙G的击穿电压相等；然后，用电感L向放电分析间隙G放电，此时放电分析间隙G被击穿，间隙产生火花放电，放电后的电容C和电感L又不断充电、再放电，使放电分析间隙G的火花放电维持在较高频率范围内。

高压火花单次放电时间很短，瞬间通过分析间隙的电流密度很高，导致短时间内释放能量很大，弧焰的温度可达10000K以上，具有很强的激发能力，某些难以激发的元素也可以被激发，其产生的谱线主要为离子谱线。高压火花光源的优点为放电稳定性好，分析结果具有较高的重现性，适于做元素定量分析。缺点为每次放电的间隙时间较长，电极温度较低，试样蒸发能力差，只适合低熔点样品分析；且该法灵敏度较低，背景较大，不适合痕量元素分析。此外，由于电火花射击时的击穿面积极小，仅聚集在一点上，因此只适合金属合金等组成均匀的试样分析。

（四）等离子体焰炬光源

等离子体焰炬光源是以高温等离子体来激发试样的新型激发光源。等离子体（plasma）是由电子、未电离的中性粒子和电离后的正负离子组成的气体状物质，整体呈电中性，具有很高的电导率，与电磁场存在极强的耦合作用。目前，等离子体焰炬光源有以下几种类型：直流等离子体喷焰（direct current plasmajet，DCP）、微波诱导等离子体（microwave induced plasma，MIP）和电感耦合等离子体（inductively coupled plasma，ICP）。其中，电感耦合等离子体由于性能优越，已成为目前应用最为普遍的等离子体焰炬光源。

电感耦合等离子体是高频磁场通过电磁感应产生电能并通过电感耦合形成的等离子体光源，外观形似火焰，本质是气体放电。电感耦合等离子体由高频发生器、感应线圈、等离子体炬管、供气系统和进样系统五部分组成，见图4-4。高频发生器通过产生高频磁场而为等离子体提供能量，发生器的振荡频率和输出功率影响炬焰的温度和稳定性，进而影响分析的检出限和分析数据的精密度。感应线圈为数匝水冷线圈，主要起到耦合高频电能，以形成等离子体的作用。等离子体炬管由三层同轴石英管构成，外层沿管壁切线方向通入冷却氩气流，起降温作用；中层直接向上通入辅助氩气流，起到维持等离子体作用；内层通入携带试样溶液气溶胶的载气氩气流，将试样溶液以气溶胶形式引入等离子体中。待测样品需提前预处理为液体试样，并通过雾化器变为气溶胶，再送入等离子体中进行激发。氩气作为惰性气体，性质稳定，不易与试样发生反应，且结构简单，光谱易分辨，因此较为常用。

①电感耦合等离子体激发原理：高频发生器产生高频电流通过感应线圈，感应线圈将高频电能耦合到等离子体炬管内部，此时通入辅助氩气流并用电火花引燃，会有少量气体电离，产生的离子和电子在高频交变电磁场作用下进行高速运动并碰撞其他粒子，产生更多的离子和电子，当这些带电粒子数量超过一定程度时，便会在垂直炬管方向产生电流强度极大的涡电流，瞬间将气体加热到10000K左右，当氩气将这股高温气体带出管口后，便形成一个火炬状的稳定等离子体焰炬。随后载气氩气流携带样品气溶胶通过等离子体焰炬，被迅速加热到7000 K左右，此时激发试样中各元素的原子或离子，产生原子发射光谱。

②电感耦合等离子体光源的优点：蒸发和激发温度高，有利于难熔化合物的分解、蒸发和激发；惰性氛围，原子化条件好，灵敏度和精确度高，重现性和稳定性好；存在“趋肤效应”（靠近导体表面的电流密度大于内部电流密度的现象，又称“集肤效应”），即涡电流在外表面处密度大，使表面温度高，轴心温度低，中心通道进样对等离子的稳定性影响小，可有效消除

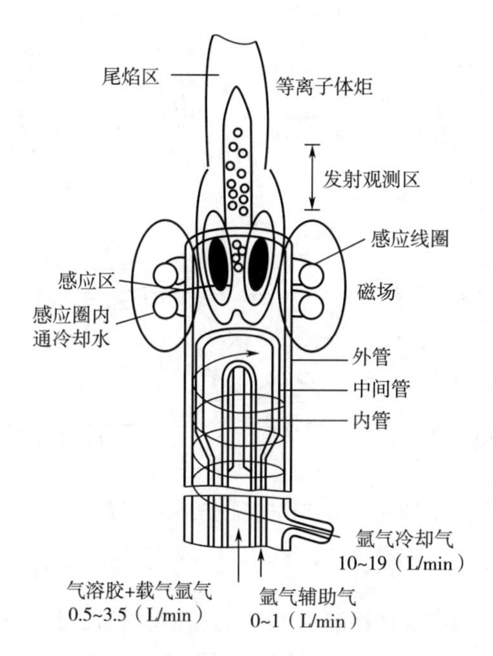

图 4-4　电感耦合等离子体装置示意图

自吸现象；不使用电极，避免了电极成分对光谱的干扰。该法优点突出，但也存在一些不足，例如，测定非金属元素卤族元素的灵敏度很低，且仪器价格、维护费用相对较高。

四种常见光源性能比较见表 4-1。

表 4-1　　四种常见光源性能比较

光源	蒸发温度	激发温度/K	放电稳定性	应用范围
直流电弧	高	4000~7000	较差	定性分析；矿物质、纯物质及难熔物质定量分析
交流电弧	中	4000~7000	较好	试样低含量元素定量分析
高压火花	低	10000	好	金属、合金与难激发元素定量分析
电感耦合等离子体	很高	6000~8000	很好	溶液定量分析

二、分光系统

分光系统，又称色散系统，通常以棱镜或衍射光栅为主要仪器，主要功能是在感光板上记录来自光源的各种波长的辐射能，以获得光谱。原子发射光谱仪的分光系统目前通常采用棱镜和光栅分光系统，具体结构见图 4-5。

（一）棱镜分光系统

在棱镜分光系统中，棱镜作为色散元件是光谱仪的核心器件，利用棱镜对入射光进行分光色散，然后在棱镜后面放置一个光探测器阵列，以测量不同光谱线的强度信息。棱镜作为分光元件具有光学透过率高、无光谱重叠等优点，但是棱镜的色散能力弱，难以实现较高光谱分辨率，而且棱镜在不同波长条件下的色散能力不同，因此具有色散非均匀性。对于一般光学材料

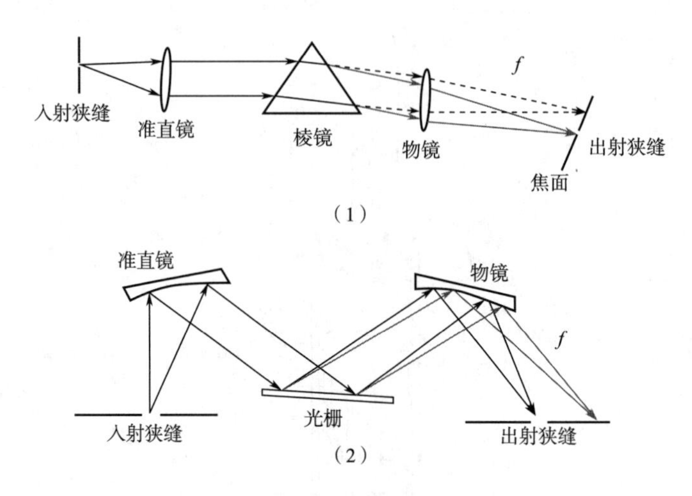

图 4-5 棱镜和光栅分光系统示意图

(1) 棱镜分光系统 (2) 光栅分光系统

而言，折射率系数随着波长的增加而逐渐减小，因此棱镜对短波长光的色散能力较强。棱镜的光谱范围主要决定于所使用的棱镜材料，常用的棱镜材料有光学玻璃、天然石英晶体（SiO_2）、熔融石英、萤石（CaF_2）、人造碱金属卤化物晶体等，棱镜材料的折射率直接影响棱镜的角色散率和分辨率。

棱镜分光系统的光学特性可用色散率、分辨率和集光本领3个指标来表征。色散率是指对不同波长的光进行色散的能力，可以分为角色散率和线色散率。角色散率越大，波长差越小的两条光谱线之间的分离就越明显。分辨率是分离两条紧密间隔的光谱线的能力。集光本领表示光谱仪光学系统传递辐射的能力，用在感光板上得到的照度 E 与投射到狭缝光源亮度 B 之比表示。E/B 越大，表示辐射的能量损失越小，集光本领越强。

（二）光栅分光系统

光栅是一种光学元件，利用多缝衍射原理来分散光，通常是一块刻有许多平行等宽度、等距离狭缝的平面玻璃或金属片。光栅狭缝的数量非常多，通常为每毫米数十到数千条。通过光栅每个狭缝的衍射和狭缝之间的干涉，单色平行光形成具有宽暗条纹和细亮条纹的图案，锐细明亮的条纹称为谱线。光谱线的位置随波长变化，当复色光通过光栅时，不同波长的光谱线出现在不同的位置以形成光谱，穿过光栅的光形成的光谱是单缝衍射和多缝干涉的共同结果。光栅分为透射光栅和反射光栅，应用较多的是反射光栅。反射光栅又可分为平面反射光（又称闪耀光栅）及凹面反射光栅。

（三）对比分析

光栅光谱是衍射（干涉）光谱，光谱是不连续的；棱镜是折射光谱，光谱是均匀的；棱镜色散光谱是非线性的，而光栅光谱是线性的。光栅光谱仪可以分离许多光谱，而棱镜光谱仪只能分离单组光谱。光栅光谱仪的色分辨能力与光谱的级次和光栅的总缝数成正比；棱镜光谱仪的色分辨能力与棱镜的色散率和棱镜底边长度成正比。光栅分光具有色散均匀、分辨率高、能量集中、光谱范围宽的优点，因而光栅光谱仪被广泛使用。棱镜光谱仪具有色散不均匀、选择性吸收和低分辨率等特点。光栅光谱仪的色散能力与光谱的级次成正比，与光栅常数成反比；棱镜光谱仪的色散能力与色散率和棱镜的底边长度成正比，并且与入射光束的宽度有关，棱镜色散是通过光的折射，将复色光分离形成光谱；而光栅是光经过狭缝发生的衍射和干涉在不同区域出现形成的光谱。

（四）记录和检测系统

在原子发射光谱法中，常用的检测方法有目视法、摄谱法和光电检测法。基本原理都是将激发试样所获得的复合光通过入射狭缝照射到分光元件上，使其色散为光谱，然后通过测量谱线而检测试样中的分析元素。目视法是通过人的双眼观察谱线，摄谱法则是用感光板记录谱线，光电检测器是以光电倍增管或电荷耦合器件（CCD）接收谱线，三种检测方法示意图如图 4-6 所示。

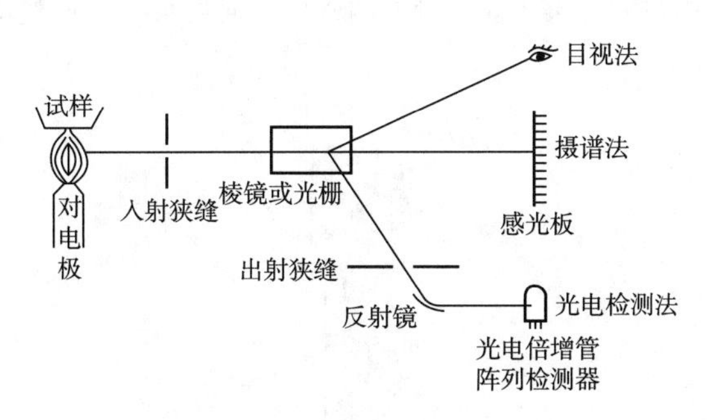

图 4-6　三种检测方法示意图

1. 目视法

当金属被激发时，大量的光谱线分布在可见光区，这些光谱线通过光学系统反射到我们的眼睛中，可以看到一系列从红色到紫色的线性光谱。通过观察这些光谱中的特征谱线，可以判断金属中存在某种特定元素。此外，还可以通过与相邻的铁基线强度对比，进行半定量分析，从而获得更多关于元素存在和浓度的信息。目视法主要用于可见光波段，需要较为丰富的解谱经验，目前应用较少。

2. 摄谱法

摄谱法常用光谱投影仪（光谱放大仪或映射仪）和测微光度计。通过观察谱线对光谱进行定性分析和半定量分析。用摄谱仪分析样品时，需要将激发后产生的光谱线记录在感光板上。经过显影、定影、冲洗、干燥和其他步骤后，每种元素的线性光谱都会显示在感光板上，然后使用微光度计将每个元素的黑度值与选定的铁基线进行比较，再以对数形式将工作曲线进行转换，得出定量分析结果。这种方法需要丰富的紫外线光谱线识别经验，对实验人员的技术水平要求很高。

3. 光电检测法

采用光电检测法的光谱检测器主要利用光电倍增管接收谱线，激发样品后，通过光栅色散将光添加到每个元件光电倍增管的阴极，产生的光电流被传输到元件板的积分电容。积分采样后，将其添加到测量板以进行模数转换，然后通过单板机上传到计算机系统，计算出元素含量。光电倍增管是目前光谱仪器中应用最多、准确度较高（相对标准偏差为 1%）、检测速度快、线性响应范围宽的光谱检测器。近年来，电荷耦合器件检测器作为光电检测的新方法，具有固体多通道，通过输入面上的光敏像元点阵实现对光谱信息的光电转换、传输和储存。

三、进样装置

原子发射光谱仪的进样装置依据激发源的种类分为液体进样装置和固体进样装置。固态试样应选择以电火花、电弧、激光为激发源的发射光谱仪，液态试样则应选择以电感耦合等离子体为激发源的发射光谱仪。选择以电弧为激发源，进样时需将试样放置到石墨对电极的下电极凹槽内，待两电极接触通电后，尖端产生大量热能将电弧点燃后使电极保持4~6mm距离，以得到光弧电源。电感耦合等离子体是目前应用最为广泛的激发源，其进样装置如图4-7所示。试样被制备成溶液后需经过雾化、蒸发、原子化三个过程。样液在雾化器中经高温雾化后形成气溶胶，并由氩气流携带进入等离子体炬管的内管中，而后被迅速加热蒸发并分解为可被激发的原子。

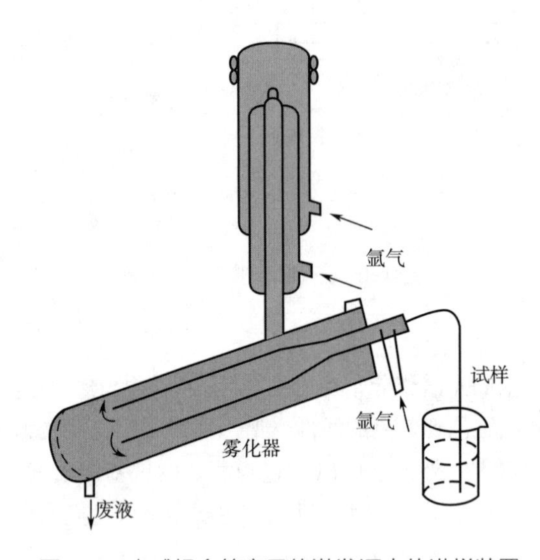

图4-7 电感耦合等离子体激发源中的进样装置

四、检测器

原子发射光谱仪检测器主要用于记录或检测元素在较宽波段范围内连续的发射光谱，以便对样品中的金属元素进行定性或定量分析。光电倍增管和阵列检测器是常见的两类检测器。

（一）光电倍增管

光电倍增管主要应用于光电检测系统，可以将谱线的光信号转换为电信号，再通过电子设备将信号放大直接显示到指示器上，或转换成数字后由计算机进行数据处理，打印得到检测结果。

光电倍增管原理如图4-8所示。其外壳由玻璃或石英制成，内部处于真空状态，主要由阴极、阳极、倍增极和光敏物质组成。发射电子的光敏物质被均匀涂布在阴极上，倍增极（次级电子发射极）则分布在阴极和阳极之间。在阴阳极之间施加约1000V的直流电压形成电场，每两个相邻倍增极间则形成50~100V的电位差。当激发光源发射到阴极的光敏物质上时，激发出电子完成光电转换。电子在电场中加速运动落在第一个倍增极上产生原阴极电子数量2~5倍的二次电子，这些二次电子又被电场加速，落在第二个倍增极上击出更多的三次电子。以此类推，

第 n 个电子倍增极上可产生 $2^n \sim 5^n$ 倍阴极的电子，从而起到放大电流的作用。光电检测系统具有响应时间短（约 10^{-9}s），准确度较高（相对标准差为 1%），适用波长范围广，线性响应范围宽等优点，因而广泛应用于各类光谱分析仪器中。

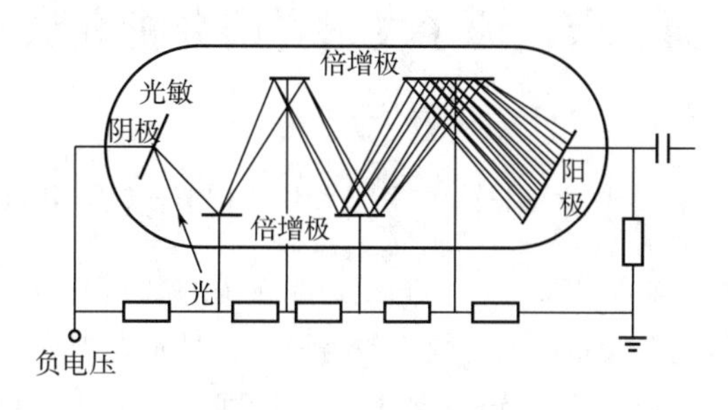

图 4-8　光电倍增管原理

（二）阵列检测器

常见的阵列检测器主要有以下几种。

1. 光敏二极管阵列检测器

光敏二极管又称光电二极管，可以实现光电信号的转换，其宽度约几十微米，外形结构与普通半导体二极管的结构相似。一系列此样的二极管紧密串联在晶体硅片上形成光敏二极管阵列。目前可用的光敏二极管阵列分别由 265 个、512 个、1024 个光敏元件组成。当二极管阵列受到光照时，产生光致电荷并将其贮存到与二极管并联的电容器中，而后通过集成数字移位寄存器，扫描电路顺序读出各个电容器中储存的电荷。光电信号转换过程中产生的光致电荷数量与光照强度成正相关。

光敏二极管阵列是一类极具发展前景的检测器，具有检测速度快，可同时对多个光信号进行测量等优点，但为了降低噪声干扰，需在低于-10℃的条件下使用。

2. 光导摄像管阵列检测器

光导摄像管是一种半导体光敏器件，具备光电转换能力，可产生相应的光致电荷，然后将光致电荷暂时储存起来，而后将各个电荷依次读出。通常情况下，一个光导摄像管阵列是由线性排列于 12.5cm^2 内的 517×512 个传感器组成。当光导摄像管冷却至-20℃时，对于分析线在 260nm 以上的元素，测定的检出限接近于光电倍增管。

3. 电荷转移阵列检测器

当金属氧化物半导体基体（主要由金属或低阻多晶硅膜、二氧化硅及硅组成）受到光照后产生流动电荷，电荷转移阵列检测器单元可以将这些电荷进行转移、收集、放大和检测。该检测器根据其转移测量光致电荷的方式不同，可分为电荷耦合阵列检测器（CCD）和电荷注入阵列检测器（CID）。两者均为固态传感器，当施加外加电场时，其感光区形成能够收集和贮存光致电荷的分立势肼。感光芯片上几十万个点阵构成的检测阵列称为分立势肼，每一个点阵相当于一个光电倍增管，可将光致电荷转移至测定区，经信号放大、模数转换等处理后直接输出检测结果。

电荷转移阵列检测器在低温环境中可极大程度地降低暗电流或热生电荷的产生，显著提高检测结果的准确性。此外其光谱反应范围广、量子效率高、灵敏度高、噪声小、实时监控能力强，已广泛应用于仪器分析领域。

第三节 原子发射光谱分析方法

一、元素的分析线、灵敏线、最后线和共振线

不同元素的原子结构存在显著差异，不同元素在光源的激发下会产生不同的谱线，每个元素都有各自的特征谱线。复杂元素可产生数千条谱线，在对元素谱线进行分析时，不需要将所有谱线逐一鉴别，一般只需选择几条特征谱线进行鉴别即可确定其中的元素种类。这种用于定性或定量分析的谱线称为分析线（analytical line）。一般情况下，灵敏线和最后线是最常用的分析线。

灵敏线（sensitive line）是元素激发电位低、强度较大的谱线，即最容易激发的谱线，多为共振线。最后线（last line）是指当样品中某元素的含量逐渐减少时，谱线强度减小直至消失，最后观察到的几条谱线，它也是该元素的最灵敏线。由激发态向基态跃迁所发射的谱线称为共振线（resonance line），通常也是最灵敏线、最后线。共振线具有最小的激发电位，因此最容易被激发，为该元素最强的谱线。由于共振线是最强的谱线，所以在没有其他谱线干扰的情况下，通常选择共振线作为分析线。

二、光谱定性分析

元素由于其特定的原子结构而具有唯一的发射光谱，因此可以依据原子发射光谱的特征性和唯一性对样品中的金属元素进行定性分析。在对元素进行光谱定性分析时，准确辨认出测定元素的分析线至关重要。若元素谱图中仅检出一条谱线，则可能是其他元素的干扰线，不能确定该元素是否存在；若无谱线检出，则可能是该元素含量低于仪器的检出限，不能判定无该元素。通常情况下，一种元素会出现多条特征谱线，定性分析时至少检出该元素两条以上的灵敏线或最后线，方可确定该元素的存在。目前常用的光谱定性分析方法有标准试样光谱比较法和标准光谱比较法。

（一）标准试样光谱比较法

相同条件下，将试样与标准品并列摄谱于相同感光板，在映谱仪上比较两者的特征谱线。若在相同位置发现两者的特征谱线，则可确定试样中存在该元素。例如，为确定某食品样品中是否存在镉元素，需将制备好的试样与含有镉的标准品同时并列摄谱，并仔细观察两者光谱图上是否存在相同位置的镉的特征谱线。标准试样光谱比较法操作简单，但适用范围较窄，仅适用于样品中指定组分的鉴定。

（二）标准光谱比较法

标准光谱比较法中最常用的是铁光谱比较法，即以铁光谱作为波长标尺来确定样品中某元素谱线的位置，判断该元素的存在。铁的特征谱线较多，在 210~660nm 波长范围内的谱线多达 4600 条，每条谱线的波长都经过精确测量，且谱线之间距离分配均匀。将元素的分析线按照各自的波长标插在铁光谱图的对应位置上制得标准谱图，用作光谱定性的标准参照物。在进行定

性分析时，需在相同的测试条件下将试样与纯铁标准品并列摄谱，在映谱仪上比较放大的两个谱图。若试样中存在与标准谱图中已知元素位置一致的特征谱线，则证明试样中可能存在该元素，如图 4-9 所示。如利用铁光谱比较法测定食物样品中是否存在硒元素，则需将经过前处理的样品及纯铁标准品同时摄谱于感光板上，将放大 20 倍后的样品光谱图与纯铁标准谱图对比，观察是否存在相同位置的特征谱线，此步骤通常由与仪器配套的计算机完成。铁光谱比较法可对多种元素进行定性分析且容易对比，适用范围较广。

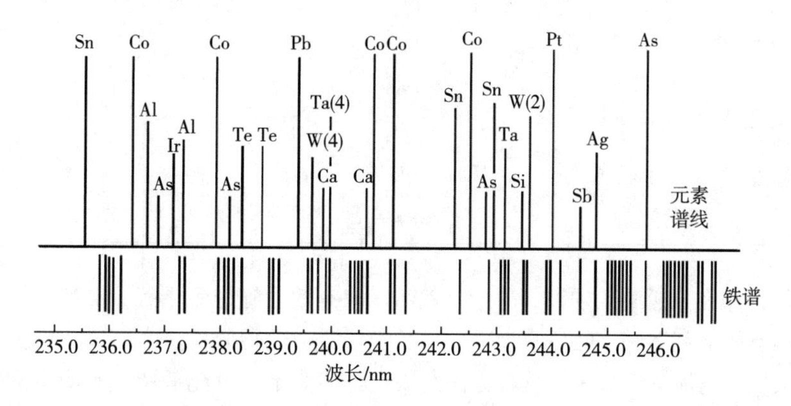

图 4-9　试样光谱图与铁光谱图的比较

（三）光谱定性分析的样品处理

原子发射光谱法已广泛应用于食品中矿物元素定性定量分析。一般情况下，若样品为无机物，则样品只需经过物理方式简单处理即可（如粉碎、研磨和浓缩）；若样品中包含有机物，则在分析之前需要经过特别处理以破坏其中的有机物。目前，消解法是破坏有机物常用的方法，包括干式消解法、湿式消解法、微波消解法和压力罐消解法。

1. 干式消解法

干式消解法又称干式灰化法，此法主要通过加热或燃烧使样品灰化分解，将灰分溶解后进行分析。干式消解法的优点是所用试剂少，避免引入杂质，操作简便，但加热过程势必会使少数元素挥发或器壁上黏附金属元素，从而影响测定结果的准确性。具体操作：首先，适量试样加入坩埚中，在电炉上微火炭化至无烟；其次，置于马弗炉中灰化彻底，冷却；最后，用硝酸溶液溶解即可。

2. 湿式消解法

湿式消解法是指在常压下，将混合酸溶液加入样品中并加热以达到破坏有机物的目的。此法测定速度快，操作简单，可大量处理样品。但是，加入酸试剂相对较多，可能会带入杂质，易污染环境。具体操作：适量试样加入消解器皿中，添加混合酸放置一段时间，然后于电热炉上进行消解。

3. 微波消解法

微波消解法是一种高效的样品预处理方法，试样吸收微波后，微波能量转化为热能使体系温度升高，从而加速有机物消解。此法加热速度快，消解能力强且无污染，但处理样品量有限，且容易发生爆炸。样品在微波消解仪中消解条件参考 GB 5009. 91—2017《食品安全国家标准　食品中钾、钠的测定》，见表 4-2。

4. 压力罐消解法

将样品置于高压消解罐中，加适量酸后于恒温干燥箱中进行消解，消解条件参考表 4-2。此法耗时短，处理简单，无污染，但样品处理量有限。

表 4-2 微波消解法和压力罐消解法参考条件

消解方式	步骤	控制温度/℃	升温时间/min	恒温时间/min
微波消解法	1	140	10	5
	2	170	5	10
	3	190	5	20
压力罐消解法	1	80	—	120
	2	120	—	120
	3	160	—	240

有些液体样品在分析前无须消解处理，但需采取有效措施避免干扰。例如，植物油可先用丙酮、乙醇等有机溶剂溶解，然后直接吸取样品于仪器中进行分析。牛奶试样可用三氯乙酸来沉淀蛋白，吸取上清液进行分析，这种方法的缺点是沉淀蛋白可能截留或吸附待测组分，影响测定结果，采用石墨炉进行原子化可解决这个问题。

三、光谱半定量分析

在实际工作中，有时只需要知道试样中元素的大致含量（即，什么是主要元素，哪些是少量、微量、痕量元素），不需要知道其准确含量，如钢材与合金的分类、矿石品级的评定或地质普查等；有时在进行光谱定性分析的同时，需要了解元素的大致含量，在此类情况下，采用半定量分析法可以快速简便地解决问题。目前常用的光谱半定量方法有两种：谱线黑度比较法和谱线显示法。

（一）谱线黑度比较法

将待测元素配制成不同浓度梯度的标准溶液（如质量分数分别为 1%、0.1%、0.01%、0.001%），其谱线强度随该元素含量的减少而减弱。首先，在相同条件下将标准溶液与待测试样放置在同一块感光板上并列摄谱；其次，利用目视法在映谱仪上直接比较试样和标准溶液中待测元素分析线的黑度；最后，根据谱线黑度估算出试样中待测元素含量。若试样中待测元素与某标准溶液的谱线黑度相等，则说明试样中待测元素与其标准溶液的含量近似。此法简便易行，其准确度取决于试样与标准溶液基体组成的相似程度以及标准溶液中待测元素含量间隔的大小。例如，分析矿石中的铅，即找出试样中灵敏线 283.3nm，再以标准溶液中的铅 283.3nm 线相比较；如果试样中的铅线的黑度在 0.01%~0.001%，并接近于 0.01%，则试样中待测元素的含量可表示为 0.01%~0.001%。

（二）谱线显示法

待测元素的谱线数目和强度随该元素含量的增加而增加。当试样中某元素含量较低时，仅出现少数灵敏线；随着该元素含量的增加，谱线的强度逐渐增强，数目也相应增多，同时一些次灵敏线与较弱的谱线将相继出现。首先，配制一系列浓度不同的标准溶液；其次，在一定条件下摄谱，并根据不同浓度条件下所出现的分析元素谱线的数目及强度情况，列出一张谱线出现与含量的关系表，即谱线呈现表（铅的谱线呈现表见表4-3）；最后，根据试样中某一谱线是否出现，估算样品中该元素的大致含量。这种方法简便快速，但其准确度受试样组成与分析条件影响较大。

表4-3　铅的谱线呈现表

Pb/%	谱线及其特征
0.001	283.31nm 清晰，261.42nm 和 280.20nm 谱线很弱
0.003	283.31nm 和 261.42nm 谱线增强，280.20nm 谱线清晰
0.01	上述各线均增强，266.32nm 和 287.33nm 谱线很弱
0.03	上述各线均增强，266.32nm 和 287.33nm 谱线清晰
0.1	上述各线均增强，不出现新谱线
0.3	上述各线均增强，239.38nm 和 257.73nm 谱线很弱
1.0	上述各线均增强，240.20nm、244.38nm 和 244.62nm 出现，241.17nm 模糊
3.0	上述各线均增强，322.05nm、233.24nm 模糊可见

四、光谱定量分析

（一）内标标准曲线法

内标法本质是通过测定谱线相对强度进行定量的方法。谱线相对强度即被测元素的一条光谱线（强度为 I）与内标物的一条谱线（强度为 I_0）的比值。

$$I = ac^b;\ I_0 = a_0 c_0^{b_0};\ R = \frac{I}{I_0} = Ac^b;\ \lg R = b\lg c + \lg A \tag{4-4}$$

式中　A——常数。

根据相对强度的公式，以横坐标 $\lg c$，纵坐标 $\lg R$ 绘制标准曲线图。在相同条件下，测定试样中待测元素的 $\lg R$，即可求得该试样的浓度 c。

（二）校准曲线法

校准曲线法是定量分析中较常见的一种分析方法。在已知的实验条件下用三个或三个以上不同浓度的被测元素标准样品和试样溶液去激发光源，通过分析线强度 I 或内标法分析线对强度比 R 或 $\lg R$ 对浓度 c 或 $\lg c$ 绘制校准曲线，最后通过校准曲线得出试样中待测元素的含量。

（三）标准加入法

测定样品中含量较低的元素时，由于不易找到不含待测元素的物质作为配制标准试样的基体，从而无法确定合适的内标物，故多采用标准加入法。标准加入法是一种特殊的校正模式，可以消除基体效应的影响，得到较低的检出限，提高检测结果准确性。标准加入法也属于特殊的内标法，以预测组分的纯物质作为内标物，将一定量已知浓度的内标物溶液加入待测样品中，测定加入前后待测样品的浓度。

取若干份体积相同的试液（浓度为 c_x），按照比例依次加入不同量待测物的标准溶液（浓度为 c_0），定容至相同体积，最终浓度依次为 c_x、c_x+c_0、c_x+2c_0、c_x+3c_0、c_x+4c_0、c_x+5c_0 等，在相同的条件下测定出分析线强度 R_x、R_1、R_2、R_3、R_4、R_5……

以分析线强度 R 对应标准溶液浓度 c_x 做标准曲线（图 4-10）。将得到的标准曲线外延，与横坐标相交的截距的绝对值即为所测样品中待测元素的浓度 c_x。

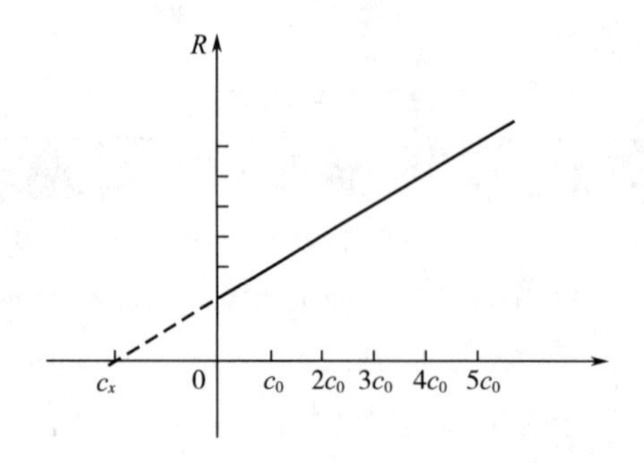

图 4-10 标准加入法标准曲线示意图

（四）基体效应抑制

基体效应是指样品中除待测物质以外的其他组分对测定结果的干扰。在实验过程中，为了减少基体对测定结果的干扰，通常会在待测样品中添加纯度高且样品中不存在的物质，这些物质称为光谱添加剂或光谱改进剂（如光谱载体和光谱缓冲剂），从而达到提高检测分析灵敏度和测定结果准确度的目的。

光谱载体多是一些化合物或碳粉等，其作用包括：控制蒸发行为，控制电弧温度，增加谱线强度，提高分析的灵敏度，提高测定结果的准确度和消除基体干扰等。光谱缓冲剂则是在待测样品和标样中加入一种或几种辅助物质，使得基体组成具有高度相似性。光谱缓冲剂主要有两个作用：①稳定光源的蒸发和激发温度，常用氯化钠、碳酸钠等低电离电位和低沸点的物质；②稀释样品，减小其组成的影响，常采用碳粉或二氧化硅等谱线较为简单的纯净物质。

第四节 原子发射光谱法在食品分析中的应用

一、原子发射光谱法在食品外源添加物质量监测中的应用

食品加工中外源添加物对食品质量产生深远影响，其中食品添加剂是指食品在生产、加工、贮藏等过程中为了改良食品品质及其色、香、味，改变食品的结构，防止食品氧化、腐败、变质和为了加工工艺的需要而加入到食品中的天然物质或化学合成物质，如分别具有抗结作用和着色作用的二氧化硅、二氧化钛等；食品非法添加物不属于食品添加剂范畴，食品非法添加物的判断有以下五个原则：①不属于传统上认为是食品原料的物质；②不属于批准使用的新资源食品的物质；③不属于卫健委公布的食药两用或作为普通食品管理物质的物质；④未列入我国 GB 2760—2024《食品安全国家标准 食品添加剂使用标准》及卫健委食品添加剂公告、营养强化剂品种名单 GB 14880—2012《食品安全国家标准 食品营养强化剂使用标准》及卫健委食品添加剂公告的物质；⑤我国其他法律法规允许使用物质之外的物质。符合这类特点的食品

非法添加物可能具有收敛和防腐等效果，但该类物质已被国家卫生和质量监管部门列入非食用物质，或由于存在安全隐患而被限制使用，如硼酸盐、有机锡化合物等物质。食品添加剂的使用或非法添加物的检测在食品品质控制中至关重要。

原子发射光谱分析法常用于元素化合物类食品添加剂的使用或非法添加物的控制检测。其中，电感耦合等离子体技术（ICP-AES）是基于电感耦合等离子体（ICP）与原子发射光谱（AES）相结合的原理，在ICP仪器中，通过将氩气引入高频电感耦合器中，通电产生高频电磁场。这个高频电磁场在电感耦合线圈中产生交变磁场，并在放置于线圈中心的石英管（称为等离子体承载体）内产生强烈的电磁感应。此时，气体就被电离形成高温的等离子气体。样品溶液或固体样品会被引入到ICP喷雾器中，通过喷雾器产生细小的液滴或颗粒。这些样品颗粒被送入高温等离子体中，顺着等离子体的流动方向运动。在高温等离子体中，样品颗粒遭受到等离子体的热能和化学活性，导致样品中的原子和离子被激发和离解。激发和离解的原子和离子会返回到基态，并放出能量。这些放出的能量以光子的形式通过发射光谱的方式表现出来。ICP技术中使用光学系统来收集和分析这些发射光谱，如光栅、透镜和光电倍增管（PMT）等。通过检测收集到的发射光谱，可以确定样品中所含元素的种类和浓度。由于每种元素的原子和离子在高温等离子体中被激发的能级不同，因此它们发出的光谱也会有所区别。通过测量样品中不同波长的光线强度，可以进行定性和定量分析。以测定食品中不规范添加的二氧化钛含量为例，采用硝酸-硫酸配比液对样品进行消解，结合电感耦合等离子体原子发射光谱法（ICP-AES）对食品中二氧化钛添加剂的纯度和含量进行测定，并针对样品中二氧化钛难溶性的特点，对多个样品硫酸消解前后二氧化钛溶解度进行比对实验，确定最优前处理条件。该方法在测定食品中的含量方面与传统重量法、容量法相比，具有数据分析快、检测周期短、检出限低且污染小等优势，因此可为食品中食品添加剂含量检测方法优化提供借鉴。

电感耦合等离子体原子发射光谱法（ICP-AES）和电感耦合等离子体质谱法（ICP-MS）两种手段也常见于对米、面及糕点加工制品中硼酸及其盐类等非法添加物的精确测定。测定方法一般为：①将样品通过硝酸消化及乙酸浸泡预处理；②处理后的溶液分别导入电感耦合等离子体原子发射光谱仪和电感耦合等离子体质谱仪中；③与标准系列定量比对以测定硼元素含量。研究表明，此两种方法检测灵敏度高，结果准确，且ICP-AES还具有光谱干扰小，分析速度快的优点。

二、原子发射光谱法在食品微量元素含量分析中的应用

食品中微量元素是补充人体矿物质元素以维持正常生理机能的重要来源，准确测定食品中多种微量元素含量，对于评价不同食品中微量元素组成特点等具有重要意义。原子发射光谱分析法以其检出限低、精密度高、线性范围宽和多元素可同时测定等特点，在食品微量元素含量分析领域得到广泛应用。电感耦合等离子体（ICP）、微波等离子体（MP）等现代原子发射光谱技术的应用使检测灵敏度大大提高。

原子发射光谱分析法，特别是ICP-AES技术，在食品分析中广泛应用于准确测定食品中的微量元素含量，如重金属和微量营养元素等。通过将样品中的微量元素转化为气态原子并激发发射特定波长的光信号，可以准确地测定食品中微量元素的含量，它具有高灵敏度、快速分析和较低的检测限的特点，对于食品质量检测和安全监控具有重要意义。一方面，有些食品中含

有丰富的对人体有益的常量和微量元素，具有较高的营养价值，可将其作为营养强化剂来为人体补充微量元素；另一方面，微量元素过量会对人体产生毒害作用，因此，基于ICP-AES能够准确快速检测食品中矿物质元素组成与分布特点，利用ICP-AES对某些特定食品中的微量元素进行测定与解析监测非常必要。ICP-AES的测定微量元素的步骤如下：首先进行样品前处理步骤，如样品消解、加热处理等，然后将经过前处理的样品注入到ICP装置中。样品进入等离子体区域后，在高温等离子体的作用下，样品中的元素被转化为气态原子。利用ICP-AES仪器，测定样品中元素的发射光谱。由于每个元素在原子状态下有特定的发射光谱，通过测定不同波长下的光信号，可以确定样品中各元素的含量。最后通过与标准曲线比对，计算出样品中目标元素的浓度。

此外，ICP-AES也常用于食品的品种识别、产地溯源或掺伪检验等领域。例如，采用高效液相色谱-电感耦合等离子体原子发射光谱仪（HPLC-ICP-AES）联用技术可以测定番茄样品中有机物（碳水化合物、羧酸）和无机物（金属和阴离子）的浓度，以快速鉴别番茄品种间的差异。同样地，ICP-AES技术还可用于测定白酒中砷、钡、钾、钠等23种微量元素，通过对照不同的白酒中所含微量元素的差异性，发现不同厂家生产的白酒甚至同一厂家生产的不同品质和酒精度的白酒中微量元素均存在差异，基于这种差异通过特征性分析可用于鉴别不同类型和产地的白酒。对于大豆等食品原料的分析，ICP-AES可以用于分离与鉴定不同产地大豆中的矿物元素，并通过判定元素的含量差异，实现大豆产地的溯源。另外，ICP-AES还可以对食用油进行评估和检测掺假问题。通过探究不同来源的油脂中不同的微量元素模式和含量比例，发现可利用某些特定元素的浓度差异进行食用油品质、产地以及掺假的判定。例如，可依据南瓜籽油和榛子油样品中的镁和钙，大豆油中的铁，橄榄油中的铝、钴、铜、钾和镍的含量为区别特征，进行不同产地同类油脂识别。总之，ICP-AES在食品分析中具有重要的应用价值，ICP-AES还能与其他色谱技术联用以挖掘更多有效信息。例如，可以利用ICP-AES结合高效液相色谱同时测定不同性质样品中的有机物和无机物的组成；利用ICP-AES结合尺寸排除色谱（SEC）能对食品中元素进行形态分析。这种联用技术可以提供更全面的分析结果，进一步加强对食品样品的鉴定和检测能力。

与电感耦合等离子体原子发射光谱相比，微波等离子体原子发射光谱法（MP-AES）的操作成本更低，虽然微波等离子体原子发射光谱带有明显的基体效应，在实际应用中可采用标准加入法补偿校正。MP-AES光谱法对食品微量元素含量分析的工作原理是将待测样品溶解或者稀释，并加入适量的介质，以制备均匀的溶液，然后将样品溶液通过喷雾器进入微波等离子体发生器中，微波能量通过共振吸收作用，在气体中形成高温、高电子密度的等离子体。在微波等离子体中，样品中的元素原子被激发到高能级，经过热激发态的自发辐射或受到射频辐射的激励，发生自发发射。通过光学系统收集发射的辐射能量，并将其分散成不同波长的光谱，利用光电探测器记录不同波长的光强信号，对采集到的光谱数据进行处理与分析，根据每个元素特定的发射光谱特征，计算出样品中各元素的浓度。例如，采用MP-AES光谱法可实现山葡萄酒中锰元素含量的快速检测，符合山葡萄酒进出口贸易中快速准确检测需求；此等方法同样适用于对果汁中钙、镁、钠、钾等元素的分析，通过建立快速简单的方法并将其运用到常规的检测当中，以达到质量控制的目的。

三、原子发射光谱法在食品重金属元素监测中的应用

重金属元素污染是食品安全领域关注的重要问题。一般来说，食品中重金属元素主要指

汞、砷、镉、铬、铅等生物毒性显著的元素。食品中有毒元素来源主要分为三类：①特殊的土壤环境，如矿区等；②人类重工业等生产活动使环境受到污染，进而影响食品原料；③食品在加工、贮藏、运输及销售过程中因接触金属器械、管道及容器或使用添加剂产生污染。重金属元素可通过呼吸道、消化道以及皮肤等途径侵入人体，不仅会对人的机体健康造成严重损害，也会对产业经济发展等产生影响。食品中重金属元素的痕量检测与严格控制，是目前食品质量安全领域关注的焦点。原子吸收光谱法、原子荧光光谱法等现代光谱技术在该领域均得到广泛应用，但由于其线性范围较窄、应用范围局限、无法同时对多种元素进行测定等缺点，目前推广度比较低，无法极大程度地满足实际检测需求。而原子发射光谱技术的适用线性范围广、回收率及准确度较高，能同时对不同元素进行检测，在一定程度上降低检测成本，提高检测效率，给食品企业带来巨大的经济效益。近年来，电感耦合等离子体技术发展趋于成熟，其操作简单易行、检测速度快、线性范围广、灵敏性高、特异性强，在食品分析检测方法中备受青睐。

例如，面制品加工原料在种植、系列加工、贮藏、销售等过程中可能会受到重金属污染。针对面制品中时常存在的铝污染问题，采用电感耦合等离子体发射光谱法和树脂吸附富集-电感耦合等离子体原子发射光谱法，对面制品的重金属元素含量进行分析检测。其中，电感耦合等离子体发射光谱法对样品具体分析并进行精密度、加标回收试验，分析结果均符合国标中的相关规定，说明该方法的精密度和准确度高，可为面制品中铝元素的快速检测提供可靠的方法。采用树脂吸附富集-电感耦合等离子体原子发射光谱法检测时，发现 D113 型树脂在缓冲液体系中对以上金属元素回收率较高，并具有交换容量大、速度快、化学稳定性好等优点，能够明显提高金属元素的检出率，具有较高的应用价值。电感耦合等离子体技术还广泛应用于膨化食品和食品胶中重金属元素的检测以及稻米中重金属元素污染程度的监测等。这种技术能够提高检测的精确度和准确度，对于保证食品质量与安全具有重要意义。

思考题

1. 原子发射光谱分析中常用光源有哪几种？各种光源的特性及应用范围是什么？
2. 电感耦合等离子体原子发射光谱法有哪些特点？
3. 电感耦合等离子体（ICP）发射光谱法与经典发射光谱法各自有哪些特点？
4. 解释发射光谱中元素的最后线、共振线和分析线及它们彼此间的关系。
5. 在原子发射光谱法中谱线自吸对光谱定量分析有何影响？
6. 原子发射光谱半定量分析有哪些具体方法？
7. 在发射光谱分析法中选择内标元素和内标线时应遵循哪些基本原则？
8. 在（1）（2）两图中，实线代表原子发射光谱法中有背景时的工作曲线，虚线代表扣除了背景后的工作曲线。

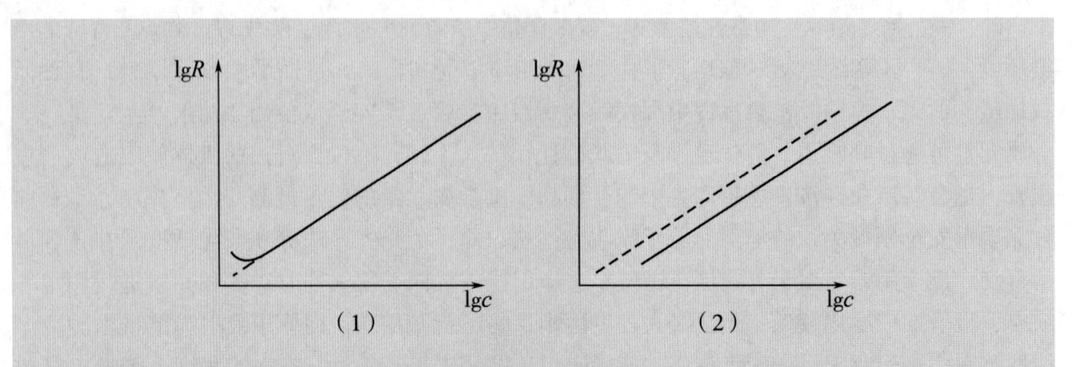

请说明：(1) 两图各属于什么情况下产生的光谱背景（判断光谱干扰是来自分析线还是来自内标线）？(2) 对测定结果有无影响？

CHAPTER 5

第五章 原子吸收光谱法

学习目标

1. 学习原子吸收光谱法的概念、特点及基本原理。
2. 了解原子吸收光谱仪的构造。
3. 掌握原子吸收光谱法在食品分析中的应用。

第一节　原子吸收光谱法概述及基本原理

一、概述

原子吸收光谱法（atomic absorption spectrometry，AAS）又称原子吸收分光光度法或原子吸收法，是基于可见光和紫外光的条件下，气态的基态原子对其共振辐射线的吸收强度来定量被测元素含量的一种分析方法，这种方法适合分析样品中微量或痕量的组分。1955 年澳大利亚物理学家艾伦·沃尔什（Alan Walsh）提出了原子吸收理论，正式将原子吸收光谱应用于化学分析，这为后期原子吸收光谱法的迅速发展奠定了基础，特别是非火焰原子化器的发明和使用，使其灵敏度大幅提高，应用也更加广泛。目前，原子吸收光谱法在环境科学、材料科学、地质勘察、冶金技术、机械制造、化工产业、生物医药、农业、林业等多个领域中广泛应用，近年来，科学家们还在进一步深挖其应用。原子吸收光谱仪分析示意图见图 5-1。

原子吸收法应用如此广泛，主要得益于如下几个特点：

（1）低检出限，高灵敏度　大量研究表明，火焰原子吸收分光光度法的相对灵敏度为 $1.0\times10^{-10}\sim1.0\times10^{-8}$ g/mL，非火焰原子吸收分光光度法的绝对灵敏度为 $1.0\times10^{-14}\sim1.0\times10^{-12}$ g/mL。如采用超高强度的二极管激光器作为光源，灵敏度还能再提高 100~1000 倍。

（2）高精密度，高准确度　原子吸收法稳定性高，重现性好，几乎不受温度变化的影响。

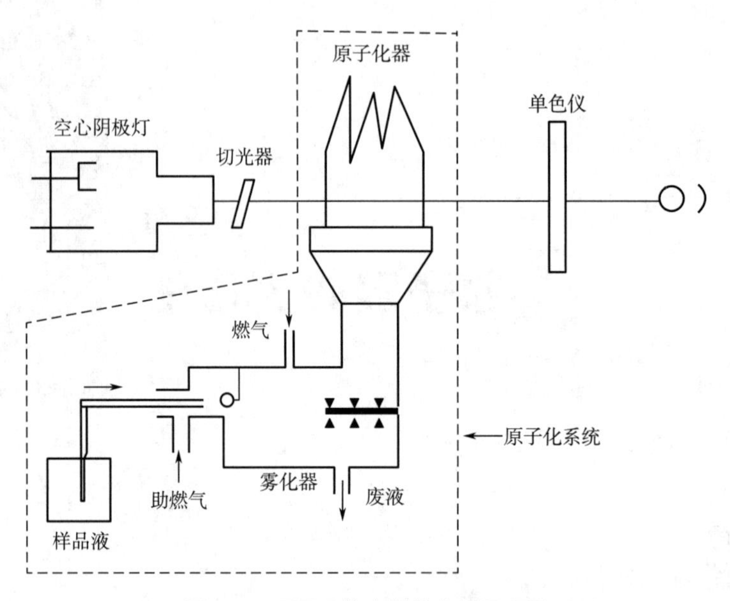

图 5-1　原子吸收光谱仪分析示意图

火焰原子吸收光谱法的相对误差<1%，石墨炉原子吸收法的相对误差为 3%~5%。

（3）优良的选择性　原子吸收光谱法选择性比较好，每个不同的元素都产生其特征原子吸收光谱，基态原子窄频吸收，元素之间几乎不存在干扰。

（4）广泛的应用　原子吸收光谱法不仅可以检测金属元素，还可以检测非金属元素及其有机化合物，因此其应用十分广泛。

（5）快速的分析速度　原子吸收法分析速度很快，不同的样品检测时长仅需几十秒到几分钟。

（6）极少的用样量　原子吸收光谱法进行分析时，需要的样品量极少，一般每分钟只需要 3~6mL，微量进样仅需 10μL。

尽管原子吸收光谱法存在上述多种优点，但它也存在缺点，例如，每个原子吸收光谱仪器仅能分析较为单一的元素，每次更换元素，必须更换不同的元素灯，操作不太方便。此外对于一些较难熔的金属元素或非金属元素，检测会比较困难。

二、基本原理

（一）原子吸收光谱的产生

一个原子可以存在多种能级状态，一般情况下原子都处于最低能量状态，称为基态（$E_0=0$）。当原子吸收能量而被激发时，其最外层电子可能跃迁到较高的能级上，原子的这种运动状态称为激发态。处于激发态的电子是极不稳定的，一般会迅速跃迁回较低的激发态，这个时候，原子将以电磁波的形式释放能量。原子能级的能量变化是量子化的，原子吸收光谱的波长 λ 由产生该原子吸收光谱线的能级之间的能量差 ΔE 决定。

$$\Delta E = E_n - E_0 = h\nu = h\frac{c}{\lambda} \tag{5-1}$$

式中　ΔE——能量差；

E_n——激发态能量；

E_0——基态能量。

电子从基态跃迁到激发态时要吸收一定频率的光，称为共振吸收线；当其再次跃迁回基态时，则会发射出同样频率的光，称为共振发射线。共振发射线和共振吸收线都简称共振线。由于各种元素的原子结构和外层电子排布是不同的，其原子从基态跃迁至第一激发态时，吸收的能量也不同，因此各种元素的共振线也不相同，所以共振线也就成为元素的特征谱线，这也是原子吸收光谱法分析的基本依据。原子吸收光谱主要位于光谱的紫外区和可见区。

（二）原子吸收光谱的轮廓与谱线变宽

实际上，原子吸收线并非是一条严格的几何线，而是具有一定宽度（或频率范围）的谱线。当以强度为 I_0 的不同波长的光通过原子蒸气时，一部分被吸收，另一部分则透过气态原子层。若用透光强度 I 对频率 ν 作图，得到图 5-2（1），由图可见，中心频率 ν_0 处透光强度最小。若用吸收系数 K_ν 对频率为 ν 的辐射吸收系数作图，得到图 5-2（2），吸收系数的极大值，称为中心吸收系数（K_0），其所对应的频率为中心频率 ν_0，$K_0/2$ 处吸收线轮廓上两点间的频率差 $\Delta\nu$ 称为吸收线的半宽度。由此可见，ν_0、K_0 和 $\Delta\nu$ 都是吸收轮廓线的重要特征。

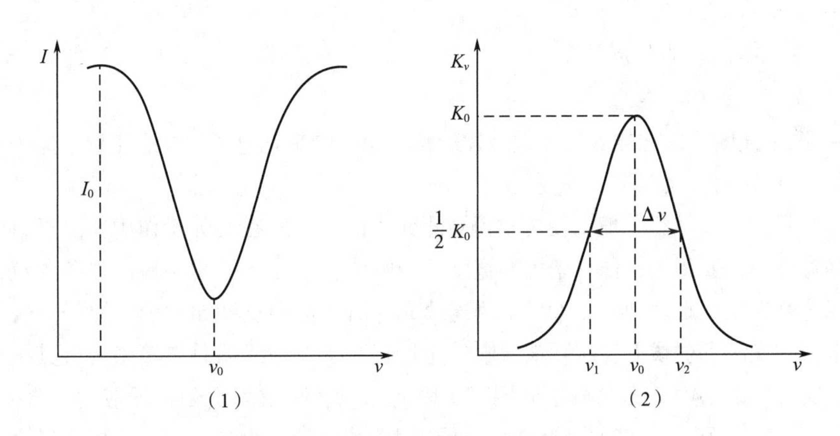

图 5-2　原子吸收线的谱线轮廓

（1）透光强度与频率的关系图　（2）吸收系数与频率的关系图

原子吸收谱线的宽度受多种因素影响，其中主要有以下几种：

（1）自然变宽（natural line width）　由量子力学的测不准原理可知，激发态能量具有不确定性，从而导致谱线具有一定的宽度，即自然宽度，又称固有宽度。自然宽度与激发态原子的平均寿命有关。寿命越长，宽度越小，一般约为 10^{-5}nm。

（2）多普勒变宽（doppler broadening）　由于辐射源处于无规则的热运动状态中，这一不规则的热运动与检测器之间形成相对位移运动，从而发生多普勒效应，使得谱线变宽，又称热变宽。原子吸收分析中，原子一直处于杂乱无章的运动状态，当其趋近光源运动时，原子将吸收频率相对较高的光波；当其远离光源运动时，将吸收频率相对较低的光波，于是检测器接收的频率范围变宽，从而引起谱线的变宽。多普勒变宽是谱线变宽的主要原因。

（3）压力变宽（pressure broadening）　当原子吸收区气体压力变大时，吸光原子由于与蒸气中的其他原子相互碰撞，导致激发态原子平均寿命缩短，而引起的谱线变宽。压力变宽主要包括洛伦兹（Lorentz）变宽和霍尔兹马克（Holtsmark）变宽。洛伦兹变宽是指被测元素原子和不同种粒子碰撞而引起的变宽，随原子区内气体压力和温度的升高而增大。霍尔兹马克变宽是指和同种原子相互碰撞而引起的变宽，又称共振变宽。这只有在被测元素浓度比较高时才起作用，通常情况下可以忽略不计。洛伦兹变宽与多普勒变宽有着相同的数量级，也可达 10^{-3}nm，洛伦兹变宽也是谱线轮廓变宽的另一个主要原因。

（4）自吸变宽　光源空心阴极灯发射的共振线被同种基态原子所吸收，产生自吸现象，导致谱线变宽，称为自吸变宽。当灯的电流越大，或者待测物质浓度越大的时候，自吸现象就会越严重。

（三）原子吸收光谱的测量

1. 积分吸收

在吸收轮廓的频率范围内，吸收系数 K_ν 对于频率的积分称为积分吸收系数，简称积分吸收，表示吸收的全部能量。数学表达式为：

$$\int K_\nu d\nu = \frac{\pi e^2}{mc} N_0 f \qquad (5-2)$$

式中　e——电子电荷；

m——电子质量；

N_0——单位体积内基态原子数；

c——光速，3×10^8m/s；

f——振子强度，即能被入射辐射激发的每个原子的平均电子数，它正比于原子对特定波长辐射的吸收概率。

若能够测量吸收系数积分值，便可求得被测元素的浓度。在实际操作中，由于原子吸收光谱线的半峰宽极小，要测量这样一条极小宽度的吸收值，就需要分辨率极高的单色仪，而如此高要求的工艺制作是很难达到的。如果采用连续光源时，把半宽度如此窄的原子吸收轮廓叠加在半宽度很宽的光源发射线上，实际被吸收的能量相对于发射线的总能量来说极其微小，在这种条件下，要准确记录信噪比变得十分困难。因此，原子吸收光谱分析的应用一直未能成功，直到 1955 年，艾伦·沃尔什（Alan Walsh）提出以锐线光源作为激发光源，用测量峰值吸收系数的方法代替吸收系数积分值才得以解决。

2. 峰值吸收

艾伦·沃尔什（Alan Walsh）提出，在温度不太高的稳定火焰条件下，峰值吸收系数与火焰中待测元素的自由原子浓度存在线性关系。锐线光源是发射线半宽度小于吸收线半宽度的光源，且发射线的频率中心与吸收线的频率中心完全重合。使用锐线光源时测得的就是吸收光谱中最大吸收处的吸光度，一般称为峰值吸收，峰值吸收测量如图 5-3 所示。

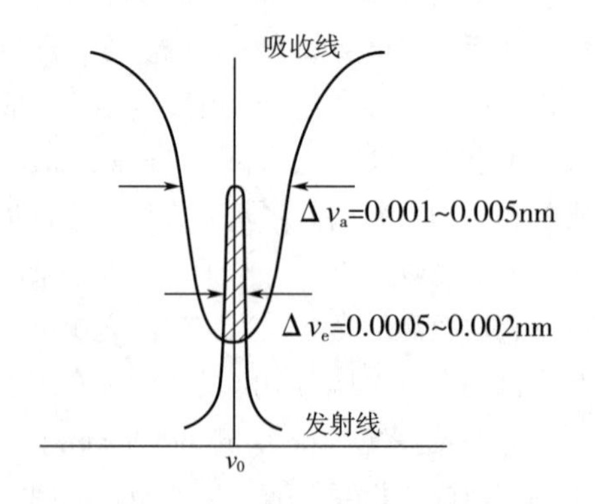

图 5-3　峰值吸收测量示意图

采用锐线光源时，原子吸收遵循朗伯-比尔定律，见式 3-16。

在特定条件下，吸光度 A 与待测元素的浓度 c 呈线性关系；A 与多普勒变宽成反比，因此在测量中，应尽量避免谱线变宽因子的影响，以确保检测结果具有较高的灵敏度和准确性。以上是原子吸收光谱分析的定量基础，只适合测定较低浓度的样品。

第二节　原子吸收光谱仪的结构

在原子吸收光谱分析中所选用的仪器，常称作原子吸收分光光度计。原子吸收分光光度计主要由光源、原子化系统、单色器、检测系统组成。原子吸收分光光度计按原子化方式的不同，可分为火焰原子化和非火焰原子化两种；按入射光束的不同，可分为单光束型和双光束型；按通道的不同，可分为单通道型和多通道型。

对于单光束型原子吸收分光光度计（图 5-4），特征辐射光源通过原子化器内的原子蒸气时，一部分辐射会被基态原子吸收，未被吸收的一部分辐射透过原子蒸气经过分光系统，辐射送入检测器中，将光信号转换为电信号，再经过电子线路处理，以显示器显示，或记录仪记录。该仪器结构简单，共振线在外光路的损失少，灵敏度高，但是无法消除光源波动而引起的基线漂移。

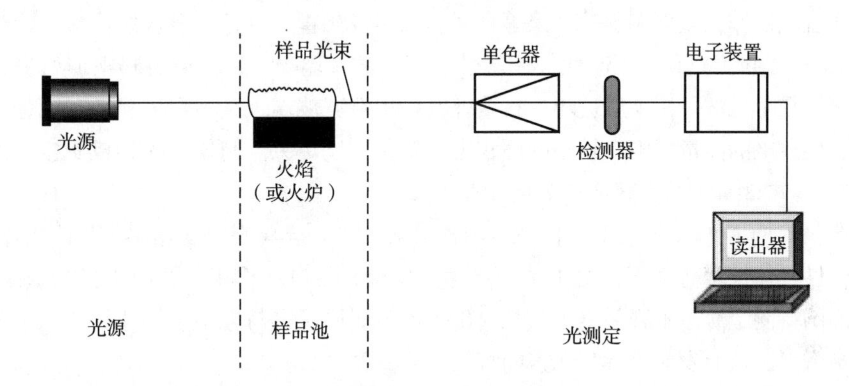

图 5-4　单光束型原子吸收分光光度计

对于双光束型原子吸收分光光度计（图 5-5），从光源发出的光被截光器分成性质完全相同的两束光，一束光通过火焰原子化蒸气；另一束光则不通过火焰，作为参比光束，然后用半透射镜将样品光束及参比光束交替通过单色器至检测系统，从而得到两束光的强度之比。如果先用空白液喷入火焰，通过仪器调节两束光强度相等，然后换用样品液喷入火焰，则测得的吸光度仅与待测元素的吸收有关。所以，双光束型仪器因其可同时消除火焰背景和光源波动产生的影响，其准确度和灵敏度都比较高。

一、光源

原子吸收分光光度计都是采用锐线光源，其作用是发射被测元素的特征共振辐射。并不是所有的共振辐射都可以作为光源，必须满足基本要求：发射的共振辐射的半宽度要明显小于待测元素吸收线的半宽度；辐射的强度大、背景低（低于共振辐射强度的 1%），以保证足够的信噪比，提高灵敏度；辐射光强度稳定，使用寿命长等。空心阴极灯和无极放电灯是常见的光源，而空心阴极灯由于发光强度大、辐射稳定而被广泛应用，因此下面重点介绍空心阴极灯。

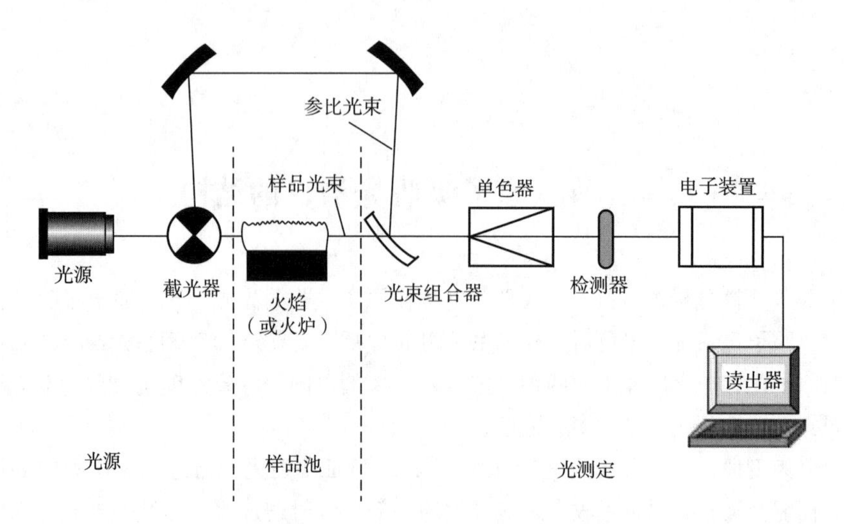

图 5-5 双光束型原子吸收分光光度计

普通空心阴极灯实际上是一种气体放电灯，结构如图 5-6 所示，它包括了一个阳极（由钨、钴、铬等纯金属制作，最常用的是钨棒）和一个空心圆筒形阴极（由用以发射所需谱线的金属或金属合金制作，或以铜、铁、镍等金属制成阴极衬管，衬管的空穴内再衬入或熔进所需金属）。两电极密封于充有低压惰性气体的带有窗口的玻璃壳内，光窗材料根据所发射的共振线波长而定，在可见波段用硬质玻璃，在紫外波段用石英玻璃。空心阴极腔面对能透射辐射的石英窗口，使放电的能量集中在较小的面积上，辐射强度更大。制作时先抽成真空，然后再充入压强为 267~1333Pa 的少量氖或氮等惰性气体。

空心阴极灯的工作原理：当施加 100~400V 电压时，电子将在电场作用下从阴极流向阳极，与充入的惰性气体发生碰撞而使之电离，产生正电荷，在电场作用下，向阴极内壁猛烈轰击，使阴极表面的待测金属原子溅射出来，溅射出来的金属原子再与电子、惰性气体原子及离子发生碰撞而被激发，从而发射出待测元素的特征谱线。

显然，用不同的待测元素作阴极材料，可制成各种不同的空心阴极灯。这种只能发射一种元素的特征谱线的单一元素空心阴极灯，是目前应用最广的。而对于一灯多用的多元素灯，因其辐射强度较弱，在实际应用中受到较大的限制。

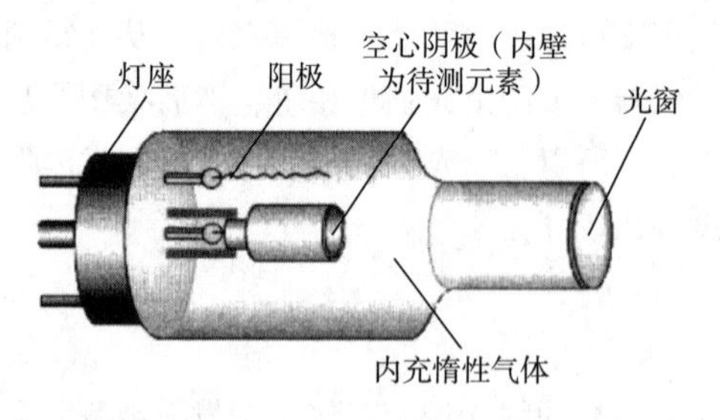

图 5-6 空心阴极灯

二、原子化系统

原子化系统是原子吸收分光光度计中十分重要的组成部分，它的主要作用是将待测元素变成比率高而又十分稳定的基态原子。这就对原子化器提出了较高的要求，一方面必须有尽可能高的原子化效率，另一方面还需要有很高的稳定性和重现性，干扰也要足够小。目前常用的原子化方法包括火焰原子化法和非火焰原子化法，其中利用火焰使样品原子化的方法称为火焰原子化法，利用电加热手段（石墨炉等）实现原子化的方法称为非火焰原子化法，所采用的仪器分别称为火焰原子化系统和非火焰原子化系统。

（一）火焰原子化系统

火焰原子化系统由化学火焰提供能量，使待测元素原子化，常用的是预混合型原子化器，由雾化器、雾化室和燃烧器三部分组成。其工作原理是将液体样品经雾化器形成雾粒状，在雾化室中与气体（燃气与助燃气）均匀混合，除去大雾滴后，再进入燃烧器形成火焰，液体样品在火焰中产生原子蒸气。火焰原子化器如图 5-7 所示。

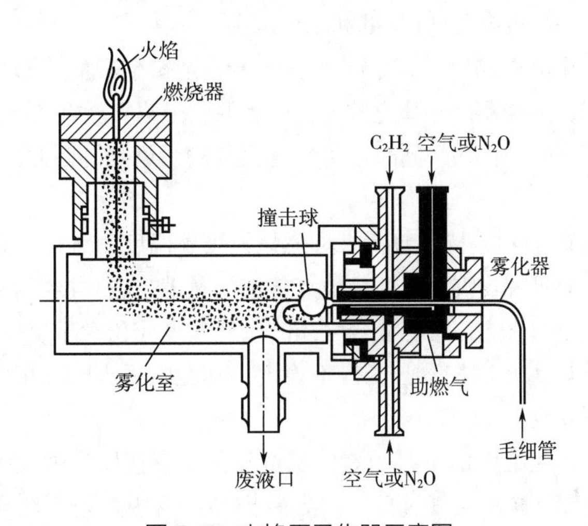

图 5-7　火焰原子化器示意图

（1）雾化器　雾化器又称喷雾器，是火焰原子化器中的重要部件，其作用是将样品试液变成细雾。原子吸收光谱分析的精密度和灵敏度主要就是由雾化器的性能来决定的。雾粒越细、越多，雾化效率越高，在火焰中生成的基态自由原子就越多，检测灵敏度就越高。目前，应用最广的是气动同心型雾化器，雾化效率可达 10% 左右。图 5-8 是一种雾化器的工作原理示意图。当载气（如空气）以一定的压力从喷嘴高速喷出时，在毛细管尖端产生一个负压将试液从毛细管吸入，并被高速气流分散成细小雾滴，喷出的雾滴猛烈冲击到撞击球上，破碎形成直径 10μm 的气溶胶。雾化器多用特种不锈钢或聚四氟乙烯塑料制成，撞击球是一个固定在雾化室壁上的玻璃小球（或金属小球），置于喷嘴的前方。毛细管则多采用耐腐蚀的惰性金属如铂、铱、铑的合金制成。为了保证原子吸收光谱分析的精密度和灵敏度，对雾化器也提出了更高的要求，不仅要求雾化效率高，喷雾稳定，雾粒均匀且细小，还需要能同时检测不同黏度、不同密度的样品试液。

（2）雾化室　雾化室的作用是使雾滴进一步细微化，从而产生一个平稳的火焰环境。由于雾化器产生的雾滴大小不一，在雾化室中，较大的雾滴由于重力作用重新在室内凝结成液珠而沿内壁流至排液口排出，小雾滴则在高速运动中使其大部分溶剂蒸发，形成进入火焰的微粒，在雾化室内与燃气提前均匀混合，从而降低它们在进入火焰时引起的火焰不稳定。预混合型原

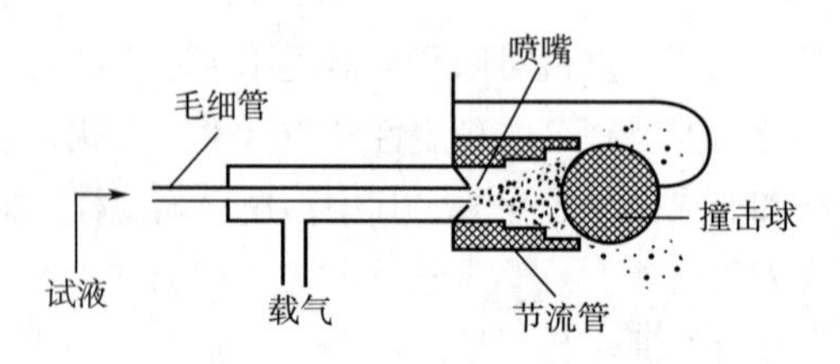

图 5-8 雾化器工作原理示意图

子化器虽然样品利用率比较低，但是火焰稳定且干扰少，因此应用更加普遍。

（3）燃烧器 燃烧器的作用是形成火焰，使进入火焰的待测元素气溶胶转变为蒸气原子。燃烧器必须火焰稳定，原子化效率高、吸收光程长且噪声小，同时还要求燃烧器能旋转一定角度（以便改变吸收光程，扩大测量浓度范围），并且可以调节高度（以便选取适宜的火焰部位测量）。燃烧器一般由不锈钢制成，分单缝和三缝两种。

单缝燃烧器由于产生的火焰较窄，导致部分光束在火焰周围通过而未能被完全吸收，从而使测量灵敏度降低。三缝燃烧器由于缝宽较大，产生的原子蒸气能将光源发出的光束完全包围，外侧缝隙还能起到屏蔽火焰的作用，同时避免来自大气的污染物。因此，三缝燃烧器比单缝燃烧器更加稳定。

（4）火焰 化学火焰的基本特性包括火焰燃烧速度、温度、氧化还原特性及光谱特性等。燃烧速度是指由着火点向可燃烧混合气体其他点传播的速度，它直接影响到燃烧的稳定性和操作的安全性。为得到稳定的火焰，可燃混合气体的供应速度应稍大于燃烧速度。但供气速度也不能过大，否则会使火焰离开燃烧器，变得不稳定，甚至吹灭火焰；相反，若供气速度过小，又会引起回火，操作不安全。

火焰温度是影响原子化程度的重要因素。温度过高，会让样品试液中的原子激发或电离，基态原子数减少，吸光度下降。温度过低，会导致样品试液中盐类无法离解，或离解率太低，测定的灵敏度也会受到严重影响，如果存在未离解分子的吸收，干扰也会更大。因此，必须根据实际情况，选择合适的火焰温度。不同类型的火焰，其温度是不一样的。常见的火焰及温度见表 5-1。

表 5-1 常用火焰的燃烧特征

燃气	助燃气	着火温度/K	燃烧速度/（cm/s）	最高温度/K
乙炔	空气	623	160	2500
	氧气	608	1130	3160
	一氧化二氮	—	160	2990
氢气	空气	803	310	2318
	氧气	723	1400	2933
	一氧化二氮	—	390	2880
煤气	空气	560	55	1840
丙烷	空气	510	82	2198
	氧气	490	—	2850

火焰中燃气和助燃气的比例直接决定火焰的氧化还原特性，直接影响待测元素化合物的分解和难离解化合物的形成，从而影响原子化效率和自由原子在火焰区的有效寿命。按燃气和助燃气比例的不同，可将火焰分为三类：化学计量火焰、富燃火焰和贫燃火焰。

（1）化学计量火焰又称中性焰　这种火焰是由化学计量精确配比的氧化剂和燃料产生的，燃料燃烧完全，而且氧化剂也被完全消耗。其特点是火焰边缘呈黄色。

（2）富燃火焰又称还原性火焰　燃气与助燃气之比大于化学计量的火焰，一般燃助比大于1∶3。火焰呈黄色，层次模糊，温度稍低。由于燃烧不完全，其中含有较丰富的中间反应物，如 HCN、CH_4、CO 等。这些物质具有较强的还原性，适用于检测一些难熔的氧化物元素。

（3）贫燃火焰又称氧化性火焰　燃气与助燃气之比小于化学计量的火焰，一般燃助比小于1∶6。此类火焰燃烧充分，温度较高，呈蓝色，氧化性较强，用来原子化易离解、易电离的元素，如碱金属等。

火焰的光谱特性是指火焰的透射性能，这取决于火焰的成分，同时还决定火焰的使用波长范围。常见的几种火焰的吸收曲线见图5-9。乙炔-空气火焰在短波区有较大吸收，即透射性能较差，而氢火焰的吸收很小，即透射性能很好。对于分析线位于短波区的元素，如用196.0nm的共振线测定硒时，显然不能选用乙炔-空气火焰，而应采用氢-空气火焰。

乙炔-空气火焰是原子吸收测定中最常用的火焰，该火焰燃烧稳定、重现性好、噪声低、温度高，能用于30多种元素的测定，但它在短波紫外区有较大的吸收。氢-空气火焰是氧化性火焰，燃烧速度较快，但温度较低，优点是背景发射较弱，透射性能好。乙炔-一氧化二氮火焰的优点是火焰温度高，可达3000K左右，而燃烧速度并不快，具有较强的还原性，适用于难离解元素的氧化物分解并原子化，可测定70多种元素。

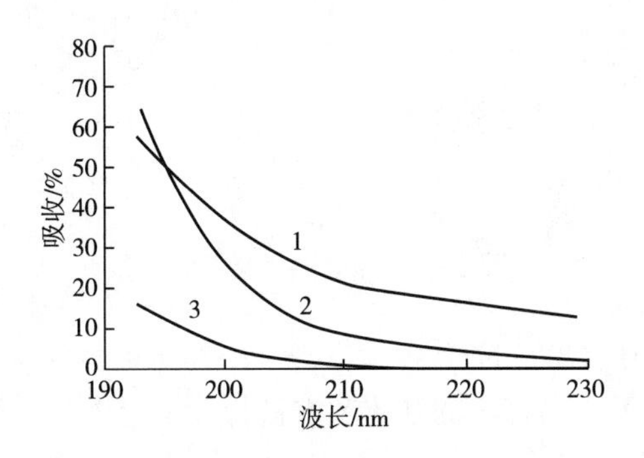

图5-9　几种火焰的吸收曲线

1—乙炔-空气　2—乙炔-一氧化二氮　3—氢-空气

（二）非火焰原子化系统

非火焰原子化法利用电热、阴极溅射、等离子体或激光的方法使样品中的待测元素形成基态自由原子，主要包括石墨炉原子化法和低温原子化法。下面重点介绍最常用的管式石墨炉原子化器。

管式石墨炉原子化器由加热电源、惰性气体保护系统和石墨管炉组成，如图5-10所示。石墨管长约50mm，内径5mm，样品以溶液（5~100μL）或固体（几毫克），放入石墨管中，在Ar或N_2等气体保护下分步升温加热，使样品干燥、灰化（或分解）和原子化，如图5-11所示。

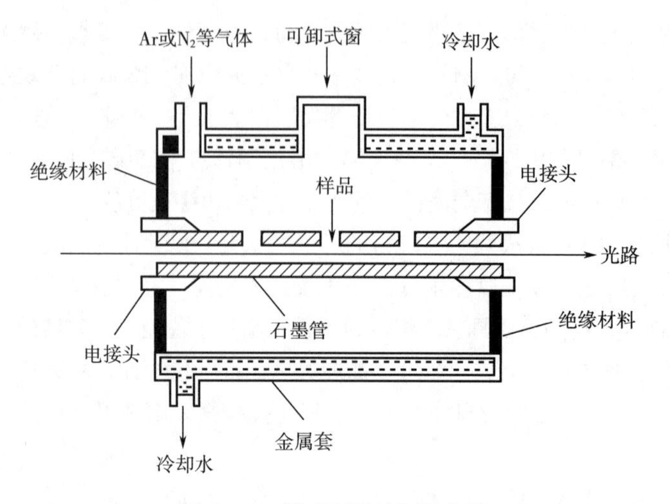

图 5-10　管式石墨炉原子化器

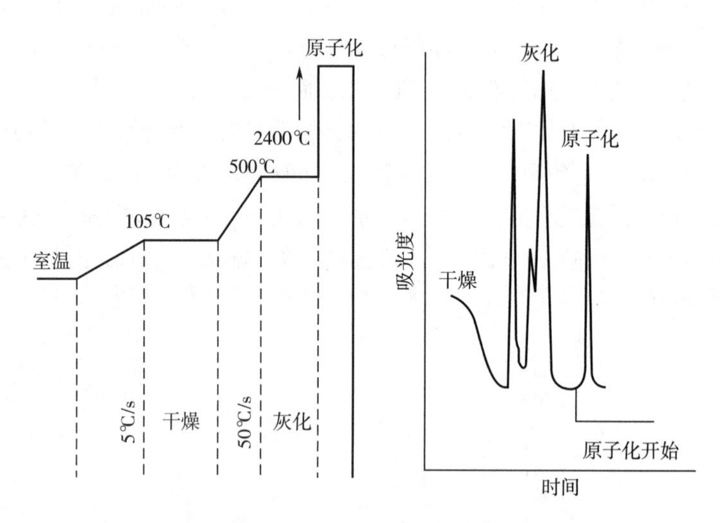

图 5-11　石墨炉升温示意图

在干燥过程中，于 105～120℃下加热以蒸发溶剂，溶剂的蒸发要求慢而平稳，以避免飞溅而损失，灰化过程主要是除去易挥发的基体和有机物等干扰物质。干燥和灰化时间总共需要 20～45s。原子化时，升高温度至最佳原子化温度，将样品转变为基态自由原子，并观察相应原子吸收信号，原子化时间需要 3～10s。在原子化过程中，停止通气可延长原子在石墨管炉中停留的时间。对于整个加热过程，必须通过多次实验来仔细选择合适的温度和时间参数才能达到最佳的效果。

石墨炉原子化器具有以下优点：样品用量少，液体样品只需数微升，固体样品只需要 0.1～10mg；固、液样品均可直接进样；检出限为 10^{-12}～10^{-10}g，某些元素可达 10^{-14}g，是一种微痕量分析技术；自由原子在致密的石墨炉中可以停留较长的时间，约为火焰原子化法的 1000 倍；原子化效率高，可达 90% 以上；原子化温度高，可用于分析难挥发、难解离氧化物的元素。但石墨炉原子化器操作条件不易控制，背景吸收较大，重现性、准确性均比火焰法差，且仪器设备较复杂，价格昂贵，需要水冷。表 5-2 对火焰原子化器与石墨炉原子化器的性能进行了比较。

表 5-2　火焰原子化器与石墨炉原子化器的性能比较

物理参数	火焰原子化器	石墨炉原子化器
原子化原理	火焰热	电热
最高温度	2955℃	3000℃
原子化效率	约 10%	约 90%
试液体积	1~5mL	5~100μL
灵敏度	低	高
相对标准偏差	0.5%~1.0%，精密度好	1.5%~5%，精密度差
基体效应	小	大

石墨炉原子化过程中，发生的主要反应有：

（1）分子蒸发　对于有较高蒸气压的卤化物和某些氧化物，如果蒸发热小于卤化物和氧化物的解离能，则在发生分解反应之前，先发生金属卤化物和氧化物的蒸发，导致这些化合物的损失严重。

（2）热解反应　某些金属的氯化物解离能较高，加热时并不转化为氧化物，而是直接热分解产生原子蒸气，实现原子化，镉、锌、铁等元素就是如此。

某些金属的硝酸盐或氯化物在加热时先转化为氧化物。在原子化温度时，氧化物被碳还原的反应在热力学上是不可行的，而是通过氧化物热分解生成原子蒸气实现原子化，铍、镁、钙、锶、钡、锌、镉、汞、锰等硝酸盐的原子化过程就属于这一种类型。

金属硫酸盐热分解，可以生成氧化物，也可生成硫化物。例如，硫酸锑热分解为三硫化二锑，三硫化二锑再分解产生原子锑；硫酸铍分解为氧化铍，氧化铍再被碳还原生成原子蒸气，实现原子化。磷酸盐的分解形式更加复杂。

（3）金属氧化物的还原反应　某些金属盐热分解为氧化物后再被碳还原为金属，如钴、镍、铅、铜等。

（4）碳化物的生成　铍、硼、铝、钛、锆、钒、钨、硅、铀、稀土元素等生成难挥发性碳化物，原子化需要更高的温度，检测灵敏度受到较大限制。

元素原子化的难易程度与其他氧化物的解离能、原子化热以及载气种类和压力等因素都有关。若原子化曲线是相同的，则说明在热解过程中先还原为金属，然后再蒸发原子化。

三、单色器

单色器的作用是将待测元素的共振线与邻近谱线分开，它由色散元件（棱镜、光栅）、凹凸镜、狭缝等元件组成。由于锐线光源的谱线比较简单，对单色器的分辨率要求不高，能分开锰 279.5nm 和锰 279.8nm 即可。单色器的关键部件是色散元件，一般元素可用棱镜或光栅分光，目前商品仪器多采用光栅。单色器的性能常用以下参数表示。

（1）线色散率（D）　两条谱线间的距离与波长差的比值 $\Delta X/\Delta\lambda$。实际工作中常用其倒数 $D=\Delta\lambda/\Delta X$。

（2）分辨率　仪器分开相邻两条谱线的能力。用这两条谱线的平均波长与其波长差的比值 $\lambda/\Delta\lambda$ 表示。

（3）通带宽度（W） 通过单色器出射狭缝的光束的波长宽度（光电倍增管所接收到的光的波长范围）。当线色散率（D）一定时，通带宽度可通过选择狭缝宽度（S）来确定：$W=D\times S$。

每台色散元件的色散率都是固定的，所以分辨能力仅与仪器的狭缝宽度有关。减小狭缝宽度，可提高分辨能力，有利于消除干扰谱线。但是，狭缝宽度过小又会导致透射光强度减弱，使得检测灵敏度下降。一般狭缝宽度调节为0.01~2mm。

四、检测系统

检测系统主要由检测器、放大器、对数变换器、显示记录装置组成。

待测元素的基态原子吸收元素灯发出的光谱线后，由单色器选出特征谱线，进入光电倍增管，光信号转为电信号，放大器放大后，进入解调器检测，得到一个直流信号，再由对数变换器进行对数转换、标尺扩展，最后显示器显示读数或记录仪记录数据。

第三节 原子吸收光谱法在食品分析中的应用

原子吸收光谱法具有灵敏度高、选择性好、精确度高、检出限低等优点，因此广泛应用于科学研究和食品分析中。原子吸收光谱法最大的特点是可以进行微量和痕量元素分析，这是其他绝大多数检测手段所不及的。因此，其在检测领域尤其是在食品中重金属元素（如铅、铬、镍等）的检测以及微量元素（如铁、锰、锌、硼等）的检测方面具有广泛的应用。

一、原子吸收光谱法在食品中重金属元素含量测定方面的应用

在食品重金属元素检测中，相较于传统的检测手段，原子吸收光谱法不仅在检测过程中有着更高的精确度和灵敏度，还有着更强的实用性。原子吸收光谱法可以检测不同种类的食品中的重金属元素含量，如肉制品、果蔬、粮食、酒水及饮料、食品添加剂等，防止重金属元素含量超标的食品流入市场。

（一）肉制品中重金属元素检测的应用

随着人们生活水平的提升，日常饮食中对畜禽肉类食品的消费也越来越多。而重金属元素是一种无法被机体降解的元素，若畜禽摄入了含有重金属元素的饲料，重金属元素将会在畜禽体内不断堆积，而如果人体摄入了这些畜禽肉类，身体健康也会因此受到极大影响。所以，对畜禽肉类中的重金属元素含量进行检测也尤为重要。一般情况下，畜禽肉类中的重金属元素以汞、铜、铅、锌等元素为主。针对汞元素的检测，可以使用二硫腙比色法或原子荧光光谱法，而针对铜、铅、锌等元素的检测，则一般采用原子吸收光谱法。

在肉制品中应用原子吸收光谱法进行重金属元素检测，这不仅能有效防止重金属元素含量超标的肉制品进入市场，还可展示出肉制品中有益金属元素的组成结构。消费者可针对自身的实际情况选择相应的肉制品，该检测为消费者的身体健康提供有力的保障。

（二）果蔬重金属元素检测的应用

随着经济的迅速发展，为了提升果蔬的产量，减少病虫害对果蔬的影响，会在种植过程中使用一定量的农药。虽然经过雨水等的冲刷，农药会随之流失，但依然有一部分农药残留成分会被果蔬所吸收以及存在于果蔬的表皮上。现代农药中通常含有重金属元素，如铬、镉、铅、汞等，这些元素会对人类的身体健康造成危害。所以，在果蔬进入市场时，为了能够确保蔬菜水果的安全性，食品安全检测部门一般通过原子吸收光谱法对其表皮中的重金属元素进行检测分析，以确保其含量符合国家标准要求，提升产品的食用安全性。

（三）粮食重金属元素检测的应用

粮食作为人类的主食，在每天摄入的食物中占据了较大的比例，确保粮食安全，才能保护人类的身体健康。在农作物实际种植过程中，其产品品质受周边环境的影响很大，如果周边的土壤、空气、水源等重金属元素含量较高，就会导致农作物在生长过程中，通过光合作用和富集作用逐渐吸收较多的重金属元素。这些重金属元素不仅会抑制农作物的正常生长，而且如果人体食入，还会对人体健康产生严重的危害。研究发现，原子吸收光谱法能有效检测出粮食中微量元素的种类及含量。以粮食铅含量检测为例，GB 2762—2017《食品安全国家标准　食品中污染物限量》规定了谷物及其制品的限量。如果铅含量超标，则会对人体的多处器官、神经系统造成严重的影响，原子吸收法通常用来检测粮食作物中的重金属铅和镉。值得注意的是，不同的粮食作物，其主要危害元素限定含量是不同的，因此，必须加强对农作物的微量元素，尤其是重金属元素含量的检测工作，确保其质量达到国家标准才能流入市场。

（四）酒水及饮料等重金属元素检测的应用

酒水及饮料因其口感和颜色的需要，会添加一些化学元素成分，不可避免地会含有一些重金属元素。应用原子吸收光谱法可有效检测出酒水及饮料中的重金属元素含量，以白酒为例，想要有效检测出白酒中重金属元素铅的含量，通常会应用石墨炉原子吸收光谱法对其进行检测，将石墨管作为原子化器，对待测物质的原子进行电流加热，将其转化成符合原子化处理要求的具体形态，并采用一定的光谱进行照射，检测其对光谱的吸收与发射情况，从而有效得出白酒中铅含量的具体系数，与此同时，还要将得出的系数与标准规定参数进行比对，确认其是否存在重金属含量超标的情况，避免不合格产品流入市场，确保酒水饮品的质量安全和人们的身体健康。

（五）食品添加剂中重金属元素检测的应用

为延长食品保质期或改善食品的色泽及味道，会使用食品添加剂。食品添加剂中常见的重金属元素有铅、汞等。因此，做好重金属元素的检测工作至关重要。检测人员在对食品添加剂进行检测时一般习惯采用化学试剂比色法，但是由于这种方法在应用时具有较强的主观性及不稳定性，大量研究发现，只有合理采用原子吸收光谱法检测才能有效弥补这些不足，提升检测的精准度，因此原子吸收光谱法现在也常用来检测分析食品添加剂中的重金属元素含量。

二、原子吸收光谱法在食品微量元素测定中的应用

在微量元素的测定中，过去采用的传统方法包括生化法和电化学分析法，这两种方法在测定前都要做前处理，操作复杂，耗时长，准确度不高，检测的元素种类也受到一定的限制。原子吸收光谱法在很大程度上弥补了传统方法的缺陷，可以提高检测的准确率，操作起来方便快

捷。例如，在对不同类型的补钙类产品品质进行检测的过程中，经过多种方法试验，最后总结得到钙含量的几种测定方法，其中最重要也最易于推广的方法是原子吸收光谱法。在检测过程中，不同品种的相同食品也可以精准地检测其所含微量元素的含量。同时需要注意的是，在相同食品的不同部位，微量元素的含量也有可能是不同的，所以还可以对同一食品的不同部位进行检测，进一步提高准确性。火焰原子吸收光谱法对于食品尤其是水果中的铁、锰、锌、铜、镍、铬的测量相当准确。可借此方法分析相同或不同微量元素在同一食物品种的不同部位或在不同品种中的分布情况，并进行对比分析，从而有利于对各种农作物或水果在经济方面的开发利用提供数据支持。

原子吸收光谱法，尤其是火焰原子吸收光谱法对于测定固态及液态农作物中的微量元素含量以及为液态及固态食品产品的资料完善、标准制定、按资源分布将其合理使用等方面的应用宽度及广度将日益增大。

思考题

1. 简述原子吸收分光光度计的基本原理以及原子吸收光谱法的优缺点。
2. 石墨炉原子化法有什么特点？试比较火焰原子化法与石墨炉原子化法优缺点。
3. 什么是锐线光源？为什么原子吸收光谱要使用锐线光源？
4. 名词解释：多普勒变宽，积分吸收，峰值吸收，共振线。
5. 简要说明使谱线变宽的因素有哪些？对原子吸收的测量有什么影响？
6. 简述原子吸收光谱法在食品分析中的应用。

CHAPTER 6

第六章 核磁共振分析法

学习目标

1. 了解核磁共振的发展历史，学习核磁共振波谱的主要参数。
2. 了解核磁共振谱仪的主要组成部分。
3. 学习核磁共振波谱法在食品分析中的应用。

第一节　核磁共振波谱的概述及基本原理

一、概述

核磁共振（nuclear magnetic resonance，NMR）是近代物理学的重要发现。1938 年，美国科学家伊西多·拉比（Isidor Rabi）用分子束实验，发现了在外磁场下的核磁共振现象。1945 年，美国哈佛大学的爱德华·珀塞尔（Edward Purcell）和斯坦福大学的费利克斯·布洛赫（Felix Bloch）各自独立观察到固体和液体状态下的核磁共振信号。至此奠定了核磁共振技术的物理学基础，此后核磁共振开始应用于有机化学和生命科学中，主要用于测量物质的组成和分子的结构。1976 年瑞士科学家理查德·恩斯特（Richard Ernst）提出两维核磁共振波谱的理论与实验方法，解决了化学分子一维核磁谱图严重的谱峰堆积问题。在此基础上，1985 年瑞士科学家库尔特·维特里（Kurt Wüthrich）开始将该方法成功应用于生物大分子结构与动力学研究。2003 年，美国科学家保罗·劳特布尔（Paul Lauterbur）和英国科学家彼得·曼斯菲尔德（Peter Mansfield）共同发明了核磁共振成像波谱仪，核磁共振成像技术开始应用到医学诊断方面，并在生命健康研究方面发挥着越来越重要的作用。这几位杰出的科学家都因为在核磁共振领域的开创性贡献而获得诺贝尔奖。

近 70 年来，核磁共振技术得到了迅猛发展。目前核磁共振技术已广泛应用于工业、农业、化学、生物和医药等领域。它是确定有机化合物特别是新的有机化合物结构有力的工具之一。

核磁共振证明了核自旋的存在，为量子力学的一些基本原理提供了直接验证，并且首次实现能级反转，这些为激光的产生和发展奠定了坚实的基础。近年来，核磁共振由一维发展到二维、三维，技术更加完善，并在生命科学和食品科学等领域得到更加广泛的应用。要想理解核磁共振波谱，首先要了解自旋原子核及其在外磁场中的行为，以下简单介绍核磁共振相关的基本原理。

二、基本原理

（一）原子核的自旋量子数与质量数和质子数的关系

原子核由质子和中子组成，中子不带电，质子带正电，所以原子核带正电，且电荷数等于原子核中的质子数，也等于原子序数，原子核的质量数 A 等于中子数加上质子数，原子核记作 $^{A}_{Z}X$，如 $^{1}_{1}H$、$^{13}_{6}C$ 、$^{12}_{6}C$ 等。原子核的自旋量子数 I 与核的质量数 A 和核的原子序数 Z 有着密切的关系，当原子核的质量数 A 和原子序数 Z 都等于偶数时，它的自旋量子数 I 为零，没有自旋运动，不能作为 NMR 的研究对象；当原子核的质量数 A 为奇数，原子序数 Z 为奇数或偶数时，它的自旋量子数 I 为半整数，实验表明，自旋量子数 $I=1/2$ 的核，电荷均匀分布在原子核的表面，检测到的谱峰较窄，容易得到高分辨的核磁共振波谱，如 $^{1}_{1}H$、$^{13}_{6}C$、$^{15}_{7}N$、$^{19}_{9}F$；当原子核的质量数 A 为偶数，原子序数 Z 为奇数时，它的自旋量子数 I 为整数，原子核的自旋量子数 I 和原子核的质量数 A 和原子序数 Z 之间的关系如表 6-1 所示。对于自旋量子数 $I>1/2$ 的核，电荷在原子核表面分布不均匀，具有电四极矩，核电四极矩可与电场梯度发生相互作用，形成特殊的弛豫机制，使得谱峰增宽，会给核磁共振波谱的检测增加一定的难度。

表 6-1　原子核自旋量子数 I 和原子核的质量数 A 和原子序数 Z 之间的关系

质量数 A	原子序数 Z	自旋量子数 I	举例
偶数	偶数	零	$^{12}_{6}C$　$^{16}_{8}O$
奇数	奇数或偶数	半整数	$^{1}_{1}H$　$^{13}_{6}C$　$^{15}_{7}N$
偶数	奇数	整数	$^{2}_{1}H$　$^{14}_{7}N$

（二）核磁共振的量子力学描述

1. 原子核的角动量与磁矩

原子核除了具有电荷和质量外，很多原子核还有自旋角动量 P，核自旋角动量的大小的绝对值为：

$$|P| = h\sqrt{I(I+1)} \tag{6-1}$$

式中　$|P|$——核自旋角动量大小的绝对值；

h——普朗克常数；

I——自旋量子数。

其中 I 的取值可以是零、半整数或整数。按照量子力学原理，P 沿着磁场方向的分量 P_z 大小为：

$$P_z = m_I h \tag{6-2}$$

式中 P_z——核自旋角动量沿磁场方向的分量；

m_I——磁量子数。

其中磁量子数 m_I 取值为 I，$I-1$，……，$-I$，m_I 共有 $2I+1$ 个值，即 P 沿着磁场方向 z 共有 $2I+1$ 个值。

根据电磁学理论，作为一个带电粒子，原子核的自旋运动会产生磁偶极矩：

$$\mu=\gamma P \tag{6-3}$$

式中 γ——旋磁比，其值由原子核的本性决定，且可正可负；

μ——磁偶极矩；

P——核自旋角动量。

因为角动量 P 的取值量子化，所以磁偶极矩 μ 在外磁场中的取向也是量子化的，磁偶极矩 μ 与外磁场的作用位能随着磁偶极矩在外磁场中的不同取向而不同，也只能取一些确定的方向，取值个数也由原子核的磁量子数 m 决定。

2. 原子核在外磁场中的能量

核磁矩 μ 在 z 方向的外磁场中，磁矩与磁场相互作用，产生的能量为：

$$E=-\mu_z \cdot B_0 \tag{6-4}$$

式中 E——能量；

μ_z——核磁矩在 z 方向上的分量；

B_0——磁场强度。

两个相邻能级的能量差则为：

$$\Delta E = \gamma h B_0 = -\gamma \Delta m h B_0 \tag{6-5}$$

式中 ΔE——能量差；

γ——旋磁比；

h——普朗克常数；

B_0——磁场强度；

Δm——磁量子数差。

3. 核磁共振条件

根据量子力学原理，只有当 $\Delta m=\pm1$ 时，才允许能级跃迁。由 $\Delta E=h\nu$ 可知，如果用一定频率的电磁波照射原子核，原子核可以吸收能量，从低能级跃迁到高能级，从而产生共振，共振信号的频率为：

$$\omega=\gamma B_0 \tag{6-6}$$

式中 ω——共振信号的频率；

γ——旋磁比；

B_0——磁场强度。

由此可知，当磁场强度 B_0 一定的情况下，由于不同原子核的 γ 不同，产生的共振频率也不相同，如在 11.744T 的磁场中，^{1}H、^{13}C、^{31}P 的共振频率分别为 500MHz、125.72MHz、202.4MHz；同样，同一种原子核在不同的磁场强度下，产生的共振频率也不相同，如 ^{1}H 核在 11.744T、9.395T、7.046T 磁场中的共振频率分别为 500MHz、400MHz、300MHz。

（三）核磁共振的经典力学描述

1. 宏观磁化矢量

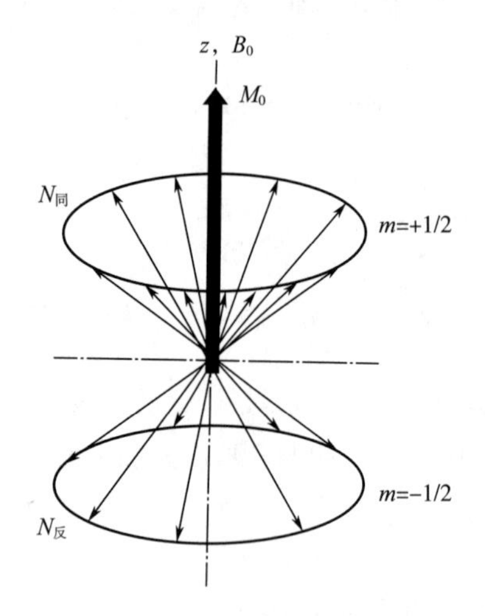

图6-1　$I=1/2$ 的自旋系统在外磁场 B_0 中的取向分布示意图

上面讨论了核磁共振的量子力学描述，接下来用经典力学的观点讨论核磁共振。经典力学研究的对象不再是单独的一个原子核，而是由许多同种原子核组成的系统，在无外磁场时，核自旋的空间取向是杂乱无章、相互抵消的，不出现宏观磁化矢量，也就无法观察到宏观的核磁现象。但一旦将自旋体系放置到磁场中，各原子核的磁矩就会绕着磁场进动，空间顺序由无序变为有序。对于 $I=1/2$ 的核来说，$m=1/2$、$-1/2$，磁矩的进动与 B_0 有同向和反向两种，同向的能量略低于反向的能量，按照玻尔兹曼能量分布理论，当热平衡时，同向原子核的数量要比反向原子核的数量多，多出来的这些与磁场同向的原子核磁矩形成了整个体系的宏观磁化矢量 M_0，如图6-1所示。

2. 磁化矢量运动方程

Block 方程是描述磁化矢量的经典方程。自旋体系从激发态恢复到平衡态的过程，称为弛豫。外加磁场 B 和内部的弛豫过程都可以让宏观磁化矢量发生变化，这两个因素的效应互不干扰，即两者引起的变化可以简单的叠加，磁化矢量的变化方程为：

$$\frac{\mathrm{d}M}{\mathrm{d}t}=\gamma(M\times B)+弛豫 \tag{6-7}$$

式中　M——磁化矢量；

γ——磁旋比；

B——外加磁场。

引入纵向弛豫时间 T_1、横向弛豫时间 T_2、外加磁场 B_1 和共振条件，磁化矢量的变化方程可变换为：

$$\begin{cases}M_x=\dfrac{1}{2}\chi_0\omega_0T_2\dfrac{T_2(\omega_0-\omega)2B_1\cos(\omega t)+2B_1\sin(\omega t)}{1+T_2^2(\omega_0-\omega)^2+\gamma^2B_1^2T_1T_2}\\ M_y=\dfrac{1}{2}\chi_0\omega_0T_2\dfrac{2B_1\cos(\omega t)-T_2(\omega_0-\omega)2B_1\sin(\omega t)}{1+T_2^2(\omega_0-\omega)^2+\gamma^2B_1^2T_1T_2}\\ M_z=\chi_0B_0\dfrac{1+T_2^2(\omega_0-\omega)}{1+T_2^2(\omega_0-\omega)^2+\gamma^2B_1^2T_1T_2}\end{cases} \tag{6-8}$$

式中　M_x 和 M_y——磁化矢量 M 的横向分量；

M_z——磁化矢量 M 的纵向分量；

χ_0——居里磁化率，又称作静态磁化率；

ω_0——拉莫进动角频率；

ω——射频场 B_1 的角频率；

B_0——静磁场；

B_1——射频场；

T_1 和 T_2——纵向弛豫时间和横向弛豫时间；

γ——磁旋比。

从式（6-8）容易看出，当外加磁场的角频率和共振频率相差很大，即差值很大，磁化矢量 M_0 在 xy 平面内的投影 M_x 和 M_y 都很小，而纵向分量 M_z 较大；而当外加磁场的角频率和共振频率相近，即差值很小，磁化矢量 M_0 在 xy 平面内的投影 M_x 和 M_y 都很大，而纵向分量 M_z 很小，这样的结论和量子力学的推断相似。式（6-8）又称实验室坐标系中的 Block 方程。

3. 旋转坐标系

相对于实验室旋转坐标系的坐标系称为旋转坐标系，核磁共振中所用的旋转坐标系是绕着 z 轴（B_0 方向）以射频场角频率 ω 旋转的坐标系。从实验坐标系观察核自旋的各种运动，相当复杂。但在角频率 ω 的旋转坐标系看核磁矩的运动就简单很多。因为在旋转坐标系中核磁矩感受到的射频场不是波动的，而是恒定的加在某方向上的。如在垂直于 B_0 的 x 方向加一个频率满足条件 $2\pi\nu=\gamma B_0$ 的高功率射频脉冲，M_0 就会绕着 x 轴方向，按照右手定则，M_0 转动到 $-y$ 方向；同样的，如果射频在 y 方向，M_0 就会绕着 y 轴方向，按照右手定则，M_0 转动到 x 方向。这样分析起来，确实比实验室坐标系简单了很多。

4. 射频激发

M_0 受到垂直于主磁场方向射频场的扰动后，M_0 从 z 方向，遵守右手定则转动，转动的角度 θ 取决于射频脉冲的强度和脉冲的宽度 t_p，大小为：

$$\theta=\gamma B_1 t_p \tag{6-9}$$

式中　θ——转动角度；

γ——旋磁比；

B_1——射频脉冲强度；

t_p——射频脉冲宽度。

核磁共振实验中常提到的 90°脉冲，即一个脉冲的作用时间内，宏观的磁化矢量正好被扳转 90°。为了在谱宽范围内能够得到同强度的激发，脉冲的宽度应该尽可能小。一个单脉冲实验，即用一个连续频率去照射自旋系统，相当于完成一次扫频，傅里叶变换后可以得到频率谱。为了提高实验的灵敏度或分辨率，单脉冲实验不能满足实际需求，应该按需设计激发脉冲，例如，在日常的核磁实验过程中经常使用的选择性激发脉冲。选择性激发脉冲可以分为很多种，有线性选择脉冲、多重峰选择脉冲等。

（四）弛豫机制

通过对 M_0 施加一个或者多个射频脉冲，低能级的粒子吸收射频的能量上跃迁到高能级，同时高能级的粒子释放能量下跃迁到低能级，总的跃迁结果是上跃迁多于下跃迁，脉冲作用过后，M_0 边围绕 B_0 进动边释放能量，同时在接收线圈上产生感应信号，最终回到平衡态。

x 方向的外加射频脉冲 B_1 可使得 M_0 转向 y 方向，M_0 在 z 方向的投影 m_z 由大变小，M_0 在 y 方向的投影 M_y 由小变大，旋转体系从平衡态变为非平衡态。脉冲作用结束后，旋转体系将回到平衡态，恢复到平衡态的过程中，M_0 在 y 方向的投影 M_y 由大变小直到为零，M_0 在 z 方向的投影 M_z 由小变大直到为 M_0，恢复过程中可以用两个指数公式来描述：

$$M_y = M_0 \exp\left(-t/T_2\right) \tag{6-10}$$

$$M_z = M_0\left[1-2\exp\left(-t/T_1\right)\right] \tag{6-11}$$

式中 M_0——热平衡时的磁化强度；

M_y——M_0 在 y 方向上的横向分量；

M_z——M_0 在 z 方向上的纵向分量；

T_1——纵向弛豫时间；

T_2——横向弛豫时间；

t——时间。

纵向弛豫时间是体系向周边环境释放能量恢复到平衡态的过程，又称自旋-晶格弛豫；横向弛豫时间是 M_y 核磁矩在各项相互作用下，最终均匀分布于整个 xy 平面相互抵消为零的过程，又称自旋-自旋弛豫。

（五）自由感应衰减信号（FID）

外加射频脉冲 B_1，实际上也给予自旋体系一定的能量，如果这个能量与体系内原子核在 B_0 下的能级差相匹配，原子核被激发，吸收能量后，由低能级跃迁到高能级，宏观磁化矢量 M_0 绕着射频脉冲的作用向 x 方向轴转动。脉冲作用的过程中，M_0 在 y 轴方向会形成投影 M_y，当脉冲作用结束后，M_y 以固定频率绕着静磁场 B_0 转动，转动的过程中，在 y 轴方向的接收线圈中的磁通量发生周期性的变化，从而在接收线圈上产生感应的交变电流信号，这就是核磁共振波普实验中常说的 FID 信号。当自旋系统中只含有一个共振频率的时候，时间函数 FID 可以用简单的数学函数来描述。但实际的体系中，往往不止有一个共振频率，各频率之间还可能发生干涉，产生干涉图像。对于核磁图谱这种简单的多重线，可以通过傅里叶变换得到核磁共振波谱图。

（六）核磁共振波谱图

1. 液体核磁共振波谱图

核磁共振波谱图实际上是吸收率（纵坐标）对化学位移（横坐标）的关系曲线。化学位移是在同样的外部条件下，位于不同分子中的核或虽在同一分子中但位于不同化学基团的核，其共振频率与理论值有不同程度的微小偏移。化学位移值的大小是相对于某一参考峰而言的，在参考峰左侧的化学位移为正值，右侧的化学位移为负值。核磁样品中应该含有一定的物质能产生参考峰，常用标志物有四甲基硅烷（TMS）和烷基磺化琥珀酸单酯二钠（DSS），TMS 和有机溶剂易混溶，且屏蔽作用很强，一般核磁样品信号出现在 TMS 的左边，即化学位移值为正值；DSS 在 0.3~3mg/kg 会产生三个亚甲基峰，所以用量不可太多，以免产生信号的干扰。化学位移与核所处的化学环境有关，因此可以利用核磁共振波谱图来确定分子的结构。乙醇分子的核磁共振波谱如图 6-2 所示，已将标准物 DSS 化学位移定为 0mg/kg。乙醇中不同的化学基团—CH_3（甲基）、—CH_2—（次甲基）和—OH（羟基）中的氢核化学位移分别为 1.1mg/kg，3.5mg/kg 和 4.7mg/kg。图 6-2 中还可以看出，不同化学基团处有不同的峰值数，这是由不同化学基团间原子核的自旋耦合作用引起的能级分裂而造成的。谱线有一定的宽度，吸收峰的面积正比于相应化学基团中氢原子核的数目。对吸收曲线所包围面积进行积分，便可知各化学基团中包含氢核的数目。核磁共振中配置的电子积分器，可把谱线强度画成阶梯式的线，以阶梯的高度代表峰面积的相对值。

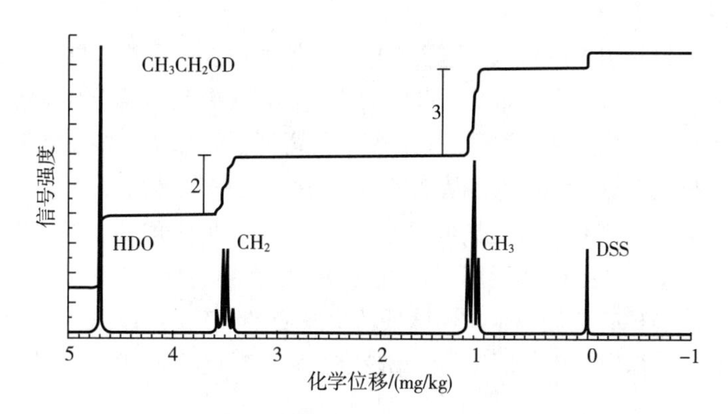

图 6-2 乙醇分子的一维核磁共振氢谱谱图

所以，如图 6-2 可知乙醇中两种脂肪氢化学基团中氢原子核的数目比为 3∶2。利用类似的方法，可以解析更大分子质量、更复杂的生物大分子的结构。

2. 固体核磁共振波谱图

液体样品中分子的快速无规则运动平均了各向异性相互作用，而固体样品中分子间的相对位置比较固定，各向异性作用明显，使得固体核磁共振波谱图中的谱线比液体核磁谱图中的谱线宽很多，例如，在液体核磁共振中水中的质子线宽约 0.1Hz，而冰中的质子线宽约 10^5Hz。固体核磁中谱线增宽的主要原因有偶极-偶极、核四极矩、化学位移和自旋偶合，要想获得像液体核磁那样的高分辨的核磁谱图，就需要有效抑制这些增宽因子，目前常用的固体核磁实验方法有魔角旋转（MAS）、多脉冲（MP）、交叉极化（CP）和多量子（MQ）等，这些方法各有优点和局限性，最常用的是魔角旋转和交叉极化。魔角旋转实验中要求样品的旋转轴与主磁场 B_0 方向成固定角度 54°44′，角度偏离的越多，谱线增宽的越多。现在的魔角旋转探头都有固定的机械装置可以精确的调魔角，已经提出的调魔角的方法有很多种，常用的是 KBr 粉末调魔角法。固体核磁常观测的核有 ^{13}C、^{15}N、^{29}Si 等，这三种同位素的天然丰度分别为 1.1%、0.37%、4.7%，它们的同核偶极-偶极相互作用可以通过魔角旋转消除，与丰核（^{1}H）间的异核偶极-偶极相互作用可以通过高功率去偶消除。因此，这些天然丰度低的稀核，因为较小的旋磁比，使得低灵敏度成为了固体核磁的主要问题，利用交叉极化技术，可以大大提高固体核磁的探测灵敏度。交叉极化的过程其实就是将丰核的极化转移给稀核的过程，首先主磁场 B_0 让丰核极化，再在旋转坐标系中，通过自旋锁定的方法，将丰核的极化转移到稀核上，从而使得固体核磁谱图的灵敏度大大提高。当然，在实际的实验过程中，可以根据实际需要组合这些技术，来满足不同的实验需求。

第二节 核磁共振波谱仪的结构

一、核磁共振波谱仪的种类

按照波谱仪的工作方式，波谱仪可以分为连续波核磁共振波谱仪（CW-NMR）和脉冲傅里叶变换核磁共振波谱仪（PFT-NMR）。连续波核磁共振波谱仪是用连续波激发自旋系统，连续波激发就是用单一频率去激发自旋系统，自旋系统中只有共振频率等于激发频率的原子核才能发生共振，通过傅里叶变换只能得到一条共振线。要得到一张完整的核磁共振波谱图，需要变化磁场强度来变化核的共振频率，磁场从低场到高场扫描一遍，才可以获得一整张核磁波谱图。19 世纪数学家傅里叶发明了傅里叶变换数学定理，傅里叶变换定理可以将重要的不同物理量连接起来。例如，将傅里叶变换定律运用到核磁共振领域，将连续波方法和脉冲方法联系起来，发展出脉冲傅里叶变换核磁共振技术，即脉冲傅里叶变换核磁共振波谱仪（PFT-NMR）的原理，目前在大多数科学研究工作中所用的波谱仪都是脉冲傅里叶变换核磁共振波谱仪。

二、脉冲傅里叶变换核磁共振波谱仪简史

1953 年，世界上第一台商品化核磁共振波谱仪（磁场强度 0.7T）由美国瓦里安公司研制成功。1971 年，日本电子公司生产出世界上第一台脉冲傅里叶变换核磁共振波谱仪。1994 年，德国布鲁克公司推出全数字化核磁共振波谱仪，这种型号的波谱仪能够提供高精度和高稳定性的数字信号，提高了灵敏度、动态范围和系统稳定，可以获得高质量的核磁共振波谱。我国从 1960 年开始研制核磁共振波谱仪。1974 年国内首台高分辨核磁共振波谱仪（磁场强度 1.4T）在北京分析仪器厂研制成功。1983 年，中国科学院长春应用化学研究所研制成功我国第一台傅里叶变换核磁共振波谱仪（磁场强度 2.35T）。1987 年，中国科学院武汉物理与数学研究所研制成功我国第一台超导核磁共振波谱仪（磁场强度 8.42T）。我国第一台 900 兆核磁共振波谱仪（磁场强度 21T）于 2013 年 10 月在国家蛋白质科学中心（上海）安装成功并投入使用，如图 6-3 所示。这台核磁共振波谱仪是目前我国先进的液体核磁共振设备之一。

图 6-3　国家蛋白质科学中心（上海）设施的 900 兆核磁共振波谱仪

三、脉冲傅里叶变换核磁共振波谱仪结构

液体核磁共振波谱仪和固体核磁共振波谱仪的主要硬件组成相似，主要由磁体、波谱仪控制台、探头和图形工作站等组成。

（一）磁体

核磁共振实验是研究置于静磁场中受到射频场扰动后的原子核状态变化。核磁共振波谱仪

的磁体有两类，一类是永磁体，永磁体是连续波谱仪的重要组成部分；另一类是超导磁体，超导磁体的强磁场是由超导磁体产生的，超导磁体的外壳为不锈钢容器，容器内是高真空，且装满液氦，超导线圈浸泡在液氦中，使得超导线圈处于超导状态，对超导线圈施加一定值的电流，因超导线圈没有电阻，电流在超导线圈中可以恒定地流动，并形成恒定大小的磁场。超导线圈上载入的电流越大，产生的恒定磁场就越强。线圈上能够载入的最大电流主要取决于超导线圈的材料和生产工艺等。

（二）波谱仪控制台

核磁共振实验的实现除了需要很强的静磁场以外，还需要对静磁场中的样品给予一定频率的射频脉冲。波谱仪通过射频发生器、功率放大器提供核磁共振吸收所需要的射频源。不同的核磁共振波谱仪可能拥有不同数量的射频通道，每个射频通道可以发射不同原子核对应的共振频率的射频，但通常在同一个核磁共振实验中，每个通道只发射一种频率。一个核磁共振实验究竟需要几个射频通道，主要取决于这个实验有几种原子核需要激发，而不取决于这个实验是几维谱。一个同核的三维实验，可能一个射频通道就够了，而一个^{13}C 的一维实验，却需要两个射频通道，因为需要去偶。通常一个核磁实验最终只采集一种原子核的信号，不同的通道又可分为采样通道和去偶通道。核磁共振实验是通过波谱仪控制台控制波谱仪来实现的，整个过程完全由计算机控制，调控这些通道的发射频率、功率、脉冲强度和宽度，并连接到探头上。从探头接收的信号经过前置放大器放大，再与混频器混频后，可以得到中间频率中频。再对中频进行放大和第二次混频，正交检测后就可以得到音频核磁共振信号，这个信号最终会被数字化后传递给计算机并储存下来。

（三）探头

1. 探头种类

对样品发射脉冲和接收自由感应衰减信号都是通过探头中的线圈进行的，装有待检测样品的核磁管从磁体上方缓慢进入磁体中间的探头线圈部分，核磁共振过程及信号检测主要发生在探头线圈的部位，可见探头也是核磁共振波谱仪的重要部位，探头根据不同的情况，可以分为不同的种类：

（1）根据核磁共振样品的状态，分为液体探头和固体探头。

（2）根据探头中线圈直径大小，分为 1.2mm、3mm、5mm、10mm 等探头。

（3）根据频率范围，分为固定频率探头和宽带频率探头，对于同一种原子核，固定频率探头的灵敏度要比宽带频率探头的灵敏度高。

（4）根据线圈的相对位置，分为正向探头和反向探头。正向探头是指高频接收线圈在外，低频接收线圈在内，低频原子核的旋磁比 γ 值较小，信号弱，接收线圈在内能提高灵敏度；反向探头是指高频接收线圈在内，低频接收线圈在外，主要是用来做反向实验，常做的反向实验是^{1}H 和其他核的相关实验，但收集^{1}H 的信号，这样把高频的^{1}H 线圈放在里面，可以让灵敏度更高。也就是说，反向探头收集^{1}H 的灵敏度会更高，当然，采集^{13}C 等低频原子核的信号，灵敏度会更低一些。

（5）根据探头上梯度场线圈的数量和位置，探头也可以分为不同的种类。有的探头只在 z 方向有梯度线圈，而有的探头，在 xyz 三个方向都有梯度线圈。

探头能够检测到的核磁信号频率和波谱仪的场强有关，不同磁场强度波谱仪的探头，一般不可以互换使用。

2. 探头调谐

准备好符合条件的核磁样品放入探头，为了得到好的实验结果和好的信噪比，在实验开始之前，探头应该调谐到观测核的中心频率。探头中放入样品之后，探头中的高低频发射线圈与样品和电容器会组成谐振回路，这个回路会有一个最匹配的谐振频率。虽然不同结构的探头内的线圈位置可能不一样，但需要微调的内容相似，分别是谐振调谐（tuning）和阻抗匹配（matching）。谐振调谐是调节回路中的电容，使得回路的谐振频率与波谱仪发射的脉冲频率完全一致；阻抗匹配是调节回路中的阻抗，使得回路的阻抗能够与波谱仪的发射阻抗一致，这样才能够接收所有的发射功率。谐振调谐和阻抗匹配两者是相互影响的，所以需要轮流调，直到最佳为止。因为样品也在这个谐振回路中，所以当样品发生变化，尤其是当样品极性或者样品溶剂极性发生变化的时候，需要重新调谐。因为调谐的好坏影响探头接收脉冲能量的多少，有可能会影响90°脉冲的宽度。

（四）锁场和匀场

从共振条件 $\omega=\gamma B_0$ 这个公式可以看出，当 B_0 发生微小变化，原子核的共振频率都会发生变化，这样的变化对于核磁实验来说是应该要避免的。一般来说 B_0 的变化，主要有两种，一种是产生磁场的超导线圈本身及周边环境的变化带来的磁场飘移；另一种是空间范围内的不均匀性带来的强度不同，前者可以通过锁场来补偿，后者可以通过匀场来解决。

1. 锁场

锁场即做实验时经常说的“lock”，主要目的是锁住磁场使之不漂移，核磁共振波谱仪上的锁场是通过^2H信号实现的，核磁样品的溶剂中要求一定要含有一定量的氘代试剂，主要用来锁场。射频源发射满足氘共振频率的信号来追踪溶剂中的氘的信号，当静磁场发生飘移时，氘信号的共振频率就会发生变化，通过调节某一线圈的电流，使它产生的磁场能够增加或者减少主磁场值，补偿磁场的相应飘移。不同含氘样品中的氘信号的共振频率是不同的，所以更换样品后，也应该重新锁场。

2. 匀场

核磁共振波谱仪中涉及到两种匀场，即室温匀场和超导匀场，两种匀场的设计是相同的，只是超导匀场线圈是浸在液氦中的，处于超导状态。超导匀场一般是安装波谱仪时，工程师匀好场以后，日常实验时无需再调。平时实验时的“匀场”指的是室温匀场，匀场的目的是补偿静磁场的空间不均一性。磁体中一般可含有20~30组线圈，各组线圈控制着空间各个方向的磁场梯度，而每组线圈的梯度则是由线圈上的电流控制的。匀场的过程就是调节各组线圈中的电流，使得各组线圈产生的附加场能抵消静磁场的不均匀，从而保证发射线圈周边范围的磁场保持最大限度的均匀性。各项匀场线圈还可分为不同的阶数，低阶匀场线圈之间相互影响几乎为零，高阶匀场线圈之间存在相互影响，匀场的时候，需要轮流反复地调。当使用的探头为 z 梯度场脉冲探头时，利于梯度得到均匀性的像，再迭代计算出好的匀场需要的变化量，并自动调整到最佳状态。

匀好场可以提高分辨率，分辨率是波谱仪能分辨两条靠得最近的谱线的距离。对于核磁共振实验来说，分辨率是一项非常重要的指标，没有高的分辨率就没有高的灵敏度。灵敏度又代表仪器检测弱信号的能力，和其他光谱相比，核磁共振波谱的主要困难就在于它的灵敏度太低，提高灵敏度一直是核磁共振追求的目标。随着核磁共振技术的发展，波谱仪磁场强度做得越来越高，各种快速采样方法建立，核磁共振波谱图谱的灵敏度越来越高，所以核磁共振波谱运用到分析化学、有机分子结构、食品分析、材料表征和生物大分子等重要领域。

第三节 核磁共振波谱法在食品分析中的应用

从上述内容中可知，核磁共振技术可快速定量分析检测样品，对样品不具破坏性，而且简便、分辨率和精确度高；另外，利用该技术可在短时间内同时获得样品中多种组分的弛豫时间曲线图谱，从而能准确地对样品进行分析鉴定。它的应用很广泛，例如，在食品加工中，可用于测定物料的温度和水分含量及状态；在水果无损检测中，可用于水果的分级和内外部品质鉴定。对于食品品质的检测，核磁显像可以使核磁波信号在样品中定位，为进行食品内部结构的直观透视研究提供强有力的手段，对食品加工和贮藏过程中的生化反应以及化学变化进行跟踪研究。

一、核磁共振技术用于食品成分的分析

（一）核磁共振技术用于食品成分的分析

1. 对食品中水分的分析

食品中水分含量的高低以及结合状态直接对食品的品质、加工特性、稳定性等有重要影响。核磁共振技术的一个重要应用就是研究食品中水分的动力学和物理结构，它可以测定能反映水分子流动性的氢核的纵向弛豫时间 T_1 和横向弛豫时间 T_2。当水和底物紧密结合时，T_2 会降低；而游离水流动性好，有较大的 T_2。这样就可以推测食品的相关特性。

2. 对食品中淀粉的分析

核磁技术用于淀粉研究，主要是利用体系中不同质子的不同弛豫时间来研究淀粉的糊化、回生或玻璃化转变。分子运动是多聚体玻璃化转变的基础，因此，利用脉冲核磁研究碳水化合物和蛋白质在玻璃化转变过程中与刚性成分的自旋-自旋弛豫时间（T_2）的关系。当聚合物处于玻璃态时，T_2 不随温度而变，表现出刚性晶格的性质，玻璃化转变后，突破刚性晶格的限制，T_2 随温度升高而增大。

3. 对食品中脂类物质的分析

油脂因为其生理、营养、风味功能和广泛的工业用途而受到高度重视，单一的核磁方法是取代油脂质量控制中采用固体脂肪指数分析方法唯一可行的、有潜在用途的仪器分析方法，从而为改进食品加工工艺和质量打下了良好的基础。

4. 对食品中其他成分的分析

食品中钠元素的含量与分布在很大程度上影响着食品的口感和质地。采用^{23}Na 核磁成像技术对食品中的钠进行研究以期为食品的贮藏加工提供有效的帮助。

（二）核磁共振技术用于食品成分分析的应用

此外，核磁共振技术还可以用于食品成分分子结构的测定。首先是对食品中糖的结构的测定，糖的化学结构十分类似，仅是重复单元数不同或原子排列次序不同，这些相似物用红外光谱或其他一些分析手段无法加以区别，而用^{13}C 核磁技术就能明确区别其结构的微小差异。其次是食品中蛋白质和氨基酸的结构的测定，过去几十年由于二维核磁共振波谱技术及其相应计

算方法的发展，核磁共振波谱学在油脂和蛋白质结构、玻璃化相变、乳制品、淀粉等食品科学领域也得到了广泛的应用。

1. 核磁共振技术在乳制品质量研究中的应用

牛奶掺假，营养成分不达标等各种乳制品质量问题，一直受到消费者高度关注，因为这些劣质乳制品会给身体健康带来危害，所以需要一种能够快速、精准测定乳制品成分的分析方法，来保障人民身体健康。研究表明，乳糖是乳制品中非常重要的成分，可以通过对乳制品中的乳糖成分的分析来判断乳制品的质量好坏，如果乳制品掺假，乳糖含量会发生明显的变化。目前乳糖含量检测方法主要有滴定法、液相色谱法、分光光度法、红外光谱法等，这些方法操作起来耗时、操作繁琐、准确率低、检测条件要求严格等等，所以急需一种快速、无损、精准、可重复的测试方法，核磁共振氢谱（^{1}H NMR）就可以很好地满足这些要求，可用于乳制品中乳糖含量的质量控制和掺假鉴别。图 6-4 是三甲基硅基丙酸钠（Sodium trimethylsilylpropionate，TSP）为内标的乳糖核磁共振氢谱图，研究表明，图中化学位移 4.44mg/kg 的双重峰信号可以作为定量研究乳糖的特征峰，分析特征峰的变化可以判断乳制品掺假的情况。

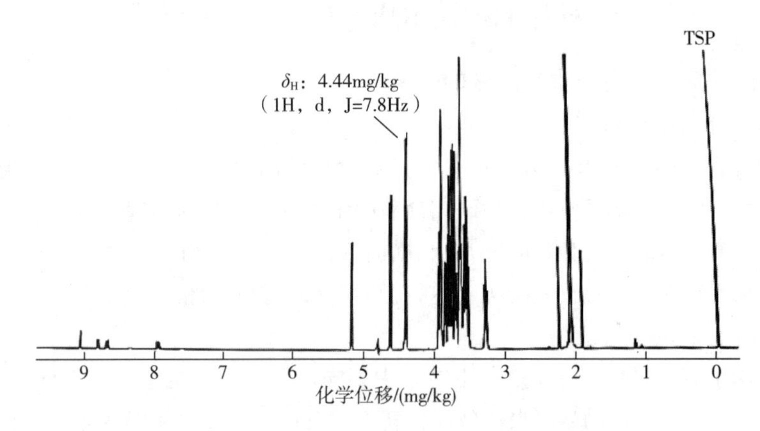

图 6-4　TSP 为内标的乳糖核磁共振氢谱图

2. 固体核磁共振技术在淀粉研究中的应用

近年来，由于固体核磁共振技术的制样方便、无损伤、精准、重复性好等优点，使得其在淀粉研究领域发挥出了优良的测试性能。目前，该技术已经运用在淀粉加工过程、淀粉糊化、淀粉玻璃态转化及淀粉老化等过程研究当中。例如，^{13}C-NMR 实验方法在区分淀粉及其衍生物的过程中，就有着非常大优势，因为^{13}C-NMR 图谱中可以区分出其他分析手段无法区别的微小差异。研究表明，不同种类天然淀粉的^{13}C-NMR 图谱比较相似，信号主要集中在四个区域，分别为 C1 区域，C4 区域，C2、C3、C5 区域，C6 区域，天然玉米淀粉的^{13}C-NMR 图谱如图 6-5 所示。

通过对 C1 区域的信号的分析，A 型淀粉 C1 区域是三重峰，B 型淀粉 C1 区域是二重峰，这种现象主要由其各自螺旋对称排列中的葡萄糖残基个数决定。而且热处理以后，它们的图谱不会发生明显变化，即高温处理不会破坏淀粉的螺旋结构。

二、定量核磁共振技术应用于食品营养代谢组的微观分析

经过多年的发展，定量核磁共振技术（quantitative NMR，qNMR）已经可以提供与广泛应用的色谱分析技术类似，甚至可以提供更为可信与准确的实验数据（图 6-6）。不仅如此，qN-

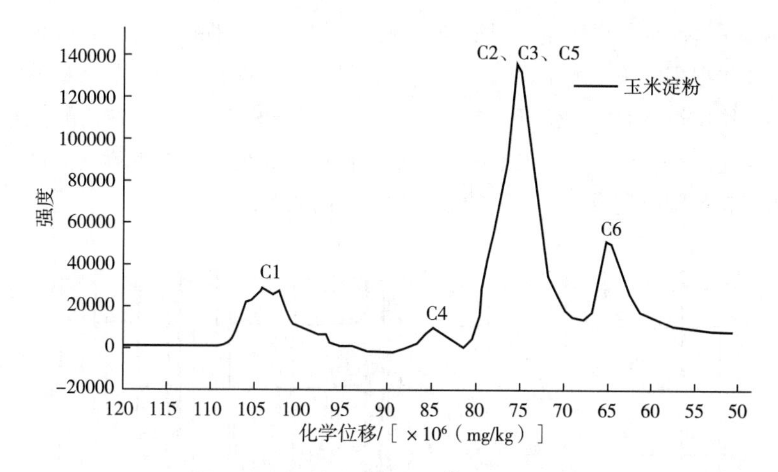

图6-5 天然玉米淀粉的^{13}C-NMR图谱

MR还具备若干优势特征，如简易方法的发展、简单的样品制备方法、相对较短的分析时间以及可以进行多元计算而无需统一标样。在众多一维（one-dimensional，1D）实验应用中，定量核磁共振氢谱（qHNMR）用于有机化合物的纯度检测与潜在杂质的鉴定。其中，潜在杂质的鉴定与所测样品中分析物的摩尔浓度直接相关。同时，定量核磁共振氢谱还可以用于分析复杂混合物，且无须层析分析，即可进行多元成分的定量检测。定量核磁共振氢谱具有普适性的检测能力，可以提供样品成分的客观鉴定数据。而这一点非常有利于进行代谢组学的研究，由此代谢组学研究成为定量核磁共振氢谱的第二大应用。

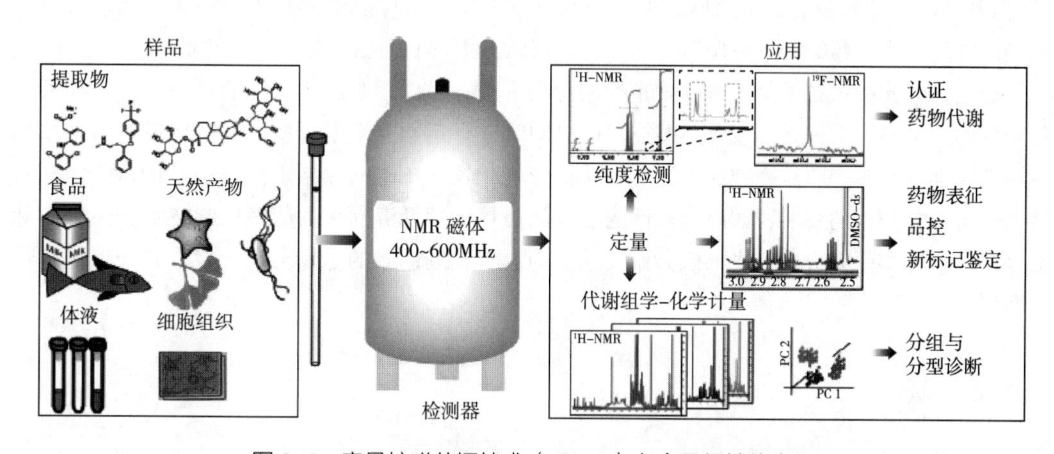

图6-6 定量核磁共振技术（qNMR）在食品领域的应用

鉴于定量核磁共振氢谱具有许多优于常规色谱分析方法的特点，其在食品分析方面的应用逐渐兴起。定量核磁共振氢谱技术的简便与快捷已在先进食品科学与技术中得以体现，如在研究代谢和发酵过程、食物成分和控制生产阶段。最近研究结果强调了定量核磁共振氢谱技术在定位检测红酒、牛奶和茶中不同发酵物相的应用；在食品加工过程中防腐剂苯甲酸与山梨酸的绝对定量检测；黑鲈和加工的猪肉肠中油脂成分的定性与定量评估。

乙醇和乙酸是发酵食品中常见的两种物质，乙醇影响发酵菌株的活性、产品的稳定性和分类；乙酸影响产品的口感，所以控制发酵生产过程中的乙醇和乙酸的含量，对于保证产品的质量尤为重要。以往，发酵饮料的生产过程中，常用气相色谱和液相色谱技术分别检测乙醇和乙酸的含量，但是，这两种方法样品处理复杂，测试时间长，且不能同时测定两种物质。定量核磁共振氢谱技术可以同时快捷测定这两种物质的含量。图 6-7 是五种发酵饮料的定量核磁共振氢谱的对比图。图中可以看出，位于 1.1mg/kg 的乙醇信号和 1.8mg/kg 的乙酸信号没有与其他化合物的信号发生重叠，即乙醇与乙酸的信号不受样品中其他化合物的影响。这表明，定量核磁共振氢谱可以快速同时完成一个样品的乙醇和乙酸的实验。

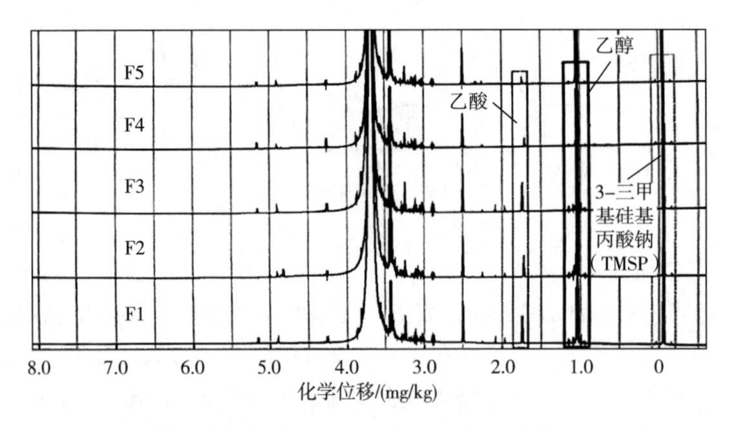

图 6-7　发酵饮料定量核磁共振氢谱重叠图

此外，营养代谢组学可以根据营养状况来研究人体代谢组。因此，营养代谢组学旨在研究食物摄入和与生活方式相关疾病的生物标志物。与其他分析方法不同，核磁共振对物理现象（扩散和回转运动）具有一定的敏感度，因此可以测定血液样品中的脂蛋白和乳糜微粒甘油三酸酯的含量。而这两类分子类型对于诊断或观察营养失调和血脂异常疾病非常重要。

总之，核磁共振技术是一种非常重要的分析手段，可以用来解析未知的合成化合物和天然化合物的分子结构。另外，核磁共振技术可以同时进行定性与定量分析。其中定量分析的原理是峰信号强度与其相应核个数成正比。与质谱分析相比，核磁共振技术的灵敏度偏低。但随着波谱仪与实验技术的发展，如高屏蔽性的超高场磁体、超低温探头、溶液压制技术和通用的脉冲序列等，许多研究人员都将核磁共振技术视为具有发展前景的定量分析手段，并开展进一步的研发。

思考题

1. 什么是核磁共振？要满足哪些条件才能观察到核磁共振现象？

2. 核磁共振波谱仪主要包括哪些部件？各部件所起的作用是什么？实验操作的基本步骤是什么？

3. 从物理原理、仪器构成和应用领域三个方面，试述核磁共振波谱（NMR）与磁共振成像（MRI）的主要异同是什么？

4. 什么是化学位移？核磁共振波谱用来进行食品成分分析的优点有哪些？

5. 描述一种常见的核磁共振定量方法和原理，举例说明其在食品营养代谢分析方面的应用。

CHAPTER 7

第七章 圆二色光谱法

学习目标

1. 学习圆二色光谱法的基本原理以及圆二色光谱仪的结构。

2. 了解圆二色光谱法在食品研究领域的应用现状，学习各案例中应用圆二色光谱法解决的关键科学问题。

第一节 圆二色光谱法原理

一、概述

圆二色光谱是一种表示手性分子对左、右圆偏振光的吸收程度不同与波长之间关系的特殊吸收谱，根据不同结构的不同圆二色信号峰来检测手性小分子和DNA分子、蛋白质、多糖等具有手性的一些生物大分子的构象信息。圆二色光谱法因其需样品量少、对纯度要求低、可测试分子质量范围广度大、简便的仪器操作等特点，广泛用于化学、生物、材料和药学等领域。圆二色光谱的谱带范围与紫外-可见光谱相符，这意味着只有具有紫外-可见光谱的手性特性化合物才会呈现圆二色光谱特征。

二、圆二色光谱法原理

1. 手性

手性是指物体与其镜像无法完全重叠的特性，具有手性的物质才具有圆二色性。手性分子的分子式虽相同，但从微观层面对照会发现不同手性分子间原子或原子团在三维空间中的排列不同。具有手性的物质种类丰富且覆盖面广，如生物体的三大基本分子类别：蛋白质、核酸和糖类。在非手性环境中，手性化合物的物理性质（如熔点、沸点、溶解度等）基本相似，仅表现为旋光性差异。而在手性环境中，尤其是在生理条件下，手性分子的生物学性质会呈现出明显的不同。

2. 平面偏振光

光是一种可以在各个方向上振动的射线，属于横电磁波，其电场矢量 E、磁场矢量 H 与光波传播方向相互垂直（图 7-1）。因为感光作用主要由电场矢量产生，故一般将电场矢量作为光矢量。光矢量的振动方向总是垂直于光的传播方向，即光矢量的横向振动状态，这种光矢量的振动相对于传播方向的不对称性，称为光的偏振性；具有偏振性的光称为偏振光。如图 7-2 所示，光矢量与光传播方向所形成的平面称为光波的振动面，又称偏振面。若偏振面不随时间变化，这束光称为平面偏振光，其轨迹在传播过程中为一条直线，故又称线偏振光。

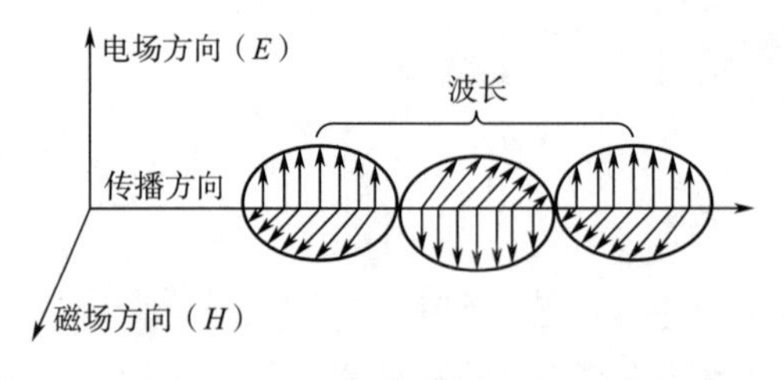

图 7-1　光波的振动与传播方向

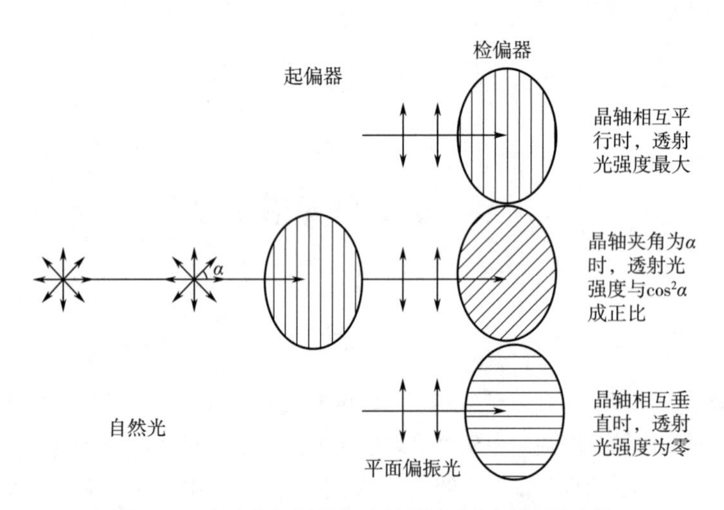

图 7-2　光波电场矢量与光传播方向形成的振动面

平面偏振光能够分解为振幅、频率相同而旋转方向相反的两圆偏振光。两圆偏振光可根据电场矢量旋转方向不同，分为右旋偏振光（顺时针）和左旋偏振光（逆时针），如图 7-3 所示。在了解了光的偏振现象后，引入一个在物质结构中的重要特性——手性（chirality），即具有分子式完全相同但不能重叠的三维镜像对映异构体，这样的两种化合物互称“对映体”。凡手性分子都具有光学活性，即可使偏振光的振动面发生旋转。通常生物基础分子一般都具有手性，因此也应都具有光学活性。

3. 圆二色性及圆二色谱

光学活性物质对左、右旋圆偏振光的吸收率不同，其光吸收的差值 $\Delta A=A_L-A_D$ 称为该物质

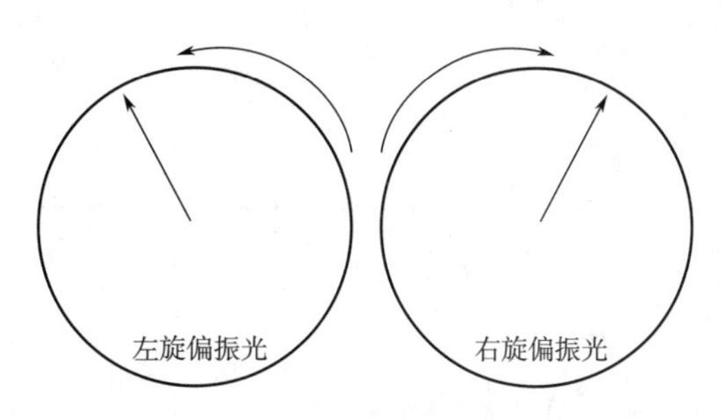

图 7-3 左、右旋圆偏振光示意图

的圆二色性（circular dichroism，CD）。因这种吸收差值造成振幅产生差异，使得通过该介质（光学活性物质）传播的平面偏振光变为椭圆偏振光（通常用椭圆度 θ 或吸收差 ΔA 表示），可以且仅能在发生吸收的波长处观察到，按波长扫描就形成圆二色光谱（CD 谱）。根据圆二色光谱法的原理和测试要求设计制成的仪器称为圆二色光谱仪，圆二色信号生成的色谱峰为圆二色光谱峰。圆二色光谱的峰值有正值和负值，是因为直线偏振光透过旋光性物质产生偏振现象，出现峰和谷交替的差异，这一现象称为科顿效应（Cotton effect）。基于圆二色光谱对基础生物分子结构特异性识别能力，该手段已成为研究分子构型（象）和分子间相互作用的现代光谱分析手段之一。目前食品科学中利用圆二色光谱手段主要集中于研究生物大分子、超分子化学和有机小分子等领域，具体包括蛋白质、DNA、天然手性物质等结构确定、光学特性和分子构象等，除食品科学研究领域外，圆二色光谱法及其仪器已广泛应用于有机化学、生物化学、配位化学和药物化学等领域。

三、圆二色谱与紫外-可见吸收光谱的关系

紫外-可见光穿过手性分子时，引发紫外-可见吸收光谱。通过起偏镜处理的入射紫外-可见光将分为左旋和右旋圆偏振光，手性分子对左旋圆偏振光和右旋圆偏振光的吸收率不同，平面偏振光通过手性样品后变成椭圆偏振光，这一现象称为圆二色性。因此，圆二色谱与紫外-可见吸收光谱之间存在紧密的联系：圆二色谱包含于紫外-可见吸收光谱，即具有紫外-可见吸收光谱不一定具有圆二色谱，但具有圆二色谱一定具有紫外-可见吸收光谱。产生圆二色谱必须满足的要求是只有那些具有手性特性且同时具备典型的紫外-可见吸收光谱的物质才能产生。从图 7-4 可以明显看出，圆二色谱的波谱范围基本与紫外-可见吸收光谱一致。综上所述，产生圆二色谱的前提条件是该手性化合物必须同时具备典型的紫外-可见吸收光谱。

基于圆二色光谱对基础生物分子结构特异性识别能力，该手段已成为研究分子构型（象）和分子间相互作用的现代光谱分析手段之一。目前，食品科学研究领域利用圆二色光谱手段主要集中于研究生物大分子、超分子化学和有机小分子等，具体包括蛋白质、DNA、天然手性物质等的结构确定、光学特性和分子构象等，除食品科学研究领域外，圆二色光谱法及其仪器已广泛应用于有机化学、生物化学、配位化学和药物化学等领域。

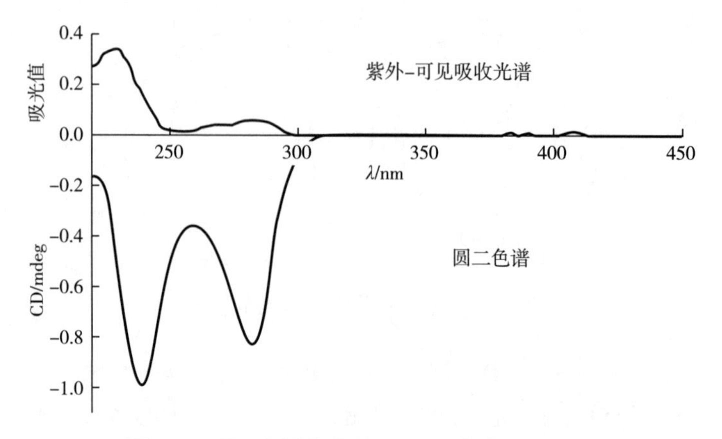

图 7-4　圆二色谱与紫外-可见吸收光谱的关系

第二节　圆二色光谱仪的结构

圆二色光谱仪的结构包括光源、单色器、线性偏振器、光电调制器、样品池、光电倍增管、输出设备等（图 7-5）。光源通常为氙气灯，起偏器可以产生平面偏振光，样品池用于放置光学活性物质，光电倍增管可接收并转化为圆二色信号。

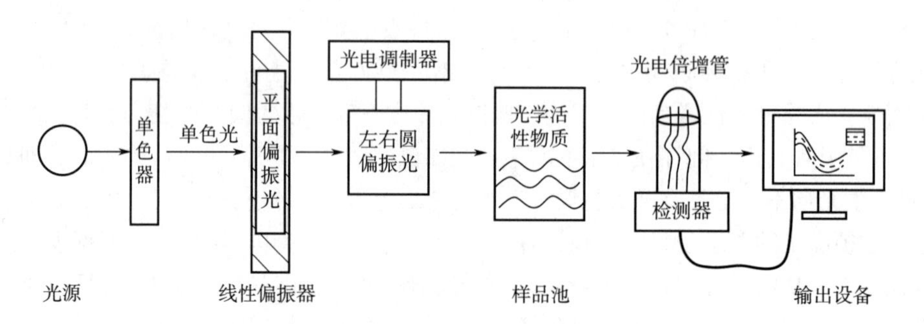

图 7-5　圆二色光谱仪基本结构示意图

整个装置在氮气的保护下运行，氙灯产生的光辐射通过单色器后转变成单色光，然后经线性起偏器变为两束振动方向相互垂直的平面偏振光，最后经调制器调制成交变的左、右圆偏振光，并以较高的频率交替通过具有光学活性的样品，由此产生的光信号经光电倍增管接收后转变成电信号进入检测仪器，检测仪器记录的信号与两圆偏振光产生的吸收差（$\Delta\kappa$ 或 ΔA）成正比，最后检测结果以圆二色谱图的形式输出。圆二色光谱仪目前主要有三种类型，具体如下：

1. 振动圆二色光谱

振动圆二色光谱（VCD）涉及手性物质在振动频率范围内对左旋圆偏振光和右旋圆偏振光的吸收差异。构成平面偏振光的左旋光和右旋光在手性物质中传播时具有不同的折射率（$n_R \neq n_L$），称为手性物质的双折射性，这导致了两个方向的圆偏光在手性物质中的传播速度不同

($v_R \neq v_L$)，从而引起偏振光的旋转。通过观察旋光度随波长变化的情况，可以获得旋光光谱（光学旋光色散，ORD），同时还会因吸收系数不同（$\varepsilon_R \neq \varepsilon_L$）而产生圆二色性。仪器可以记录通过手性化合物溶液的左旋圆偏光和右旋圆偏光的吸收系数之差 $\Delta\varepsilon$，这个差异随波长的变化即形成了圆二色谱。传统的圆二色谱通常在 200~400nm 波长范围内进行，属于紫外区，因为吸收光谱是由分子电子能级跃迁引起的，因此称为电子圆二色谱（ECD），相应地，当平面偏振光的波长范围位于红外区时，吸收光谱是由分子振动和转动能级跃迁引起的，这时产生的圆二色谱称为振动圆二色谱（VCD）。VCD 谱反映了红外光中的左旋圆偏振光和右旋圆偏振光的吸收系数之差 $\Delta\varepsilon$ 随波长的变化。

当研究多种手性物质时，振动圆二色光谱（VCD）发挥着至关重要的作用，尤其在确定分子的绝对构型方面。其具体操作步骤包括：通过圆二色谱测定未知样品的 VCD 测试谱，然后使用定量计算方法生成预设构型的 VCD 计算谱，通过比较测试谱与计算谱的吻合度来确定未知构型是否与预设构型相符，最后确定未知样品的绝对构型。相较于其他确定分子绝对构型的方法，振动圆二色光谱法的显著优势在于，它不要求分子中包含特定的生色团，因为几乎所有手性分子都在红外区域吸收辐射，从而能够产生振动圆二色谱图。

2. 磁圆二色光谱

磁圆二色光谱（MCD）是研究金属蛋白中心电子结构和几何结构的关键方法。这一技术依赖于对左旋圆偏振光（LEP）和右旋圆偏振光（RCP）的微分吸收进行测量，而这种吸收是通过在样品中应用与光传播方向平行的强磁场所引起的。圆二色光谱主要观察天然的手性分子，而 MCD 是法拉第效应的一种表现，其中样品的圆二色光谱是通过外加磁场诱导的。

磁圆二色光谱（MCD）的技术形成基于 1845 年法拉第效应（又称磁旋光，MOR）的发现。在纵向磁场下，MOR 效应表示物质对左旋圆偏振光和右旋圆偏振光之间的吸收率之差，记为 $\Delta\varepsilon$。MCD 的吸收光谱是由电子跃迁产生的，特征表示为：①MCD 具有高度可区分的导数或高斯形信号，表明不同电子态之间存在着简并性差异；②MCD 信号是有符号量，与吸收光谱相比在识别多个重叠吸收带的电子来源方面有着更高的分辨率；③MCD 强度突出磁偶极矩在电偶极矩之外对光谱贡献的作用，而电偶极矩在紫外-可见吸收中占主导地位。由于选择规则的差异，MCD 测量能够准确地分辨出吸收光谱中微弱跃迁。因此，MCD 技术能够为吸收光谱提供更全面的电子跃迁信息，并且这是仅通过吸收光谱或理论计算无法实现的。自 20 世纪 60 年代初以来，MCD 已广泛应用于分子体系，在分析金属蛋白和卟啉衍生物等重要生物分子方面有着重要作用。

3. 电子圆二色光谱

电子圆二色光谱（ECD）是一种基于分子电子能级跃迁引起的吸收光谱，因此通常称为电子吸收光谱。进行 ECD 的理论计算时，只需执行常规的激发态计算，常用的方法之一是 TD-DFT（时间相关密度泛函理论），常规 TD-DFT 计算可以同时提供紫外光谱和 ECD 光谱。与紫外光谱不同，对于互为镜像的异构体，它们的 ECD 光谱是完全对称的，即正负相反。因此，只需计算一个构型即可与实验结果进行比较，从而确定化合物的构象。ECD 光谱对于物质结构非常敏感，相同构型的不同构象可以产生截然不同的谱图。因此，在计算时需要根据构象的概率分布对不同构象的光谱进行加权，以获得最终的光谱。比如 Sporothriolide（6-己基-3-亚甲基四氢呋喃［3，4-b］呋喃-2，4-酮）的绝对构型就能够利用电子圆二色谱的理论计算确定。这一方法利用量子化学计算对手性化合物的两种对映异构体执行 ECD 计算，然后比较实验值与两种可能对映异构体的ECD谱图，以确定手性化合物的绝对构型。ECD计算方法已成为确定天然产物绝对构型的重要工具。

要进行ECD测试，手性化合物需要具备紫外吸收能力，并且其手性源应位于发色团附近以引发科顿效应。只要化合物在ECD测试中表现出科顿效应，就可以通过ECD计算来确定其构型。与其他方法（如有机合成、X线单晶衍射和Mosher法）相比，ECD方法更加简便，且样品损失较小，其主要消耗仅为计算时间。此外，ECD变化的原因和规律可以通过ECD计算来分析，这有助于研究化合物的绝对构型以及ECD之间的关系。因此，可以将化合物的ECD数据泛化，从而确定具有类似结构的其他手性化合物的绝对构型。这一方法提供了一种有效的工具，用于研究和比较手性分子的构型和光学活性。

目前，生产制造圆二色光谱仪的厂家主要包括英国应用光物理公司、法国Bio-logic公司、日本分光株式会社（JASCO）等，其中日本JASCO于1961年生产出了世界上第一台能够基于圆二色光谱理论在实际研究中应用的圆二色光谱仪。随着硬件技术的进步，如今圆二色光谱仪不仅能在检测精度和准确度上提高，还可以选配多种检测器从而达到提高检测范围与灵敏度的目的。

第三节　圆二色光谱法在食品分析中的应用

一、圆二色光谱法在蛋白质结构分析中的应用

蛋白质是人体所必需的营养素之一，肉、蛋、奶等畜产品（即动物蛋白质）以及豆类（即植物蛋白质）等食品是日常饮食中蛋白质的主要来源。值得注意的是，蛋白质的空间结构改变与其生物活性异化具有显著的内在联系。食物中的蛋白质分子由于体系构成极其复杂，导致分离纯化食品中的蛋白质十分困难。而且在食品加工过程中部分工艺环节如热处理、高压处理、糖制或腌制等，均会在一定程度上造成蛋白质的空间构象发生改变，从而导致其生物活性降低甚至丧失，造成食物中酶活性的改变，生产出食品的营养和安全品质发生不同程度的劣变等问题。

蛋白质的结构可以分为四个层次：一级结构、二级结构、三级结构和四级结构。一级结构是关于氨基酸在多肽链中的线性排列，它对蛋白质的功能和结构具有重大影响；二级结构肽链骨架原子在某一平面内扭转后形成的构象，包括α-螺旋和β-折叠，这些折叠方式受到氢键的影响。三级结构是在二级结构上进一步折叠，通过各种相互作用力如氢键、离子键、疏水力等次级键来形成。四级结构则是由已形成三级结构的多肽链通过次级相互作用力互相组合而成的结构。总之，一级结构决定了二级结构，二级结构为三级结构提供基础，最终三级结构和四级结构共同决定蛋白质的功能和稳定性，这些层级结构相互作用形成蛋白质的整体结构和功能。

根据蛋白质中氨基酸的紫外吸收峰，圆二色信号表现出以下规律：光谱的形状和正负最大值可以代表蛋白质的信息，蛋白质二级结构的相关信息可由圆二色光谱在“远紫外线”光谱区（190~250nm）表示，在此区域内发色团是肽键，α-螺旋结构的特征通常表现为在200~250nm

波长范围是一个“w”形光谱，在208nm和222nm附近有波谷，如图7-6所示。β-折叠结构的特征通常表现为在217~220nm附近有波槽的“v”形光谱，如图7-7所示。无规则卷曲结构的特征通常表现为在212nm处为正值，在195nm处为负值，如图7-8所示。蛋白质三级结构的某些信息可以由圆二色光谱在“近紫外”光谱区域（250~320nm）表示，在此区域内发色团是芳香族氨基酸和二硫键，不对称的二硫键会产生圆二色信号峰，位于195~200nm和250~260nm。色氨酸、酪氨酸和苯丙氨酸残基的侧链圆二色信号则在230~310nm，其中色氨酸残基的侧链圆二色信号通常集中在290~310nm，有时向短波长方向移动，可能与酪氨酸残基的圆二色信号峰重叠。苯环的信号峰在250~260nm区间与二硫键的信号峰可能有重叠。

圆二色光谱信号不仅在研究蛋白质结构方面具有重要作用，该技术还可以有效识别不同加工方式或条件对食品中蛋白质结构的影响，并通过相关性分析以及功能性评价揭示蛋白质结构与其生物活性的内在联系，构建出的效应关系可为后期采用圆二色光谱法准确快速评价蛋白质生物活性奠定基础；采用圆二色光谱法还可以探究金属离子、pH和外界环境等因素对蛋白质稳定性影响规律；圆二色光谱法的应用还可以通过研究蛋白质结构的动态变化过程，找出酶失活的原因。鉴于圆二色光谱法的快速、简单、较为准确的特点，在食品加工中探究蛋白质结构变化规律的研究已应用到畜产品、果蔬类、酒类（如啤酒）等多个领域中。

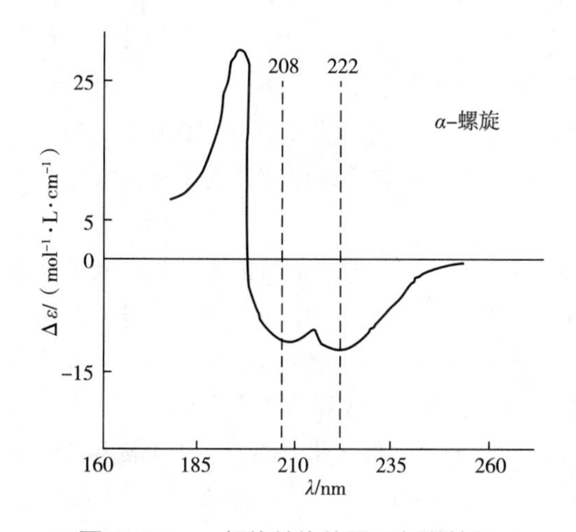

图7-6　α-螺旋结构的圆二色谱特征

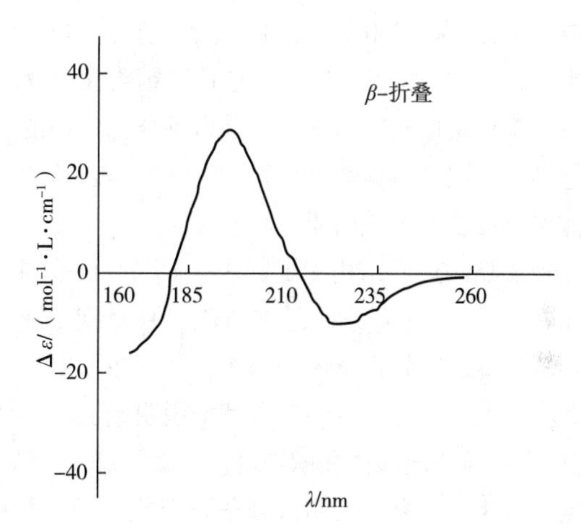

图7-7　β-折叠结构的圆二色谱特征

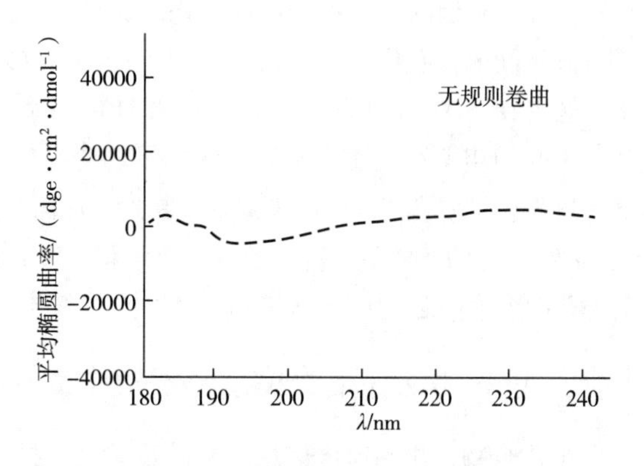

图7-8　无规则卷曲圆二色谱特征

二、圆二色光谱法在多糖类化合物研究中的应用

多糖（polysaccharide，又称多聚糖），是一种广泛存在于生物体中参与和维持生命活动的高分子化合物，可分为植物多糖、动物多糖、微生物多糖和多糖衍生物。由于多糖的分子质量较大，通常以主链和侧链的形式存在，因此具有一些独特的性质。它们具有多个羟基结构和复杂的三维折叠，表现出良好的亲水性和乳化能力。例如，将多糖添加到饮料中可以增加其黏度和稳定性，改善口感；在面制品加工中，多糖有助于提高面筋的水分保持能力和弹性；在肉制品中适量添加多糖可以改善保水性和质感。随着食品营养概念的普及，越来越多的人会选择通过摄取一定量多糖达到抗病毒、防癌、降“三高”和抗炎症的目的。但在一些食品加工过程中，溶液成分、温度、pH 等会对多糖分子造成影响，从而形成不同的构象，进而改变其性质和功能。因此，确定多糖分子的结构对于食品营养学具有重要意义。

目前采用圆二色光谱法分析多糖化合物的色谱变化，解析多糖化合物的空间构象和一级结构差异，并探究其稳定性和功能性已成为一种有效的分析检测手段。例如，采用圆二色光谱法对不同酸碱溶液下蛹虫草多糖结构观察，确定不同酸碱度对蛹虫草多糖溶液中多糖结构稳定性的影响；运用圆二色光谱法评价和探究动态和静态高压方式处理后大豆多糖体系的功能性及结构变化规律。多糖类化合物的圆二色光谱法检测原理与蛋白质相近，多糖的圆二色谱图波长分析范围为 190~250nm，但是二者具有几个显著的区别。一是多糖化合物中具有生色基团，其种类、连接方式以及空间形态造成多糖类化合物结构相较于蛋白质更为复杂，采用圆二色光谱法分析工作量也相应增加；二是多糖类化合物的空间构象不同于蛋白质能以 α-螺旋结构和 β-折叠结构概述，多糖类化合物除了螺旋形态结构，存在伸展、折叠等无序交联的形式，因而在检测准确性上低于蛋白质。

多糖的空间结构测定通常涵盖了波长范围 190~250nm，因为多糖的特征圆二色谱带主要分布在 190~240nm。如果多糖在溶液中呈现正或负的科顿效应，表明多糖的空间结构包括单股或双股螺旋。以蛹虫草多糖为例，如图 7-9 所示，蛹虫草多糖在 190~250nm 正科顿峰与负科顿峰并存，表现出分子的不对称性，说明蛹虫草多糖在水溶液中易形成卷曲、折叠和缠绕。当溶液 pH 由中性变成酸性和碱性时，多糖构象发生改变，而构型无明显变化，图谱在 210nm 和 250nm 附近发生了红移，表明多糖分子间或分子内氢键的相互作用在碱性、酸性条件下发生了改变，即酸碱环境都可对蛹虫草多糖（CPS）的溶液构象产生显著影响［图 7-9（1）］。与原多糖相比，添加 Ca^{2+} 后，195nm 和 210nm 附近的科顿效应反向，该现象说明在 Ca^{2+} 中与在水溶液中蛹虫草多糖分子的存在形式及分子间的相互作用存在明显不同［图 7-9（2）］。与 Ca^{2+} 的作用相似，蛹虫草多糖在二甲基亚砜（DMSO）的影响下，195nm 和 210nm 附近出现相反的科顿效应，即多糖的分子存在形式和分子间的相互作用发生明显变化［图 7-9（3）］。DMSO 是一种强极性分子，对氢键的破坏能力较强，可使多糖分子中氢键发生断裂，从而改变其空间构象，增加其不对称性。蛹虫草多糖在添加刚果红的条件下，科顿效应显著增强，吸收峰位置和强弱都发生明显改变，由此可知蛹虫草多糖可以与刚果红发生络合反应，存在三股螺旋结构［图 7-9（4）］。

三、圆二色光谱法在生物信息学研究中的应用

核酸是生物体内的高分子化合物，作为遗传信息的基础物质之一扮演着生命繁衍中的重要角色。核酸可以水解成单体核苷酸，核苷酸由核苷和磷酸两部分组成，其中核苷由戊糖和碱基

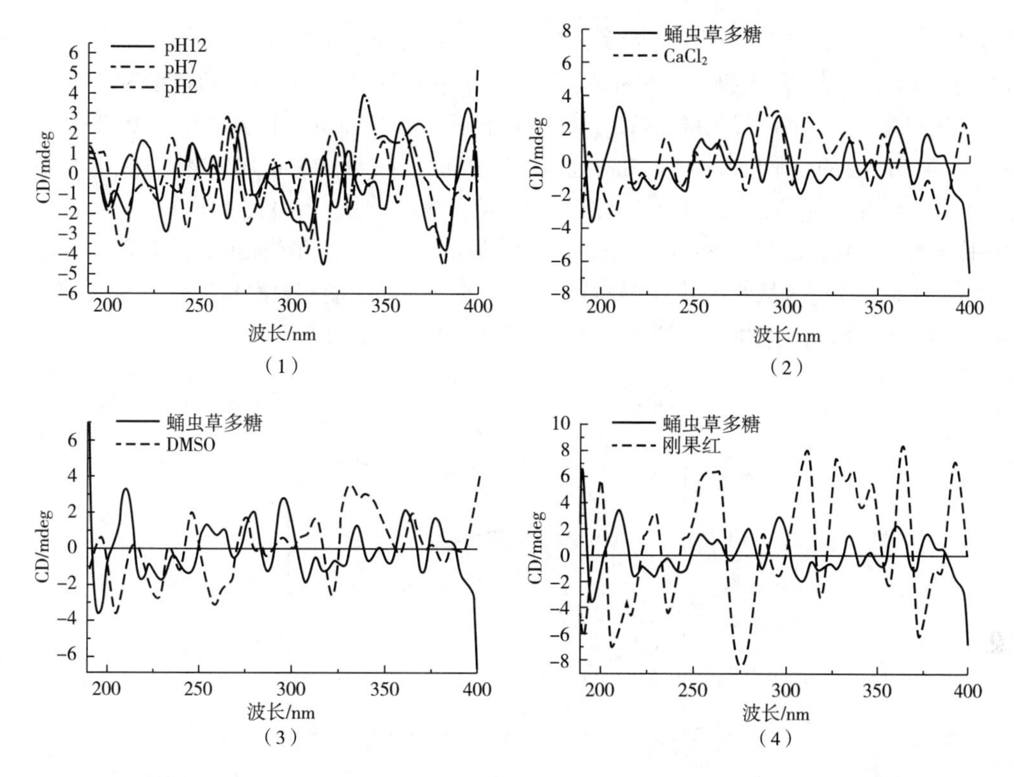

图7-9　蛹虫草多糖水溶液（1）及添加 Ca^{2+}（2）、DMSO（3）、刚果红（4）的蛹虫草多糖圆二色谱特征

构成，而碱基是一种含有嘌呤环或嘧啶环的有机碱。核酸包括核糖核酸（RNA）和脱氧核糖核酸（DNA），它们的区别在于其中的戊糖。RNA 中的戊糖是核糖，而 DNA 中的戊糖是脱氧核糖。核酸中的碱基有五种常见的类型。RNA 中的碱基包括胞嘧啶（C）、尿嘧啶（U）、腺嘌呤（A）和鸟嘌呤（G）。而 DNA 中的碱基包括胞嘧啶（C）、胸腺嘧啶（T）、腺嘌呤（A）和鸟嘌呤（G）。DNA 和核糖核酸 RNA 均能够参与生物体遗传信息在细胞中表达的过程，因为 DNA 也是食品中功能性成分的靶点分子，所以能够在功能性食品开发或是食物中功能性物质的生物活性基础研究中提供特征参考，从而达到在分子水平上揭示食品中天然或人工合成功能性物质的作用机理的目的。

与蛋白质结构解析原理相似，DNA 具有四级结构，不同功能性小分子与 DNA 作用后会造成 DNA 分子结构的改变，通常二者间作用方式包括剪切作用、共价结合和非共价结合三种。圆二色光谱法能够监测 DNA 的二级结构（包括 α-DNA、β-DNA、γ-DNA），RNA 也具有 α-RNA 的构象，DNA 和 RNA 分子的圆二色信号范围主要位于 200~320nm，且呈正负交替的科顿效应。采用圆二色光谱法能够快速分析检测出不同条件下 DNA 分子的结构和功能变化，在实际结合过程中不仅是有益的小分子物质会与 DNA 分子结合，有害的小分子物质也会与 DNA 分子结合，因此可以通过圆二色谱法探究食品添加剂与 DNA 作用位点及造成 DNA 分子构象改变的原因，为后期食品添加剂的合理使用及毒理学机理奠定了理论基础和方法参考。

DNA 作为遗传信息的载体和基因表达的物质基础，是生物体内外源性有害物质的主要目标。目前，农药广泛应用于全球的农业生产，已成为主要的环境污染物。探讨农药与 DNA 的结合作用，可以为了解 DNA 的结构特性和农药的毒性机制，设计高效、低毒的新型农药提供有用的信息。例如，采用圆二色谱法结合多种分析检测技术，通过化学计量学研究方法深入解析PRO对DNA二级结构影响机制。通常情况下，小牛胸腺DNA（ctDNA）的构象为B型，由于碱基堆积和螺旋性，其圆二色谱包括275nm附近的正带和245nm附近的负带。如图7-10所示，随着PRO/ctDNA的摩尔比增加，275nm处的正带强度增加，红移8nm，而245nm处的负带强度降低至零，红移3nm。在275~320nm范围内的强信号增加表明，PRO使ctDNA碱基对的堆积方式或取向发生变化，而两条谱带红移则表明PRO与ctDNA间产生了较强的疏水作用。这对于食品工业、生命科学等领域的进展和可持续发展具有重要意义，能够更好地理解环境污染物对生物体内部分子的影响，为生态保护和环境管理提供有力的科学依据。

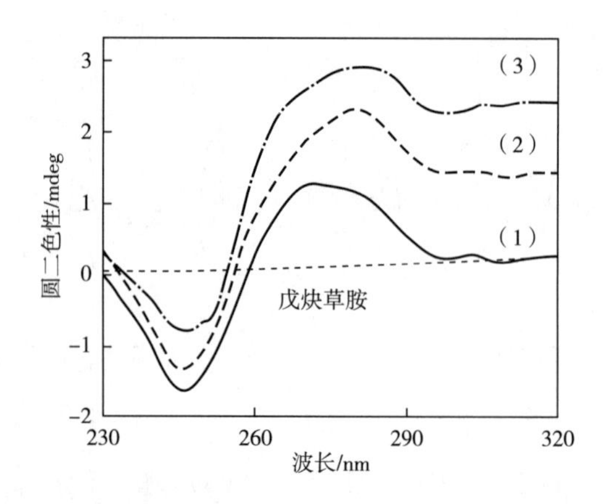

图7-10　与不同浓度的戊炔草胺孵育后的ctDNA圆二光谱［室温，pH 7.4，ct DNA=3.0×10^{-4}mol/L，PRO与ctDNA的摩尔比分别为0（1），1/20（2）和1/10（3）］

四、圆二色光谱法在手性超分子研究中的应用

超分子通常是指由两种或两种以上分子依靠分子间相互作用结合在一起，组成复杂的、有组织的聚集体，并保持一定的完整性使其具有明确的微观结构和宏观特性。超分子化学与传统分子化学的显著差异在于分子间的相互作用方式。在传统分子化学中，分子之间主要通过形成共价键进行相互作用，这种共价键是非常强的，需要高能量才能形成或破裂。因此，这种相互作用导致分子在较近的距离上相互连接，形成稳定的分子结构。相比之下，超分子化学涉及的分子之间的相互作用主要基于相对较弱的力，包括范德华力、氢键、静电作用、配位键、疏水作用和π-π堆积作用等。这些作用力较弱，可以在较大的距离尺度上产生影响，而且可以在适当的条件下进行动态调控。超分子化学的主要关注点是如何实现分子的识别和组装，以实现特定功能或结构的形成。常见的超分子大环主体有冠醚、DNA、环糊精等。手性超分子即具有手性（chirality）现象的超分子物质，不同分子构型的手性超分子其功能性和耐受特征也会存在差异，对手性超分子的研究在揭示生命体现象中具有重要作用。超分子具有手性后通常都会具有光学活性，因此，圆二色光谱法可以利用这一性质对手性超分子的手性识别、空间立体构型等方面进行进一步研究。

环糊精与有机客体分子之间会形成牢固的包合物。环糊精的内部具有疏水性，而且是手性的，当客体分子进入环糊精的内部时，这个过程会影响客体分子的紫外吸收信号，产生诱导圆二色效应（ICD）。根据扇形规则，如果了解客体分子的电跃迁矩方向，可以通过测定环糊精包结物的谱来确定客体分子在环糊精中的包结方式，这是因为特定包结方式可能导致谱带的符号发生变化；相反，如果了解客体分子在环糊精空腔中的排列方式，可以通过观察谱中的符号来确定相关谱带的电矢量跃迁矩的偏振极化方向，不同的排列方式可能会导致谱带的符号变化。圆二色光谱法除了用于探究环糊精包结客体分子的研究，还广泛用于对化学合成的手性超分子的空间结构、稳定性进行评价，为其工艺优化提供理论基础；采用圆二色谱结合紫外吸收和荧光光谱法，还可以研究环糊精包埋物的结构稳定性、包结行为规律等，以便确定稳定性最高的配方比例。综上所述，采用圆二色光谱法能够为手性超分子的合成工艺优化、功能评价等方面提供方便、快速的检测，已成为一种重要的食品加工技术创制与功能性评价的研究手段。

五、圆二色光谱法在其他领域中的应用

近年来，圆二色光谱法已广泛应用于有机化学、临床药学等领域，成为有机化合物立体化学研究中常用的化学计算方法之一。圆二色光谱仪在分析某些复杂成分的物质时具有显著的优势。它具有高选择性，仅对特定结构的物质产生响应，因此比紫外分光光度计具有更少的干扰，这使得圆二色光谱仪非常适合于药物和食品添加剂中的光学活性物质的测定。将圆二色光谱法用作一种简便的方法来确定分子的绝对构型，有望在基于天然产物的导向合成中发挥重要作用，特别有助于新型抗结核药物的研究。确定从微生物中分离出的化合物的绝对构型也可利用圆二色光谱法：首先，使用电子圆二色光谱技术结合合成物或模型化合物的计算模拟来初步确定化合物的绝对构型，并将其与实验结果进行比对；其次，振动圆二色光谱技术可用于验证和进一步支持这些结果，这两种技术的综合应用可以提供更加可靠和准确的化合物绝对构型信息。圆二色光谱在有机小分子化学领域也有广泛的应用，特别是在研究手性、分子构象分析和反应动力学等方面。

思考题

1. 简述圆二色谱仪的检测原理。
2. 什么是科顿效应？
3. 圆二色光谱法能够应用在食品检测中哪些领域？
4. 以本节所学知识设计一个采用圆二色光谱法在食品领域应用的方案。

CHAPTER 8

第八章 拉曼光谱法

学习目标

1. 学习拉曼光谱法的概念、拉曼散射及表面增强拉曼光谱的基本原理。

2. 了解拉曼光谱检测系统中样品池、激光光源、外光路系统、检测与记录系统的作用。

3. 学习在食品检测中应用拉曼光谱检测技术，结合技术特点检测食品中有害物质。

第一节　拉曼光谱法概述及基本原理

一、概述

拉曼光谱是凭借光子非弹性散射产生的分子振动指纹来分析目标分子振动和结构信息的一种方法。其具有快速、无损、可实时监测的优点，已广泛应用于食品安全、生物医学、国家安全和环境监测等领域。拉曼散射现象是当物质被入射光照射，随即产生非弹性碰撞，两者之间发生能量交换，导致入射光子频率改变。介质会改变照射在其上的光束的传播路径，绝大多数是被介质投射、反射或折射，其余则是朝多个方向散射。光散射是十分常见的自然现象。例如，晴朗的天空和浩瀚的大海都是蓝色的，这是由太阳光对大气和海水的瑞利散射引起的。1869年，丁达尔发现当介质中存在着不均匀介质以及悬浮颗粒时胶体会有一条明亮的“路径”，称为丁达尔散射。瑞利散射和丁达尔散射的过程中没有光子能量的损失，而且散射光的频率与入射光的频率相同。布里渊散射是法国物理学家布里渊在1922年发现由于介质中存在弹性波而引起的光散射会导致一种散射光的频率与入射光相比变化很小（$1 \sim 2cm^{-1}$）的现象。拉曼散射是由印度物理学家拉曼（C. V. Raman）在1928年通过研究以汞灯为光源的液态苯的光散射现象发现散射光通过棱镜分光后，会产生三条线，一条是瑞利线，与入射光频率相同，另外两条是频率变大和变小的极弱线。拉曼于 1930 年获得了诺贝尔物理学奖。

瑞利散射和拉曼散射效应可以利用光子与物质分子碰撞能级图来解释，能量为 hv_0 的入射光子与物质分子发生碰撞后有三种可能，第一种是发生瑞利散射，光子与物质分子没有能量交换，此时光子的入射频率与散射频率相等，仅改变运动方向而不改变频率，这种散射又称为弹性散射，如图 8-1 所示。例如，E_1 或 E_0 中的基态分子被入射光子 hv_0 激发，会先跃迁至受激虚态，然后跃迁回两个基态其中的一个，这个过程中能量依然是 hv_0。瑞利散射线是该过程对应于弹性碰撞发射的谱线。第二种是分子获得一部分光子的能量，使得光子散射出去，并且是以较小的频率。例如，在 E_0 分子的激发基态之后，E_0 分子的激发虚态转变回 E_1。在这个过程中光谱中的线称为斯托克斯线，部分光子能量转移到分子中，散射光能量衰减到 $h\ (v_0-\Delta v)$。第三种是光子吸收分子的一部分能量后以较高的频率散射出去，此时的线称为反斯托克斯线，类似的过程也可能发生在 E_1 分子中。散射光光子在受激虚态的分子返回 E_2 时获得部分能量增加到 $h\ (v_0+\Delta v)$。后两者属于非弹性碰撞，统称拉曼散射，如图 8-1 所示。光子与分子在非弹性碰撞中会改变运动方向和频率并且交换能量。

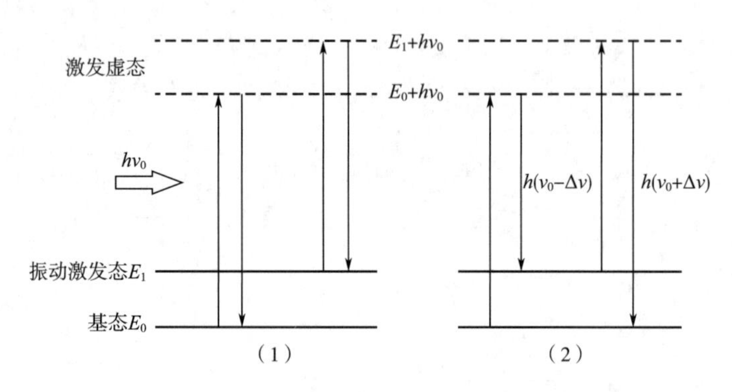

图 8-1　瑞利散射图（1）和拉曼散射图（2）

在早期的拉曼光谱仪器中，拉曼光谱采用光强度、单色性等性能较差的汞弧灯作为光源，使得采集完成需要几小时甚至几十天。由于光源的限制，拉曼光谱在随后的 30 年中发展缓慢。20 世纪 60 年代，激光器以输出功率高、能量集中、单色性好、光分散性好等优点使拉曼光谱又有了新的活力。结合光谱仪和检测器的改进，极大地促进了拉曼光谱技术的快速发展。与此同时，随着光谱仪器、激光和纳米技术的快速发展，拉曼光谱在获取特定的拉曼信息、提高检测灵敏度和空间分辨率方面衍生出各种各样的分析技术。如激光共振、表面增强、傅里叶变换、空间偏移和共焦显微拉曼光谱等技术等。表 8-1 简单列出了各种拉曼技术的原理，目的和优缺点。

表 8-1　　拉曼光谱技术分类

类型	原理	目的	优点	缺点
激光共振拉曼光谱技术	使激发波长处于待测分子某个电子吸收带内	使某些拉曼峰成指数倍增强	灵敏度高，检出限低	荧光干扰，热效应

续表

类型	原理	目的	优点	缺点
表面增强拉曼光谱技术	采用金、银或铜等粗糙金属作为基底，或采用纳米材料作为介质	使某些拉曼峰成指数倍增强	灵敏度高，检出限低	稳定性差，定量分析困难
傅里叶变换拉曼光谱技术	采用掺钕钇铝石榴石（Nd：YAG）激光器（波长为1064nm）作为光源	减少荧光对拉曼光谱的干扰	荧光干扰小，准确度高，样品损伤小	对激发光源要求高，分辨率低
空间偏移拉曼光谱技术	使激光激发点与信号收集点产生一定偏移量	检测样品内部信息	检测深度广，获取信息全面	拉曼信号弱，对检测平台要求高
共焦显微拉曼光谱技术	采用激光扫描共聚焦显微镜收集拉曼信号	使某些拉曼峰成指数倍增强，提高空间分辨率	空间分辨率高，检出限低	检测范围小，热辐射

由于普通拉曼光谱信号微弱以及背景荧光的干扰，痕量物质的定量检测灵敏度仍然很低。因此，大多采用表面增强拉曼光谱（surface enhanced Raman scattering，SERS）。表面增强拉曼光谱技术主要是指金、银、铂和过渡金属等纳米级粗糙金属表面粒子的拉曼散射信号可以放大10^6~10^{14}倍，这种异常光学增强现象甚至可实现单分子检测。

为了得到更高灵敏度和光谱分辨率，可以将拉曼与纳米技术结合，利用表面增强拉曼光谱金属纳米基底材料实现信号增强。英国学者Martin Fleischman等于1974年首次发现表面增强拉曼光谱现象，即拉曼散射效应会在吡啶分子吸附在粗糙的银电极上时较强，而且周围电场电位发生变化其拉曼信号强度也变化。然而，他们起初将吡啶分子的拉曼信号增强归因于粗糙电极的表面积增大导致吸附分子的数量增加。直到1977年，Jeanmaire等通过深入的探索发现，粗糙表面的巨大增强效应并非是简单吸附分子的增加使得吡啶分子吸附在粗糙电极上的拉曼信号强度。基于此，他们提出了表面增强拉曼光谱的物理增强机制也就是电磁增强效应。随后，Albrecht和Creighton研究发现了一种化学增强机制，即电荷转移效应还存在于粗糙纳米基底引起的表面增强拉曼光谱信号增强过程。目前所熟知的拉曼信号增强机制分为两种，一是物理增强机制，二是化学增强机制。

表面增强拉曼光谱增强基底的探索和合成是表面增强拉曼光谱技术的核心。纳米级粗糙金属基底（如银或金纳米颗粒）对表面增强拉曼光谱信号有着决定性的作用，所以表面增强拉曼光谱信号的绝对强度取决于样品的浓度、表面增强拉曼光谱增强基底的物理性质（如银或金纳米颗粒的形状、大小和聚集性），以及激光功率和聚焦位置。然而，作为表面增强拉曼光谱基底的银、金纳米粒子的重现性和稳定性较差，使得表面增强拉曼光谱信号的可靠性和重现性出现了偏差，在实际分析中表面增强拉曼光谱定量分析的准确性也达不到要求。目前，从事表面增强拉曼光谱研究的相关学者主要力求探索理想表面增强拉曼光谱基底的制备。理想的表面增强拉曼光谱基底应具备以下几点要求：①合适的纳米尺寸与粗糙度；②良好的粒径均一性和分布均一性；③良好的稳定性；④合适的材质。表面增强拉曼光谱基底的材料、颗粒的形状和大小、被测分子的吸附量与距离对被测分子的表面增强拉曼光谱信号均有较大的影响。近年来，关于表面增强拉曼光谱技术的研究重要从以下几个方面展开：①利用表面增强拉曼光谱技术开展单分子检测研究；②研究表面增强拉曼光谱的信号增强机制；③制备高稳定性、高重现性表面增强拉曼光谱增强基底；④探索表面增强拉曼光谱与其他技术结合，并开展相关应用；⑤测定目标分子表面增强拉曼光谱，并建立完整的数据库；⑥完善表面增强拉曼光谱理论；⑦扩大表面增强拉曼光谱技术应用范围。

二、拉曼散射的基本原理

第一种是经典的光电磁场理论，它对斯托克斯散射和反斯托克斯散射强度的解释得出了相反的结论，但在拉曼频移的物理原因方面可以从光电磁场的角度可以很好地解释。第二种是量子理论，能解释并计算简单系统（如谐振子，自由电子，某些简单原子）的拉曼散射及其强度。然而，分子、晶体和复杂能级中的受激中间态不能直接计算。后来，普拉切克近似理论为直接计算一般结果提供一种新方法。普拉切克近似是基于以下三个假设的分析和计算模型：①绝热近似是绝对有效的；②电子的基态必须是非简并的；③任一电子的跃迁频率必须大于激发光源的频率，但激发光源频率须远大于振动频率。该理论不仅能解释斯托克斯与反斯托克斯散射强度的问题，还成功地解释了拉曼光谱峰数目在温度升高状态下会增加的原因。

三、表面增强拉曼光谱的基本原理

用公式或定理难以对涉及光的反射、吸收、衍射、折射和散射等多方面的表面增强拉曼散射进行全面的解释。目前，表面增强拉曼散射现象还没有完整的理论体系来解释。它的机制有两种：物理增强和化学增强，前者主要考虑金属表面局部电场增强，后者则是金属和样品分子之间化学作用使得极化率改变。

（一）物理增强机制

物理增强机制主要是从光电磁场的角度来解释表面增强拉曼散射信号增强的起因，即当一束光入射到粗糙的金属表面时，引起该金属基底某些部位的局域电场的增强，从而使得距离粗糙金属表面较近的分子拉曼信号大大增强。物理增强机制分以下几种。

1. 表面等离子体共振（surface plasmon resonance，SPR）

如图 8-2 所示，该机制认为，金属表面存在价电子，它们在费米面自由运动，在入射光的照射下，电子集体被激发，形成正负离子集体的振荡，称为表面离子体激元，它被激发得到高能级的等电子体，由于耦合作用，在粗糙金属表面形成比入射电场强数十倍的电场，从而使得处于这一区域的样品分子的拉曼光谱信号也大大增强。从表面等离子体共振增强理论出发，起初得到的结论是表面增强拉曼散射基底的信号增强效果在同种粗糙金属上不会有变化，但进一步的研究发现，在吸附不同的分子后，即使是相同的粗糙金属表面增强拉曼散射基底，信号增强效果也不同。后来，研究人员还发现了表面等离子体共振在液态汞表面的增强效应，增强因子达到 10^4 ~ 10^5，然而液态汞表面在一定尺度上被视作是几乎光滑的。因此，表面增强拉曼散射信号物理增强机制仅使用表面等离子体共振模型解释显然是不充分的。

2. 避雷针效应（lightning rod effect，LRE）

根据避雷针效应模型理论，制备纳米颗粒表面增强拉曼散射基底不可能是完全均匀的，可能有针状纳米级颗粒。其中的针状纳米颗粒尖端可产生强电场，且尖端的尖锐程度与表面电场

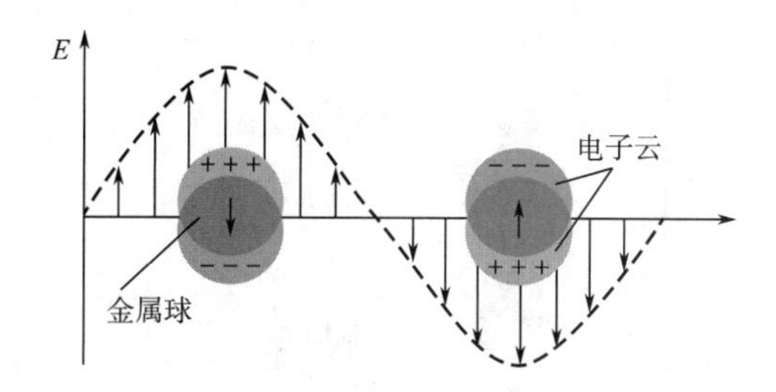

图 8-2　表面增强拉曼散射的物理增强机制

的强度成正比。现在可以产生这种避雷针效应表面增强拉曼散射基底种类较多。

3. 天线共振子模型（antenna resonance effect，ARE）

根据天线共振子模型理论，粗糙金属表面的粒子可以看作电磁场中能与光波耦合的天线振子，既可以发射电磁波，也可以吸收电磁波。当粗糙金属表面的粒子的某些参数，如颗粒大小、金属粗糙度等，与电磁波的波长满足一定的关系时，电磁波在金属表面的粒子中发生共振，从而导致目标分子在金属基底表面的拉曼散射信号会在局部电磁场强度达到最大值时有很大的增幅。不同金属表面增强拉曼散射基底和入射光对目标分子表面增强拉曼散射信号增强效应差异也可以利用天线共振子模型进行解释。

4. 镜像场作用（image field effect，IFE）

根据镜像场作用模型理论，金属相当于一面镜子，其自由运动的电子在激发光的作用下形成极化电子气。样品分子可看作偶极子。金属的另一侧会在分子的偶极矩发生变化时产生一个共振偶极子，并且形成一个光电场，使样品分子的拉曼信号增强。镜像场效应与距离成反比，距离的增加，其影响迅速减小。当距离足够远时，可以忽略不计。金属具有表面增强拉曼散射效应可以用镜像场理论来解释，但不能解释新发现的表面增强拉曼散射基底增强效应。所以，镜像场效应应用较少，只是早期提出的一种模型。

（二）化学增强机制

表面增强拉曼散射信号增强的原因可以从金属表面与被吸附分子之间的电荷转移角度解释，即表面增强拉曼散射信号的化学增强机制。化学增强机制认为，当用激光照射通过化学键结合的被测分子与表面增强拉曼散射基底材料时，分子表面的电子云密度会受被吸附分子与金属之间发生电荷转移变化的影响，使得分子极化率发生变化，分子拉曼信号大大增强（图 8-3）。研究者为了确定化学增强理论中电荷转移现象的真实性，测量了吡啶-金属基底络合物的高分辨电子能量损失谱（HREELS），确定吡啶吸附在金属基底时电荷转移峰确实存在。主要的理论模型有电荷转移模型、活位模型和分子-金属成键模型。

1. 电荷转移模型

此模型认为目标分子和金属表面增强拉曼散射基底通过化学键结合。络合物的电子被激发光照射后将从金属基底表面转移到靶分子的某一能级轨道，而吸收了光子的金属费米能级的电子将转移到更高的能级，或从靶分子的占据轨道转移分子到金属基底的空位轨道。系统极化率因拉曼光子在电子回到金属表面时被释放出得以增加，使得目标分子的拉曼光谱信号增强。

2. 活位模型

根据活性位点模型，不是所有能够与金属表面增强拉曼散射基底连接的分子都能产生信号增强效应，只有那些与金属表面增强拉曼散射基底连接的称为“热点”的目标分子才能产生该效应。

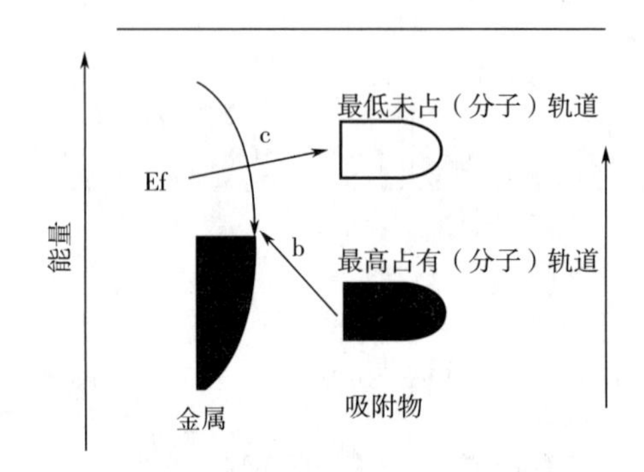

图 8-3 表面增强拉曼散射的化学增强机制

Ef—费米能级 b—目标物与基底吸附结合的过程 c—金属费米能级的电子转移到更高能级的过程

3. 分子-金属成键模型

根据分子-金属成键模型，为了使配合物具有更大的极化率，可以将一些与金属表面增强拉曼散射基底混合的目标分子通过化学键连接，随即大大增强拉曼信号。因此，该模型认为增强表面增强拉曼散射信号的基本条件是目标分子与金属基底之间的键合。当目标分子与金属基底之间的距离增加时，键随之断开，效果消失。

物理增强和化学增强的主要区别在于，当前者起作用时，金属基底与被吸附分子间只有较弱的相互作用，而当后者起作用时，金属基底与吸附分子中因存在着电荷转移导致其间的相互作用也会很强。一般，研究者认为物理增强效应能够解释较多的表面增强拉曼散射增强现象，而化学增强效应则显得更为合理。例如，即使基底相同，增强因子也会随着分子的变化而变化，当金属表面吸附多个单分子时，其他层的拉曼信号总是低于第一个分子层的拉曼信号几十倍。因此，这两种增强机制的应用需要详细分析。在大多数情况下，许多研究者认为两种机制可能同时存在，因为部分表面增强拉曼散射效应不能单独用化学增强机制或物理增强机制解释。

第二节 拉曼光谱检测系统的结构

随着计算机技术、控制技术及智能化处理技术的快速发展，在很大程度上推动了拉曼光谱技术的发展进程，已研制出适用于多种用途的拉曼光谱检测系统，这对于拉曼光谱技术在实际检测、分析领域的广泛应用具有巨大的推动作用。拉曼光谱仪的硬件系统一般包括以下几个基本部分：样品池、激光光源、外光路系统、单色仪、检测与记录系统。

一、样品池

在拉曼光谱检测系统中，通常采用玻璃制成的样品池来放置待测样品，主要原因是拉曼散射光在可见光范围内不会被玻璃制品所吸收。样品池的式样主要包括液体池、气体池和毛细管等。常规的试剂瓶可以用来检测常量样品，毛细管、玻璃片主要可以承载微量的固体、液体、微晶体等样品的测量。

二、激光光源

激光是物质受激辐射产生的一种相干光，具有方向性好、亮度高、强度大、单色性好、相干性强、偏振性好等优点。它可以作为拉曼光谱仪的理想光源。激光器根据所用材料的不同可分为气体、液体、固体、半导体和自由电子激光器。气体激光器是拉曼光谱中应用最广泛的类型，包括原子气体激光器、离子气体激光器、分子气体激光器和准分子激光器。固体激光器主要有红宝石激光器，掺钕钇铝石榴石（YAG）激光器，掺钕玻璃激光器等，这种激光器具有输出功率高、体积小、性能强等特点。掺钕钇铝石榴石激光器是一种波长为1064nm的实用固体激光器。半导体激光器是所有激光器中效率最高、体积最小的。

激发效果是与激发光频率相关的，而拉曼散射强度与激发光频率的四次方成正比。因此激发光频率越高，激发效果越明显。当外激发波长越接近分子的最大吸收峰处的波长，产生共振效应就变得越容易，拉曼信号越强。检测结果因激光波长的不同也会有较大的改变，典型激光器激发波长有：紫外光（244nm，257nm，325nm和364nm）、可见光（457nm，488nm，514nm，532nm，633nm和660nm）和近红外光（785nm，830nm，980nm和1064nm）。

三、外光路系统

设计在激光器之后，单色仪之前的系统即为拉曼光谱仪的外光路系统，可最大限度地收集拉曼散射光可以充分利用激发光源的能量，消除瑞利散射光，减少光化学反应和杂散光。这也是外光路系统的设计核心。为了消除其他波长的激光和气体放电的谱线，可以利用二向色镜反射激光器的输出激光。纯化后的激光通过收集光路集中在样品上，激光器的输出激光被二向色镜反射，以消除其他波长的激光和气体放电的谱线。净化后的激光通过收集光路集中在样品上。

四、单色仪

单色仪是拉曼光谱仪的“心脏”。通过复合光在紫外光、可见光和红外光谱区的光栅衍射，在电荷耦合探测器上获得一定宽度的单色光或光谱带，并实现光谱的精确成像。入射狭缝、出射狭缝、准直器和色散元件组成了单色仪。为了获得更高的分辨率和更宽的波长范围可以利用光栅作色散元件而不是棱镜。目前，光栅单色仪作为拉曼光谱仪的单色仪得到了广泛的应用。单色仪的分辨率由光栅的分辨率、色散和狭缝宽度决定。通常将两个光栅单色仪串联成一个双单色仪，可以有效地消除杂散光，提高单色仪的信噪比。但光栅的反射率一般小于100%，使用多光栅要降低光通。

五、检测与记录系统

光电探测器和信号放大器接收单色仪出口狭缝的光信号，然后数据会输入记录仪或输出到计算机。光电探测器常用的器件有电荷耦合探测器（CCD）和电子倍增管（PMT）。20世纪90年代以前电子倍增管是拉曼光谱仪探测器中最重要的，GaAs光电阴极光电倍增管是作为典型的电子倍增管探测器。近年来，液氮冷却电荷耦合探测器阵列凭借着高灵敏度、体积小的优点以及多通道检测特性可以同时获得每个波长点的光谱数据，在拉曼光谱探测器中得到了广泛应用。另外，电荷耦合探测器在进行测量时会因结构紧凑、自扫描等特点，不需要复杂的机械零件，使得操作更加方便、结果更加准确。

第三节　拉曼光谱技术在食品检测中的应用

拉曼光谱属分子振动光谱，通过激光光源的单色光与分子键的相互作用，拉曼光谱能够实现在分子水平上研究物质的组成成分。可利用其“指纹图谱特征”对物质进行定性鉴别，利用拉曼光谱技术的高灵敏性及待测物质浓度与拉曼光谱强度的比例关系，可以实现痕量物质的快速检测。目前拉曼光谱已经广泛应用于食品领域，包括食品主要成分检测（如蛋白质、脂肪以及碳水化合物的检测）、食品品质检测（如肉制品品质的检测）和食品安全检测（如有害化学物质和食源性致病菌的检测）等。

一、拉曼光谱技术在食品主要成分检测中的应用

食品种类多样，但综合来说，其主要成分通常包括碳水化合物、蛋白质、脂肪等。然而，市场上存在一些非法行为，如用替代品冒充食品的主要成分，以获取暴利。因此，食品检测中的一个紧迫问题是对食品主要成分的分析。拉曼光谱不仅可以用于定性分析被测物质中包含的分子结构和各种基团之间的关系，还可以通过定量检测食品成分含量，对食品的质量进行准确的评估。

（一）蛋白质检测

蛋白质是食品中重要的营养成分之一，对食品的营养价值和品质都有重要的影响。蛋白质不仅能够为人体提供必需的能量，而且对人体的生长发育和健康维护也具有重要作用。不同食品中的蛋白质结构和功能各不相同，因此蛋白质结构与功能的研究一直是备受关注的焦点。研究蛋白质结构与功能的关系，有助于开发出改善蛋白质特性的方法，从而更好地利用蛋白质的功能特性，优化食品加工条件。

对于蛋白质而言，常规的蛋白质分析方法，如高效液相色谱法、质谱法和分光光度法等，存在操作过程繁琐、处理样品复杂以及样品易被破坏等缺点。而拉曼光谱技术能够克服这些缺陷，因而在蛋白质的分析研究中得到广泛应用。拉曼光谱在生物大分子中主要应用就是鉴别蛋白质及其组分的差异，通过深入分析蛋白质的拉曼光谱，可以获取到蛋白质分子的结构细节、肽链骨架的振动模式以及侧链微环境的化学信息。此外，这种技术还能揭示外部环境条件（如温度、离子浓度和 pH）对蛋白质的影响方式。

不同的蛋白质结构，如 α-螺旋、β-折叠和无规卷曲等，具有独特的拉曼散射特征。通过分析这些特征峰的位置、强度和面积，可以进一步推断出蛋白质的二级结构类型和含量。此外，拉曼光谱还可以提供关于侧链微环境的化学信息和多肽骨架构型的信息。这些信息来源于各个氨基酸侧链的振动跃迁，包括胱氨酸和半胱氨酸的—S—S 及—S—H、色氨酸、酪氨酸、苯丙氨酸、脂肪族氨基酸的—C—H，天冬氨酸和谷氨酸的—COO 和—COOH、组氨酸的咪唑环等。拉曼光谱的酰胺-Ⅰ和酰胺-Ⅲ谱带与蛋白质骨架结构相关，可以用于确定骨架信息特征，并给出不同类型的多肽和蛋白质的二级结构的相对比例的信息。蛋白质结构中部分的拉曼振动频率及其振动模式见表 8-2。

表 8-2　　蛋白质结构中的部分拉曼光谱振动模式

波长/cm^{-1}	谱带来源	官能团或化学键指认
510 525 545 630~670	胱氨酸，半胱氨酸，蛋氨酸	S—S 伸缩振动
830/850	酪氨酸	费米共振
756 882	色氨酸	吲哚环
1003	苯丙氨酸	breathe 环
1244	酰胺Ⅲ带	多肽骨架振动
1304	酰胺Ⅲ带	C—H 弯曲振动
1322 1340	色氨酸，脂肪族	C—H 弯曲振动
1409	组氨酸	*N*-二咪环
1400~1430	天冬氨酸，谷氨酸	—COO 的 C ═O 伸缩振动
1452	脂肪族氨基酸	C—H 弯曲振动
1600~1700	酰胺Ⅰ带	酰胺 C ═O 伸缩振动，N—H 摇摆振动
2930	脂肪族	C—H 伸缩振动

（二）脂肪检测

一方面，脂肪在食品中充当着重要的营养成分，对于人体的整体健康状况具有至关重要的影响。通过分析食物中的脂肪含量和类型，可以评估食品的营养价值。另一方面，脂肪虽然是人体必需的营养素之一，但摄入过多或过少都可能对健康产生不良影响。通过测定分析脂肪，为个体提供了有关膳食选择和脂肪摄入的重要信息。

传统的化学方法和气相色谱法常被用来量化脂肪酸的顺反异构体和不饱和程度。然而这些传统方法耗时、费力、对样品有破坏性，而且需要使用有害试剂，因此不可能进行实时和在线测量。随着傅里叶变换技术的引入，拉曼技术在脂肪的分析中取得了重要的进展，使其能够分析植物油中的脂肪酸组成、不饱和度和脂肪分子结构，为食品分析和化学领域带来了新的可能性。通过观察拉曼光谱上的特征峰位置和强度比，可以区分不同的脂肪酸。如 α-亚麻酸在拉曼光谱中，其 1266cm^{-1} 与 1303cm^{-1} 的强度比明显高于油酸和亚油酸，同时在 866cm^{-1} 处表现出独特的峰，这使得 α-亚麻酸与其他两种脂肪酸易于区分。通过观察油酸 3010cm^{-1} 处 C ═C 双键伸缩振动与亚油酸 1710cm^{-1} 处 C ═O 伸缩振动拉曼光谱特征峰的强度比，可以区分油酸和亚油酸。除了鉴别不同种类的脂肪酸，通过测量位于 1601~1700cm^{-1} 的 C ═C 伸缩振动的特征拉曼光谱带的基线上的峰面积与位于 1713~1790cm^{-1}的 C ═O 伸缩振动的峰面积的比例，或 C ═C 伸缩振动带与位于 1382~1543cm^{-1} 的 C—H 剪式振动的峰面积的比例，能够快速定量分析总不饱和程度，脂肪酸的顺式和反式异构体的比例以及烃链上不饱和双键的数量等。拉曼光谱还能够检测脂质单分子的结构变化，典型例子是亚油酸在自氧化过程中，对应的拉曼光谱呈现出不同的谱型和峰值强度，这些变化可以反映出分子内部的微观结构变化。

（三）碳水化合物检测

我们的饮食主要由碳水化合物构成，它是人体最有效的能量来源。碳水化合物广泛存在于各种食物中，如面包、麦片、面条、马铃薯、稻米、玉米、谷物、水果和蔬菜等。主要的碳水化合物类型包括淀粉、糖和纤维素。作为人体主要的供能物质，人体所需能量50%以上由食物中的碳水化合物提供。然而，需要注意的是，精制糖和高度加工食品中的碳水化合物可能会导致体重增加、影响减肥效果，增加患糖尿病和心脏病等疾病的风险。因此，通过分析检测食品原料或产品中的碳水化合物含量，有助于实现对食品糖分含量的有效控制、餐饮搭配的合理化以及食品加工工艺的优化。分析食品中碳水化合物的方法有很多种，比如物理法、化学法、色谱法和酶法等。这些常规方法可以较为准确地测量出食品中碳水化合物的含量，但通常涉及多个步骤，需要大量的实验室设备和化学试剂，增加了分析的复杂性。

除了传统方法外，拉曼光谱技术也可以用于检测食品中的碳水化合物，比如葡萄糖、果糖等单糖。这些单糖的拉曼光谱特征可以提供关于其分子结构和化学键的特定信息。例如，葡萄糖的拉曼光谱特征包括位于847cm^{-1}的C—H键伸缩振动和位于1075cm^{-1}的C—O键伸缩振动，这些峰的出现可以确认样品中存在葡萄糖。除了单糖外，拉曼光谱还可以揭示二糖、寡糖和多糖的结构组成。例如，蔗糖的拉曼光谱带包含有847cm^{-1}的葡萄糖特征谱带和868cm^{-1}的果糖特征谱带。麦芽糖的拉曼谱带则包含有847cm^{-1}的α-葡萄糖特征谱带和898cm^{-1}的β-葡萄糖特征谱带，这表明麦芽糖是由α-葡萄糖和β-葡萄糖组成的。淀粉也是一种主要的多糖。在2700~3100cm^{-1}的范围内，C—H键的振动引起特定的拉曼峰，这些峰的强度能够反映不同样品中化学键的相对含量。此外，位于480cm^{-1}处的链骨架特征峰也可以提供有关淀粉分子链结构的重要信息。通过比较以上拉曼光谱特征，可以区分不同的淀粉样品。

二、拉曼光谱技术在食品品质检测中的应用——如肉制品品质检测

肉制品是人们日常生活中的重要食材，不仅营养丰富，还能制作成各种美味可口的食品。在肉制品科学领域，研究肉制品加工中品质变化至关重要，因为这关系到产品的口感、营养价值和安全性。随着科技的不断发展，运用高新技术鉴定肉制品品质变化已成为研究的热点之一。近年来，新型生物技术如基因组学、蛋白质组学和代谢组学等广泛应用于肉制品品质变化的研究。这些技术可以帮助人们更深入地了解肉制品在加工、贮存和烹饪过程中的品质变化，从而为肉制品加工工艺的优化提供有力支持。此外，新型分析仪器如质谱仪、色谱仪和光谱仪等也广泛应用于肉制品品质变化的鉴定。这些仪器可以高精度地分析肉制品中的化学成分和微生物组成，从而为人们提供更多关于肉制品品质变化的信息。

在肉制品生产应用中，拉曼光谱因其快速、无损的特点而逐渐成为检测应用技术的重要手段。这是因为肉制品中的每个官能团分子都具有其独特的拉曼光谱信号。例如，肉制品中的—S—S—、—COO—、—C═O、—C—H等基团都强烈地产生拉曼光谱信号。在此基础上，拉曼光谱与化学计量学结合，能够很好的对肉制品品质进行预测。

在肉制品加工和贮存过程中，新鲜度一直是一个备受关注的重要问题。在贮存期间，腐败

微生物会利用肉中的营养成分迅速生长和繁殖，并在其内源酶的协同作用下，分解和氧化肉中的蛋白质和脂肪。在这个过程中会导致肉的风味物质发生变化产生令人不悦的氨臭味。与此同时，肉的 pH 也会降低。因此，pH 是衡量肉制品新鲜度的重要指标。而拉曼光谱与 pH 之间具有很强的相关性，通过测量不同贮存时长下肉制品的拉曼光谱，可以对肉制品的新鲜度进行很好的预测；拉曼光谱与肉制品嫩度之间也有很好的相关性。不同种类的肉在酰胺Ⅰ区和酰胺Ⅲ区所在的光谱波数存在差异。所以，当不同种类肉的嫩度发生变化时，其 α-螺旋与 β-折叠构象均发生改变。这表明，蛋白质的结构和构象是影响肉嫩度的重要因素，通过蛋白二级结构含量的变化，拉曼光谱技术可以对肉制品嫩度进行预测；在 1800~1900cm^{-1} 和 3071~3128cm^{-1} 处，能够得到肉制品持水性预测的最佳信息。

三、拉曼光谱技术在食品安全检测中的应用

拉曼光谱（SERS）是一种相对较弱的散射过程，其信号通常很弱，需要使用高功率的激光源和长时间的数据采集才能获得可靠的信号，因此其选择性相对较低。而 SERS 利用贵金属（如银、金等）表面的纳米结构所产生的局部电场增强效应，显著增强了拉曼散射强度，大大提高了检测的灵敏度，因此在食品安全检测上得到越来越广泛的关注。

（一）食品中有害化学物质的检测

在食品的生产过程中，有害的化学物质可能会人为或意外进入食品供应链。其中，重金属离子、农药、真菌毒素以及抗生素是引起食源性疾病暴发常见的化学物质。重金属是指那些相对密度较高（一般大于 4 或 5）的金属元素，包括但不限于铅、铜、锌、铁、钴、镍、钒、铌、钽、钛、锰、镉、汞、钨、钼、金和银等。尽管有一些重金属如铜、锌和铁是生命中必需的微量元素，但大多数重金属对人体构成潜在的危害。当这些重金属在体内超出一定浓度时，它们就会对人体健康产生不良影响；农药是指一类用于控制害虫的化学物质。农药的使用是维护农产品产量和质量、防止作物受到害虫侵害的主要途径之一。然而，农药也成为食品污染的主要来源之一，农药残留一直是危害食品安全的重要因素。长期食用农产品中存在超标农药残留的食品对人体健康构成潜在威胁，可能引发急性神经中毒、慢性神经发育障碍、免疫系统功能紊乱和增加癌症等风险；真菌毒素是真菌代谢产生的一种具有致癌性的有害污染物，其在霉变的谷物和相关食品中最为普遍。食用受真菌毒素污染的食物对人和动物健康都有极大的危害，如轻度皮肤刺激、癌症和慢性肾脏损伤；常见的抗生素包括链霉素、青霉素和红霉素等；抗生素在现代畜牧业中广泛用做饲料添加剂和抗菌药物，虽然客观上来说它们在提高产量方面起到了作用，但却不可避免地引发了食品中的抗生素残留问题。长期摄入含有抗生素残留的食物可能会对人体的肝、肾功能造成损伤。同时，还存在着致癌、致畸、致突变等潜在风险。此外，长期摄入含有抗生素的食物还可能导致人体对抗生素产生耐药性，引起人体内耐药菌增加，最终降低抗菌药物对人体的药效。除了上述化学性污染物之外，添加物的不当使用，原辅料污染以及由工厂用水卫生指标不合格引入的氯残留量、硝酸盐或亚硝酸盐含量和其他有害有毒化学品含量超标都会导致食品化学性污染。

传统的检测食品中有害化学物质的方法包括原子吸收光谱、原子荧光光谱和荧光分光光度法，但是上述方法均涉及使用昂贵的仪器，样品制备过程复杂，并且需要相对较长的时间来完成检测。SERS 作为一种新型的快速检测技术，能够提供丰富的化学物质光谱信息，并且具有高灵敏度和无水干扰等优点，使得其便于常规应用。在检测食品中有害化学物质时，SERS 一般可

分为无标记 SERS 和有标记 SERS 两种方法。无标记 SERS 的一般操作是简单地将样品放置在 SERS 基底上，通过用激发光照射可以获得分析物的特征 SERS 信号。结合现代数据挖掘手段，开展拉曼光谱预处理、特征提取和模型构建研究，最终可以建立一个容错性强、检测精度高的检测模型。例如，将 Ag@ ZnO NFs 基底与不同浓度的毒死蜱农药混合并采集 SERS 光谱，用三种不同预处理方法对原始拉曼光谱进行预处理，利用最小二乘算法（PLS）结合不同变量筛选方法［遗传算法（GA）、竞争性自适应加权抽样算法（CARS）、变量组合集群分析算法（VC-PA）和蚁群算法（ACO）］分别建立拉曼光谱和毒死蜱浓度之间的定量关系模型，最终可实现大米中毒死蜱的简单、快速、定量检测（图 8-4）。

对于无标记 SERS，它允许在没有拉曼染料或 SERS 标记的情况下直接检测目标分析物。分析物与 SERS 基底表面紧密结合，产生自己的拉曼信号。通常，为了增强与靶分子的化学或物理亲和力，可以通过封端配体交换或官能团修饰来改善 SERS 基底的性能。相反，有标记 SERS 是一种具有标记或标签的间接检测技术，又称嵌入或附着在 SERS 基底上的报告分子。对于有标记 SERS，必须在 SERS 底物中引入标记，并且通过抗体、适配体等特异性识别元件来实现检测特异性。因此，可以在不考虑拉曼活性的情况下用适体和抗体检测任何给定的物质。

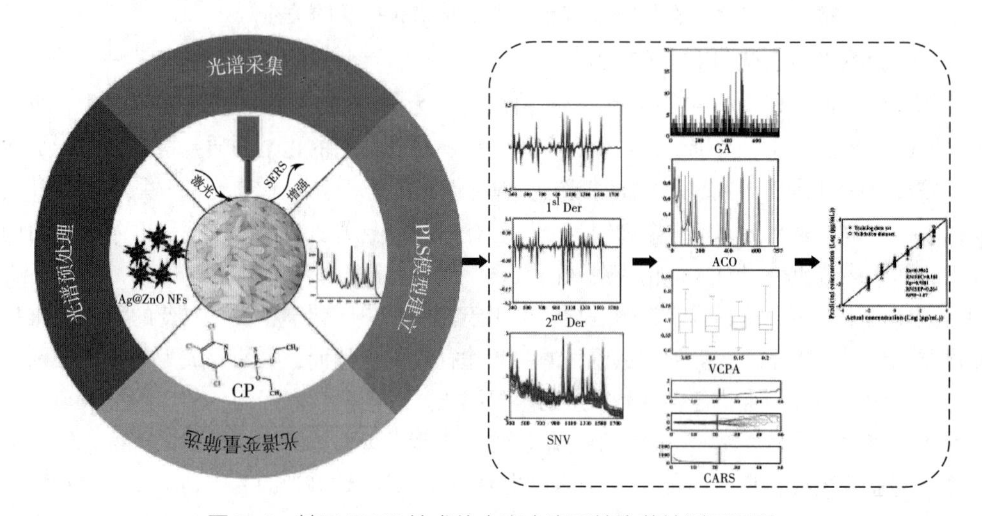

图 8-4　基于 SERS 技术的大米中毒死蜱农药检测原理图

（二）食品中致病菌的检测

常见的食源性致病菌包括沙门氏菌、大肠杆菌、金黄色葡萄球菌、布鲁氏菌、志贺氏菌、李斯特菌等。这些微生物可能引发食物中毒症状，如腹泻、呕吐、发热、腹痛和其他消化道问题，有时甚至可能导致严重疾病或死亡。食源性致病菌是当前造成食品安全隐患的公共危害之一，对食品产业的发展和消费者的身体健康有影响。

为了降低食源性致病菌对产业经济和人类健康的影响，目前已有多种检测食源性致病菌的方法。其中广泛应用的检测食源性致病菌的方法有微生物检验法、分子生物学法和酶联免疫吸附法（ELISA）等。而目前处于研究阶段的新型检测方法有荧光传感器法、比色法、电化学法和光谱分析法等。光谱分析法，如近红外光谱和拉曼光谱法，可以快速获取食源性致病菌的生化指纹。但由于红外光谱对水敏感，从而限制了它在食源性致病菌领域的应用，而拉曼光谱提供的是与红外光谱互补的食源性致病菌的指纹信息，并且它不受水的影响，可以检测含水的生物样品。尽管拉曼光谱弥补了红外光谱容易受水分和可见光干扰的问题，但也存在着光谱带宽广和信号强度相对较低的挑战，因而在食源性致病菌检测领域应用很少。随着 SERS 技术的发展，食源性致病菌的拉曼信号增强，使得拉曼检测食源性致病菌技术越来越成熟。对于食源性致病菌的检测，可以直接采集食源性致病菌本身的 SERS 光谱，结合化学计量学实现食源性致病菌种类的鉴定。但是这种方法需要在检测之前对菌悬液富集培养，因而存在着检测限高的缺点。与常见的食品污染物不同，食源性病原体的灵敏检测依赖于有标记 SERS 技术。有标记 SERS 介导的检测涉及应用抗体或适配体与待测微生物特异性结合，这可以提高检测的灵敏度和选择性。这种方法在检测之前需要合成复杂的捕捉探针（表面修饰了识别元件的磁性纳米颗粒）和信号探针（表面修饰了识别元件及 SERS 信号分子的 SERS 基底），利用捕捉探针和信号探针构建特异性检测病原微生物的 SERS 体系。例如，利用 Fe-MIL-88 纳米酶构建一种检测体系使得细菌的浓度信号通过了两次信号放大过程（第一次是酶促反应，将体系剩余适配体的信息转化为催化产物的信息。第二次是拉曼信号增强，利用 Au NRs 将催化产物的拉曼信号增强为 SERS 信号），可实现对金黄色葡萄球菌的高灵敏度检测（图 8-5）。

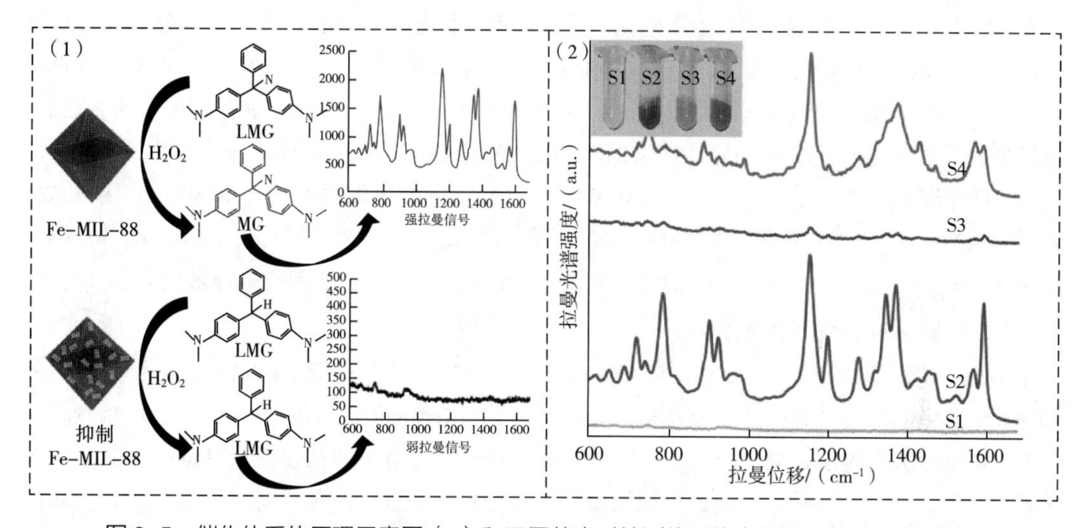

图 8-5　催化体系的原理示意图（1）和不同状态时检测体系的实物图及相应的拉曼光谱（2）（S1、S2、S3、S4 分别对应没有 Fe-MIL-88 纳米酶、有 Fe-MIL-88 纳米酶、有金黄色葡萄球菌适配体抑制的 Fe-MIL-88 纳米酶和金黄色葡萄球菌去除部分适配体后 Fe-MIL-88 纳米酶催化后的体系状态）

四、案例分析——食品中亚硝酸盐的快速检测

亚硝酸盐是一种广泛使用在肉制品中的一种添加剂。在一定范围内添加亚硝酸盐能够使肉制品呈稳定的红/粉色，延缓脂肪以及蛋白质的氧化，提高肉制品的风味，但长期大量摄入会对人体健康造成损害，仅摄入 0.3~0.5g 就可引起中毒，而摄入量达 3g 会引起死亡。考虑到亚硝酸盐的严重危害性，我国国家标准 GB 2760—2024《食品安全国家标准　食品添加剂使用标准》明确规定了肉制品中亚硝酸盐的含量不得超过 30mg/kg。测定亚硝酸盐常规的方法主要有分光光度法和离子色谱法，此外，电化学、化学发光法、毛细管电泳法近年来也被用于亚硝酸盐的检测。利用无标记 SERS 法结合化学计量学，也可进行食品中亚硝酸盐的痕量检测检测。其原

理是通过将合成具有良好 SERS 效应的基底与待测的含有不同浓度亚硝酸盐的溶液混合，采集不同浓度下亚硝酸盐的拉曼光谱，将采集的光谱数据进行 PLS 建模，同时用国标方法（紫外分光光度法）与 SERS 方法进行对比，检验有无显著性差异，最终实现亚硝酸盐的快速、超灵敏检测。

（一）金银核壳纳米颗粒（Au@ Ag NPs）基底的制备

在持续搅拌的条件下，将 0.5mL $HAuCl_4$（0.1mol/L）和 200.0mL 超纯水混合，然后加热至沸腾。接着，向该溶液中滴加 3.0mL 柠檬酸三钠（10g/L），继续加热沸腾 30min，直到变为酒红色，逐滴添加 34.0mL $AgNO_3$（1.0mmol/L）溶液至上述沸腾溶液中，之后继续加入 8.0mL 的柠檬酸三钠（10g/L）并沸腾加热 30min，直至颜色变为橙黄色。最后，1.2×10^4rpm 离心条件下得到 Au@ Ag NPs。

（二）SERS 光谱的采集及定量模型的建立

将 Au@ Ag NPs 与待测的含有不同浓度亚硝酸盐的溶液混合，采集不同浓度亚硝酸盐的拉曼光谱［图 8-6（1）］，采用 PLS 建模方法对采集的光谱数据进行建模和分析，对亚硝酸盐浓度在 $10^{-9}\sim10^{-3}$mol/L 范围内进行数据建模。在进行模型构建之前，首先采用随机分组的方法将建模样本分为训练集和预测集，211 个样本中有 127 个样本被划定为训练集，而 84 个样本则用作预测集。整个数据建模过程是在 Matlab 7.10.0（Mathworks，Natick，USA）下进行的。之后，对模型的主要成分因子数进行优化，如图 8-6（2）所示，当主成分为 11 时模型取得最好的预测结果，训练集模型的相关系数（RC）为 0.967，交叉验证的均方根误差数（RMSECV）为 0.426。预测集相关系数（RP）为 0.9734，预测集均方根误差（RMSEP）为 0.383，模型预测的散点图如图 8-6（3）和图 8-6（4）所示。从结果可以看出，建立的模型预测亚硝酸盐的能力较好。

（三）实际样品的检测及分析

为进一步证明所构建的 PLS 结合 SERS 检测方法对实际样品中亚硝酸盐检测的可行性，分别使用建立的检测体系和标准法分光光度法对添加不同浓度亚硝酸钠的镇江肴肉进行预测。首先按照国标分光光度法建立标准曲线，结果如图 8-7 所示，标准曲线呈现较好的线性关系，相关系数达到 0.9951。将镇江肴肉进行预处理后用分光光度法进行测量，同时将添加亚硝酸盐的镇江肴肉进行预处理后，采集 SERS 光谱，利用构建的 PLS 模型预测亚硝酸盐值。将两种方法进行比较，比较结果如表 8-3 所示，t 检验的结果显示本方法与标准分光光度法的测定值之间无显著性差异。表明构建的检测体系能够应用到肴肉的检测。

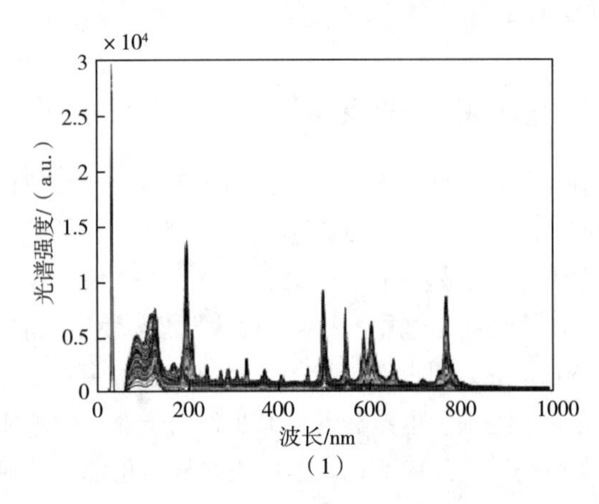

（1）

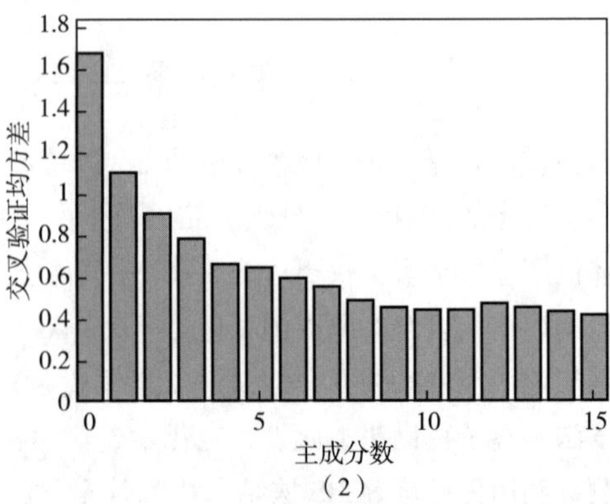

（2）

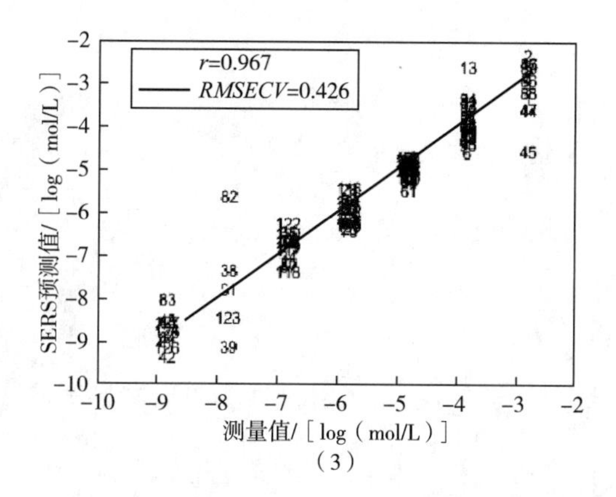

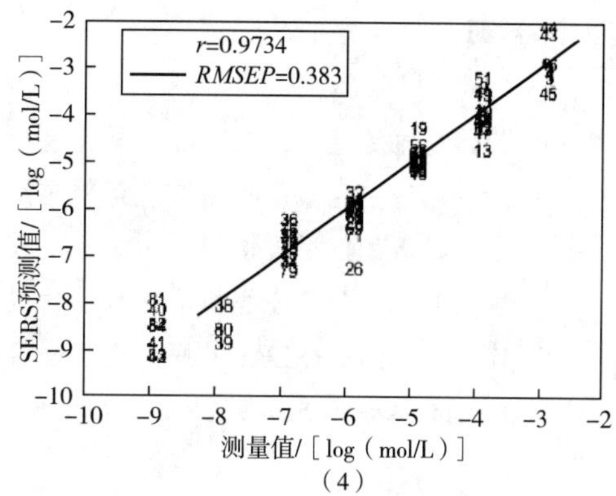

图 8-6　不同浓度亚硝酸盐的 SERS 原始光谱（1）PLS 的主成分因子图（2）和 SERS 光谱建立的 PLS 模型的训练集散点图（3）和预测集的散点图（4）

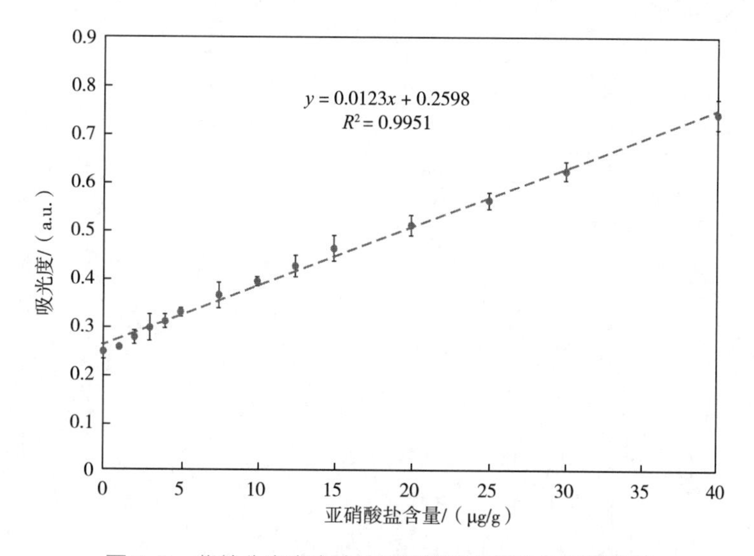

图 8-7　紫外分光光度法检测亚硝酸盐建立的标准曲线

表 8-3　SERS 法和标准方法检测镇江肴肉中亚硝酸盐

样本	亚硝酸盐的检测结果/（μg/g）（平均值±标准偏差）		t 检验结果 P=0.05 理论值：2.776
	本方法	标准方法	
Ⅰ类样本（n=5）	5.084 ± 0.237	5.171 ± 0.375	t=0.525（2.776）
Ⅱ类样本（n=5）	10.234 ± 0.462	10.358 ± 0.253	t=0.302（2.776）
Ⅲ类样本（n=5）	24.964 ± 0.654	25.187 ± 1.130	t=0.358（2.776）

思考题

1. 什么是拉曼光谱，它与红外光谱有什么区别和相似之处？

2. 拉曼光谱在食品检测领域有哪些应用？

3. 拉曼光谱如何用于检测食品中的成分？

4. 拉曼光谱在食品安全检测领域中的限制是什么？

5. 什么是SERS？SERS基底如何增强样品的信号？

6. 请讨论无标记SERS检测的优点和缺点。它与有标记型SERS检测相比有何不同之处？

7. 化学计量学方法是如何应用于拉曼光谱的？

CHAPTER 9

第九章 电化学分析法

学习目标

1. 掌握电化学和电化学分析法的基本概念、特点和分类，以及电化学分析法在食品分析中的主要功能和应用。

2. 理解电解和库仑分析法、电导分析法、电位分析法、极谱分析法和伏安分析法、电沉积-溶出分析法、微电极与活体分析法、生物电化学分析法、电化学联用分析八大类现代电化学分析法的原理。

3. 学习利用电化学方法有效测定食品中的重金属离子、农药及抗生素残留、食品添加剂和生物毒素致病菌等有害物质的技术。

第一节　电化学分析法概述及基本原理

一、概述

电化学是主要研究发生在两相界面处且伴随电子转移现象的一个化学分支学科，是化学与电学结合的产物。分析化学是一门研究物质的组成、结构及其含量的科学，是研究化学、生命科学、材料科学、食品科学和环境科学的手段和方法。分析化学按原理可以分为化学分析法和仪器分析法，其中电化学分析法（electrochemical analysis）属于分析化学的范畴，是仪器分析法的一个重要组成部分。电化学分析法是应用电化学原理和基于物质在溶液中的电化学性质及其变化规律而建立起来的一类仪器分析方法，具有准确度和灵敏度高、仪器简单、分析速度快、易实现自动化、信息化和智能化等特点。在物质形态和含量、化学性质和成分分析中，电化学分析方法是一种公认的快速、灵敏、简便、准确的微痕量分析方法。从海洛夫斯基介绍极谱法之后的20世纪30年代以来，随着极谱电流理论、伏安技术的不断发展，电化学分析法在理论上也不断深入、提高和创新，使其逐渐发展成为一门具有较强独立性的电分析化学（electroanalytical chemistry）学科。从现代意义上讲，电化学分析法的研究领域主要包括成分和形态分析、动力学和机制分析、表面和界面分析等方面的内容。电化学分析仪器简单、价格低廉，特别是在生物、医药、环境和食品分析等领域以及在河流、非水化学流动过程、熔岩及核反应堆芯的流体等一些苛刻的环境条件下越来越显示出强大的潜力和优越性。传统的电分析系统见图9-1。

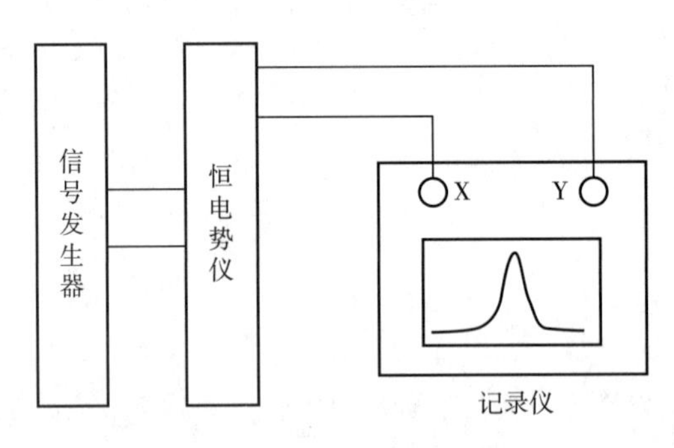

图9-1 传统的电分析系统

二、基本原理

传统的模拟电化学分析系统是多种设备的组合体，包括信号发生器、恒电势仪和记录仪等（图9-1）。其中恒电势仪输入所需的激励信号由信号发生器提供，工作电极的响应信号（即电解电流或电极电势），则用相应的函数记录仪记录下来。随着计算机技术的飞速发展，微型计算机化（微机化）的数字式电分析仪器应运而生。微机化的电化学分析系统如图9-2所示，计算机通过数字/模型转换器（DAC）产生恒电势仪所需的电压波形，从而使DAC实现信号发生器的功能。而工作电极的响应信号则是通过模型/数字转换器（ADC）转换成数字信号，存储在计算机的存储器（RAM）中，这个过程称为数据采集过程。采集的数据通过计算机程序进行分析处理，进而输出分析结果。根据测量电化学参数不同，并考虑当前电化学分析的实际应用领域及前沿发展领域，现代电化学分析法主要分为八大类：①电解和库仑分析法；②电导分析法；③电位分析法；④极谱分析法和伏安分析法；⑤电沉积-溶出伏安法；⑥微电极和活体分析法；⑦生物电化学分析法；⑧电化学联用分析。

（一）电解和库仑分析法

电解分析法和库仑分析法是化学电池中有较大电流流过的电分析化学方法。其测量过程是在电解池的两个电极上，外加一定的直流电压，使电解池中的电化学反应向着非自发的方向进行，当电流通过化学电池时，电解质溶液在两个电极表面发生氧化-还原反应，此时电解池中有电流通过，即产生电解。按进行电解后所采用的计量方式的不同，可将这类方法分为电解分析法和库仑分析法。

1. 电解分析法

电解分析法是通过称量在电解过程中，沉积于电极表面的待测物质的质量为基础的电分析方法，又称电重量分析法。实现电解分析的方式有三种：控制外加电压电解、控制阴极电位电解和恒电流电解。近年来，电解分析法作为一种分离技术，有效地应用于分析试样的制备，如

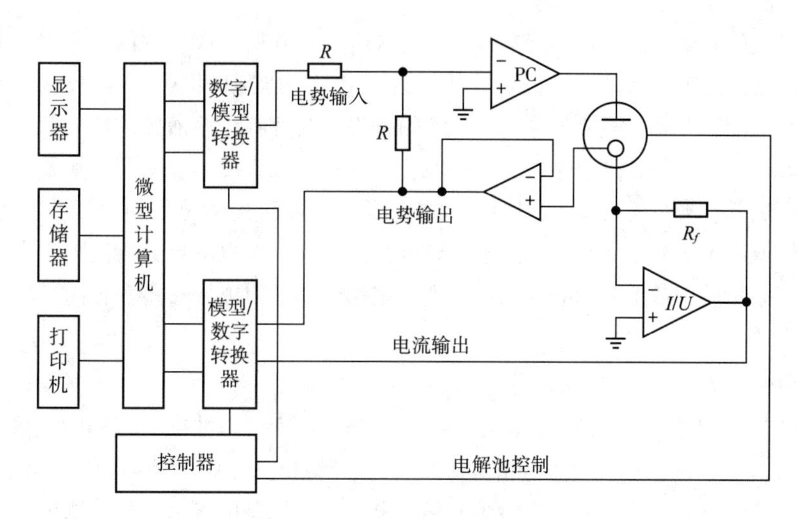

图 9-2　微机化的电分析系统

难溶重金属盐的分解，高价态金属离子的制备以及某些光谱分析样品的预处理与富集等。此种方法由于耗时长且特效性差，已经很少应用。

2. 库仑分析法

库仑分析法是在电解分析法的基础上发展起来的一种分析方法。库仑分析法的基本原理与电解分析法相似，是在适当条件下通过测量待测物质发生氧化还原反应所消耗的电量，并根据法拉第电解定律计算被测物质量的一种电化学分析法。由于库仑分析是基于电量的测定，因此不一定要求待测物质在电极上沉积，但是测定过程中要求电极反应的电流效率达到或非常接近100%。如果电流效率较低，只要知道确切数值，也可用于测定，但要求损失的电量具有重现性。

在库仑分析中，根据被测物质在电极上直接或间接进行的电解反应，可以分为初级库仑分析和次级库仑分析。初级库仑分析是由被测物中电活性组分不断电转化所消耗的电量来进行定量分析的方法，它只要求电极反应定量进行。凡是通过被测物质和某一辅助试剂的电极反应产物而进行定量化学反应过程中所消耗的电量来测定被测物质含量的，称为次级库仑分析法。次级库仑分析法不但要求电极反应定量发生，而且要保证次级反应定量进行，一般应用在酸碱反应、氧化还原反应以及沉淀和配合物的形成反应中。根据电解进行的方式不同，可将库仑分析法分为控制电流库仑分析法（或恒电流库仑滴定）和控制电位库仑分析法。控制电流库仑分析法是建立在控制电流电解过程的基础上，用恒电流电解，在溶液中产生滴定剂以滴定被测物质来进行定量分析的方法。控制电位库仑分析法是建立在控制电位电解过程的基础上，在电解过程中，将工作电极电位调节到一个所需要的数值并保持恒定，直到电解电流降为零，然后由库仑计记录电解过程中所消耗的电量而计算出被测物质的含量。通常，恒电流技术只适用于包含次级反应的过程，恒电流库仑滴定中电解电流可以根据被测物质含量任意选择，从而使滴定过程在很短的时间内完成，仪器装置比较简单。相比较而言，控制电位技术则可应用于初级和次级两种过程，控制电位库仑分析法根据各种被测物质的电化学特性准确的控制电极电位而达到分别测定的目的，具有较好的选择性，但所需要的电解时间较长，分析速度较慢。

（二）电导分析法

在外加电场的作用下，电解质溶液中的正、负离子以相反的方向定向移动而导电。电导分析法是一种经典的分析方法，它的基本原理是溶液电导与它所含离子的浓度有关。电导分析法是以测量被测溶液的电导为基础的分析方法，因为电导是电阻的倒数，所以测量溶液的电导，实际上是测量溶液的电阻。溶液的电导在一定的条件下与存在于溶液中的离子数目、离子所带的电荷数及离子淌度有关。以上这些又与电解质的性质、电解质的强弱及电解质浓度的大小有关。电导分析法具有极高的灵敏度，应用于测定电解质溶液的溶度积、解离度和其他一些特性，但由于导电性取决于溶液中所有共存离子的导电性的总和，所以电导分析法不具有选择性或专属性。对于复杂物质中各组分的分别测定受到一定的限制，但电导法是一种简单方便而且十分灵敏的分析方法。

（三）电位分析法

电位分析法是利用电极电位和溶液中某种待测物质活度（或浓度）之间的关系来测定被测物质活度（或浓度）的一种电化学分析方法。它是以测量电极电动势为基础，其化学电池的组成是以待测液为电解质溶液，并向其中插入两支电极，一支是电极电位与被测试液的活度（或浓度）有定量关系的指示电极，另一支是电位稳定不变的参比电极。通过测量该电池的电动势来确定被测物质的含量。电位分析法具有如下特点：选择性高；在多数情况下，共存离子干扰小，对组成复杂的试样往往不需经过分离处理就能直接测定；灵敏度高。直接电位法的相对检出限一般为 $10^{-8} \sim 10^{-5}$mol/L，特别适用于微量组分的测定；电位滴定法则适用于常量分析，仪器设备简单，操作方便，试剂溶液用量少，易于实现自动化分析，并可做无损分析和原位测量。因此，电位分析法应用范围广泛，尤其是20世纪60年代以来，由于膜技术的不断发展，离子选择性电极（ISE）相继研制成功和应用，促进了电位分析法发展，使其广泛用于环保、医药、食品、海洋探测等各个领域，并已成为重要的测试手段。电位分析法根据其原理的不同主要分为直接电位分析法和电位滴定分析法两大类。

1. 直接电位分析法

直接电位分析法是通过测量电池电动势来确定指示电极的电位，然后根据能斯特（Nernst）方程，由所测得的电极电位值计算出被测物质的含量。本法是较普遍的定量分析方法，其种类很多，典型的方法有直接测定法、标准加入法、格氏作图法和零点电位法等。具体的定性定量分析方法在本章第三节进行详细介绍。

2. 电位滴定分析法

电位滴定分析法是通过测量滴定过程中指示电极的电位变化来确定滴定终点，再按滴定所消耗标准溶液的体积和浓度来计算待测物质的含量。该法实质上是一种容量分析方法。电位滴定分析法的基本原理是将指示电极和参比电极插入待测溶液组成电池，用手动滴定管或电磁阀控制的自动滴定管向待测溶液中滴加滴定剂，使之与待测离子定量发生化学反应。随着滴定反应的进行，溶液中待测离子的浓度不断发生变化，导致指示电极电位及电池电动势的相应改变。当滴定到达终点时，待测离子浓度的突变引起电池电动势的突跃，然后由精密毫伏计（或pH计）的读数可判断滴定终点的到达。根据滴定剂和待测组分反应的化学计量关系，由滴定过程中所消耗的滴定剂的量即可计算待测组分的含量。

电位滴定分析法与化学滴定分析法（容量分析法）的根本区别就在于判断滴定终点的方法不同。由此可见，电位滴定分析法判断滴定终点更为准确、可靠，可用于无法用指示剂判断终点的浑浊或有色溶液的滴定，并可用于常量滴定和微量滴定。

3. 离子选择性电极

离子选择性电极（ISE）是一类电化学传感体，它的电位与溶液中所给定的离子活度的对数呈线性关系。其基本原理是以电极电位形式指示溶液中特定离子的活度，它是指示电极的一种，对给定离子（或电活性物质）具有能斯特响应，因此离子选择性电极都有一个敏感膜，故又称膜电极。离子选择性电极具有结构简单牢固、元件灵巧、选择性高、灵敏度好、响应速度快以及便于携带等特点。目前，除常规应用外，在环保、食品安全、空间探测、生化及生命科学等领域中都有特殊的用途，已在电分析化学中占据了主导地位。

（四）极谱分析法和伏安分析法

1. 极谱分析法

经典极谱分析法（polarography），即 DC 极谱法，由捷克化学家海洛夫斯基于 1922 年所创立。1918 年海洛夫斯基从事研究电解质溶液中汞表面张力随电位变化的毛细管曲线，后来在其装置的线路中串入一个灵敏的检流计，研究电流与电位的关系，于是便创立了极谱分析法，并经过数十年的不懈努力，于 1959 年获得诺贝尔化学奖。

极谱分析法以滴汞电极或其他液态导电金属电极为工作电极，同时该液态工作电极的表面在不断地随时或定时更新，以保持每次测定时电极表面都有周期性相同的状态和表面积，从而保持电极每次测定时都有相同的电化学性能。在常温下，液态导电金属材料主要为汞，在分析测定时具有较好的重现性、精密度和较高的灵敏度，可以测定含量很低的金属离子、金属离子的配合物等，在一定电压范围内，所有可以在电极表面进行电化学氧化还原物质均可以进行测定。早期的极谱分析法由滴汞电极和参比电极（或汞池）组成两电极体系，在两个电极之间加上缓慢变化的恒定电压或直流线性扫描电压，同时测量通过工作/指示电极的电流大小，记录电压与电流曲线图，从图中测量电流变化，进而计算测定溶液中电活性物质的含量。极谱分析法在电分析方法的理论和技术发展曾经起到了重要的作用。

2. 伏安分析法

伏安分析法（voltammetry）是以贵金属（如金、铂等）、玻碳电极以及惰性导电的金属或非金属材料等作为电极，其电极表面由静止的液体或固体电极作为工作电极，并在不搅动的测试溶液中对工作电极上的实时电流进行测定，并做出电极电位（V）与电极电流（A）的关系曲线，简称伏安图。伏安分析法是将直流线性扫描电压加在工作电极与参比电极之间，测量指示/工作电极与辅助电极环路上通过的电流大小，记为电极电流；记录直流线性扫描电压与电极电流的曲线图，从曲线图中测量伏安极谱峰的大小，根据峰高或峰面积进而计算测量物质的含量。伏安分析法主要包括以下几类：线性扫描伏安法、循环伏安法、卷积伏安法和溶出伏安法等。

电化学伏安分析法的测定体系由电极体系和溶液体系构成，电极体系有两电极体系（工作电极与参比电极）和三电极体系（工作电极、参比电极与辅助电极）之分。两电极体系中将参比电极与辅助电极的测量端连接在一起，由参比电极代替辅助电极的作用。这种两电极体系，由于通过工作电极的电流全部通过参比电极，容易造成参比电极的电位漂移和不稳定。此外，两电极体系会受到溶液电阻的影响，造成伏安信号的下降和位移，因此一般推荐使用三电极体系进行测量。图 9-3 是三电极电化学测量系统的示意图，具有电化学氧化还原活性的物质在工作电极表面上进行电化学反应，电化学反应转移的电子通过工作电极形成电流信号。由于电化学分析测定的基本都是微量或衡量的物质，形成的电极电流往往很弱，需要通过恒电位仪或电化学测试仪器进行微电流的检测放大。参比电极是为了给工作电极提供一个参考电位，要求其中使用过程中稳定可靠，一般使用饱和甘汞电极、银-氯化银电极等。在使用中要求恒电位仪的参比电极输入端的输入阻抗尽可能高，从而保证电流不通过参比电极。辅助电极一般采用惰性贵金属铂片或铂丝，其主要作用是给工作电极提供电流的通路，与工作电极的电流形成闭环回路。由于参比电极上的电流很小可以忽略，所以通过工作电极的电流与辅助电极的电流相等。溶液体系主要由支持电解质底液、酸碱缓冲溶液、被测物质等组成。支持电解质的加入是为了减小或消除溶液电阻的影响，进而减小电流通过工作电极与辅助电极之间的溶液时形成的电压降。

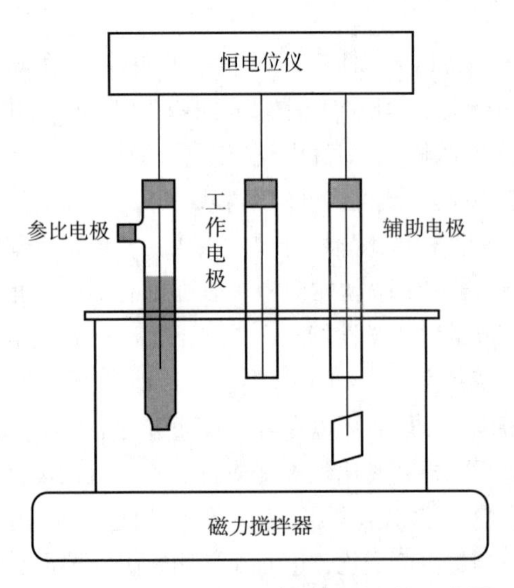

图 9-3　电分析化学三电极测量系统示意图

(五) 电沉积-溶出分析法

电沉积-溶出分析法又称溶出伏安法，是一种高灵敏的电化学分析方法，其分析过程主要分为两个步骤：①富集过程，一般是通过电解或吸附作用使被测物质富集在电极表面；②电化学溶出过程，即通过电位扫描使已经富集在电极表面的被测物质发生氧化或还原反应，记录此时的电流-电压（I-E）曲线，并据此进行定量测定。经过富集步骤，被测物质由极稀的试液富集到微小体积的电极表面，富集倍数可以达到 1000 倍以上，因此即使被测物质浓度很低，也可以获得较大的法拉第电流信号。从溶出过程的电化学性质来区分，可把溶出伏安法分为三大类：阳极溶出伏安法、阴极溶出伏安法和吸附溶出伏安法。溶出伏安法比普通极谱法的灵敏度大大提高，其检测范围为 10^{-10} ~ 10^{-6}mol/L，检出限甚至可以低至 10^{-12}mol/L，是痕量分析的有效手段。

(六) 微电极与活体分析法

超微电极通常简称微电极，20 世纪 70 年代末开始成为电化学和电分析化学的前沿领域和研究热点。超微电极包括电极的一维尺寸为微米（10^{-6} m）级和纳米（10^{-9} m）级的两类电极。前者称为微米电极，后者称为纳米电极。电极的一维尺寸大于毫米（10^{-3}m）级的电极称为常规电极。当其一维尺寸从毫米级降低至微米级时，表现出许多常规电极无法比拟的优良电化学特性，如传质快、能够迅速达到稳态电流、电流密度大、电阻降低、时间常数小等，这就为人们探索物质的微纳米结构和生物活体分析提供了一种强有力的工具。微米电极由于体积小更适用于微体系和活体检测。

电解是指在电解池的两个电极上，施加一定的电压以改变电极电位，使电极上发生化学反应而产生电流的过程。超微电极上的电解过程和常规电极上的电解过程除了形式和大小有所不同外，两者并无本质的区别，可以分为控制电位电解过程和控制电流电解过程两类。前一类是研究电解作用发生后电流和电位之间的关系，称为伏安法。如果电流大小与时间无关，称为稳态伏安法；如果电流为时间的函数，则称为非稳态伏安法。后一类是在恒电流的条件下测量电位随时间的变化，称为计时电位法。由于超微电极上所需控制的恒电流数值应该在纳安（nA，10^{-9}A）和皮安（pA，10^{-12}A）级，技术上有一定的难度，相比较而言，超微电极伏安法研究工作相对较多。

与常规电极的一维扩散理论不同，超微电极的电化学理论建立在多维扩散基础上。垂直于电极表面的扩散作用称为线性扩散，沿着半径方向的扩散称为非线性扩散或径向扩散。对于有限尺寸的电极，电流经过一定时间衰减后达到稳态，这个稳态电流来自非线性扩散。当电极的半径很大时，线性扩散起主导作用，稳态电流密度较小。而半径很小的超微电极，在电极的表面能形成半球形的扩散层，非线性扩散（即边缘效应）起主导作用，线性扩散只起次要作用，因而所得的电流在短时间内即能达到稳态，而且具有很大的电流密度。在电流-电势图中呈现为：常规电极上呈现经典的峰形循环伏安图，而超微电极上则呈现稳态的“S”形电流-电势曲线。

在动物脑内，主要是通过神经递质来传递化学信息的，这些物质包括胆碱类、神经肽类和氨基酸类以及葡萄糖、乳酸、谷胱甘肽、抗坏血酸等一些重要的生理活性物质。这些化学信息物质的实时动态以及在体内分析对于脑神经科学的研究具有重要意义。采用电化学的超微电极方法研究和测定动物脑内与神经传导有关的内源性物质，使得神经化学事件的研究范围从隔离的细胞胞吐拓展到在体神经物质的传递。目前，超微电极技术已经发展成为研究脑内和单细胞内生物变化过程非常有用的工具。超微电极由于体积小，在生物体研究中不会损坏组织或不因电解破坏测定体系的原有平衡，能适应生物体内错综复杂的生理环境。许多重要生物变化是在毫秒时间尺度上发生的，可以通过超微电极结合电化学技术来研究。由于碳纤维电极具有生物相容性好、对细胞损伤小、稳定性好等优点，与电化学技术相结合可以提供、时间分辨率高、选择性好和灵敏度高的测量，因此广泛应用于在体分析，特别是无损微测分析领域。

（七）生物电化学分析法

在生命科学的研究中，需要对各种各样的生物分析进行分离、鉴定和结构表征，这就要用到各种各样的分析方法，如电泳法、色谱法、免疫法及各种用于分子结构测定的近代仪器分析方法等。由于生物体是一个十分复杂的体系，各种生物组分的分子质量相差极大，许多组分的含量极微，且许多生物组分没有电化学活性，蛋白质等大分子化合物有吸附作用，给电化学分析带来一定的困难。因此，将电化学分析技术应用于生物物质的研究，便开拓了电化学分析的新领域——生物电化学分析。近十年来，生物电化学分析已经取得了进步，除了常规的各种极谱法、溶出伏安法和循环伏安法外，活体伏安法、电化学免疫法、生物电化学传感器等方面的发展引起人们的关注。生物电化学传感器是模拟生物细胞的识别机能，用特定的分子认识机能物质来识别化学物质，并将这种化学信号转变为电信号的装置。伏安分析法是一种将微电极插入生物或体内，直接进行测定的伏安法。电化学免疫法是一种将免疫法的高选择性与电化学发光的高灵敏性结合在一起的测试方法，主要包括伏安免疫法和免疫传感器。下文将对伏安免疫法和生物电化学传感器作介绍。

1. 伏安免疫法

免疫法是一种极其重要的生物化学方法，是基于抗体（antibody，Ab）与抗原（antigen，Ag）或半抗原（hapten）之间的高选择性反应而建立起来的方法，具有选择性高、检出限低的优点，可以应用于各种抗原、半抗原或抗体的测定。伏安免疫法是一种将高选择性的免疫法与高灵敏性的伏安法相结合的电化学免疫法，按照标记方法不同，通常可以分为酶标记伏安免疫法和非酶标记伏安免疫法。酶标记伏安免疫法是通过酶的催化作用，产生一种电活性物质，再用适当的电化学手段进行测量的方法。酶标记伏安免疫法由于利用酶的催化作用，因而灵敏度更高。非酶标记伏安免疫法通常利用抗体或抗原本身的电活性，或者通过适当的化学反应进行标记，使其产生电活性，然后再用电化学方法测量。该方法不涉及酶的操作技术，适合在一般化学实验室中进行，但灵敏度一般较低。在上述两种方法中，根据是否将抗体-抗原结合物与游离抗体或抗原进行分离，又可将伏安免疫法分为非均相免疫法和均相免疫法。

（1）酶标记伏安免疫法

①非均相法：此法又可分为竞争反应定量法和形成夹心式化合物的定量法。

竞争反应定量法：首先将抗原固定（惰性吸附或共价键合）在聚苯乙烯容器表面上，表面上其他空位置用吐温 20 结合，然后将酶标记的抗原（Ag^*）和抗原试样（Ag）加入容器中，使其与容器表面上有限的抗体发生竞争反应，经过一定时间后，洗去游离的抗原。此时，由于竞争反应的结果，与容器表面上抗体相结合的标记抗原量与试样中的抗原量成反比。加入基物 S 使其与 Ag^* 中的酶作用，得到电活性产物 P，再用伏安法进行检测。

形成夹心式化合物的定量法：将抗原试样加入固定于一定量抗体的容器中，使抗原和抗体发生反应，达到平衡后，洗去过量的酶标记抗体，再加入适当量的基物 S，这时，在酶的催化作用下，基物 S 转变为具有电活性的产物 P，再用伏安法进行测量。这种情况下，电信号与被测抗原成正比。

上述酶标记的非均相伏安免疫法，具有灵敏度高的特点，尤其是这种方法可以将试样溶液中可能存在的干扰物质（如蛋白质）分离，提高方法的选择性，唯一的缺点是操作较复杂。

②均相法：均相分析法在溶液中进行，不涉及 Ag^* 和 Ag 的分离步骤，其基本原理是根据 Ag^* 和 Ab 反应形成 $Ab:Ag^*$ 后，使 Ag^* 的催化活性相应地减小而进行测定。这种方法中，被测抗原和一定量的酶标记抗原与抗体在溶液中发生反应，由于竞争反应的结果，一部分 Ag^* 形成了 $Ab:Ag^*$ 后，使 Ag^* 的催化活性降低，因而减小由基物 S 产生电活性物质 P 的量，由此可计算出试样中抗原的含量。均相法比较简单，但灵敏度较低，干扰因素相对较多。

（2）非酶标记伏安免疫法　此法不涉及酶的操作技术，在这种方法中，可直接利用抗体或抗原的电活性，或者通过适当的化学方法，使其转变为具有电活性的物质，从而利用免疫反应进行测定。非酶标记伏安免疫法也分为非均相法和均相法。

例如，测定雌三醇抗体可以采用均相法。雌三醇是非电活性物质，将其硝基化后，即转变为具有电活性的二硝基雌三醇（Ag^*），它可用示差脉冲极谱法进行测定，如溶液中加入雌三醇抗体（Ab），形成 $Ab:Ag^*$ 后，二硝基雌三醇即转变为非电活性物质，因此，利用这一均相免疫反应，可以测定雌三醇抗体的含量。

2. 生物电化学传感器

生物电化学传感器是将电化学方法应用于生物传感器上的一种技术。具体而言，生物电化学传感是将生物化学反应能转变为电信号的一种装置。重要的生物电化学传感器有酶传感器、细菌传感器、组织传感器和免疫传感器等。

（1）酶传感器　酶传感器的制作是将对待测物具有选择性响应的酶层分子固定在离子选择性电极表面。待测物可以是各种有机物，在酶的催化作用下生成或消耗某些能被电极所检测的催化产物，根据电极对催化产物特殊的响应信号（电流、电势、电导等），可以测得产物的浓度。用于测定葡萄糖的酶传感器是经典生物电化学传感器之一，基于下列生物化学反应：

$$\text{葡萄糖}+\text{氧气}\xrightarrow{\text{葡萄糖氧化酶}}\text{葡萄糖酸}+\text{过氧化氢}$$

可见，氧的消耗量或过氧化氢的生成量是与被测物葡萄糖的含量有关的。因此，通过电极法测得氧的消耗量或过氧化氢的生成量，即可测得葡萄糖的含量。

（2）细菌或组织传感器　酶是从各种细菌和动物组织中分离提取出来的，离开原来的自然环境后，便相当不稳定，极易失去其生物活性，因此酶传感器的劣势在于其使用寿命较短。然而，由细菌或组织制成的传感器，其稳定性要好得多，但选择性不如酶传感器，因为细菌或组织中可能有多种功能的酶同时存在。氨基酸的测定是细菌或组织传感器应用的一个例子，其原理如下：

$$\underset{\displaystyle\text{COOH}}{\text{R—}\overset{}{\underset{|}{\text{CH}}}\text{—NH}_2}\xrightarrow[\text{氨基酸氧化酶}]{\text{细菌或组织中的}}\underset{\displaystyle\text{COOH}}{\text{R—}\underset{|}{\text{C}}\text{=O}}+\text{NH}_3\uparrow$$

氨基酸扩散至电极表面上的细菌膜或组织膜中，被氨基酸氧化酶催化分解，产生一定量的氨气，此氨气分子再扩散至电极与生物膜间隙的溶液中，则可用氨气敏电极进行测定，由此可以求得试液中氨基酸的含量。与酶传感器相比，细菌或组织传感器的使用寿命较长，而且可以避免酶的提取和纯化手续，但响应时间一般较长，这是由于被测物必须先扩散到细菌或组织中，通过酶促反应将其转换为电极可响应的产物，而后产物才扩散到电极表面进行检测，这一过程相对比较缓慢。

（3）免疫传感器　免疫传感器是一种能检测抗原或抗体的传感器。如测定乙型肝炎抗原的免疫传感器，制备这种电极时需将乙型肝炎抗体固定在碘离子选择性电极表面的蛋白质膜上。测定时将此电极插入含有乙型肝炎抗原的溶液中，使抗体与抗原结合，再用过氧化物酶标记的免疫球蛋白抗原处理，这就形成了抗原与抗体的夹心结构。将此电极插入过氧化氢和碘化物的溶液中，则在过氧化物酶标记的免疫球蛋白的催化作用下，过氧化氢被还原，而碘化物因被氧化而消耗。碘离子浓度的减小量与乙型肝炎抗原的量成正比的，由此可求算出乙型肝炎抗原的浓度。

（八）电化学联用分析

1. 光谱电化学技术

电化学方法和技术既可以提供电极/溶液界面上所发生的电化学反应的热力学信息，也可以提供动力学信息。然而，单纯的电化学实验的确很难准确地识别出电活性物质，通常需要一种已知的标准物质作为参考来推断未知物质是哪种分子或离子。另外，电化学实验只能提供有限的、间接的信息，对于氧化还原反应所伴随着物质结构变化、反应物和生成物的吸附取向、排列次序等分子水平的信息往往需要借助于光谱技术进行鉴定。光谱测定可分为现场（in situ）

和非现场（ex situ）测定方法。非现场方法是在电化学反应发生后，将电极从电化学反应池中取出再进行测定。现场测定是将电化学方法和光谱技术串联在一起，在一小体积电解池内同时进行电化学反应和光谱测定的方法，即通常意义上所讲的光谱电化学。一般而言，以电化学为激发信号，以光谱技术进行检测，各自发挥其特长，用电化学方法容易控制物质的状态和物质定量产生等，而用光谱方法则有利于鉴别物质。利用光谱电化学方法所得的光谱直接反映了电极表面发生的电化学变化，突破了传统电化学方法仅仅依靠测量电流、电极电位、双电层电容、表面张力等间接参数的局限性。光谱电化学技术主要包括紫外-可见光谱电化学技术、发光光谱电化学技术、振动光谱电化学技术等类型。

2. 电化学发光分析

电化学发光（electrochemiluminescence）又称电致化学发光，是指在电极上施加一定的电压使得反应物进行电化学反应，然后电极反应产物之间或者是电极反应产物与体系中某组分进行化学反应，通过测量发光光谱和发光强度，对物质进行定量的一种痕量分析方法。电化学发光反应包括两个过程，即电化学反应过程和化学发光反应过程，其中电化学反应过程提供发生化学发光反应的中间体，随后这些中间体之间或中间体与体系中其他组分之间发生化学反应产生激发态的物质，激发态的物质不稳定，当其返回基态时伴随着发光现象。电化学发光原理和化学发光原理基本相同，可分为直接化学发光和间接化学发光。直接化学发光是物质 A 和 B 反应，产生激发态 C^*，C^* 为发光物质，返回基态时发出可以检测的光。间接发光为物质 A 和 B 反应，同样产生中间体 D^*，假如体系中存在另一种易于接受能量的荧光物质 F，D^* 会把能量传给 F，使得荧光物质接受了能量从基态跃迁至激发态 F^*，当激发态分子 F^* 返回基态时，将以光的形式放出一定的能量，从而产生发光现象，其发光体为荧光物质，发光波长与荧光物质的荧光发射波长相一致。

第二节　电化学分析仪器的结构

电分析化学测量都遵循一定的程序进行，如图 9-4 所示。而实际分析过程可概况为三个主要步骤：实验条件的控制、实验结果的测量和实验数据的解析。具体过程如下：

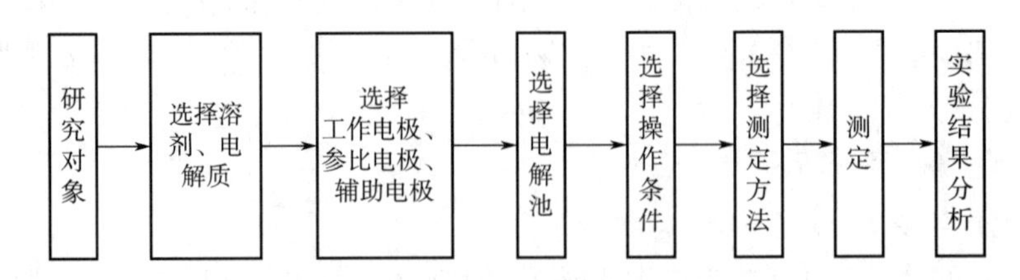

图 9-4　电分析化学测试过程示意图

1. 实验条件的控制

必须基于具体分析目的来确定，主要考虑两个方面。一方面是电化学分析实验体系的确定，包括研究对象；溶剂的选择、支持电解质溶液；工作电极、参比电极、辅助电极；电解池；反应体系温度、压强等。另一方面是电化学分析方法和技术的确定：在一定的实验条件下，对其实施控制，使研究过程占据主导地位，降低和清除其他基本过程的干扰，完成电化学分析实验测量；选择适当的电化学方法和技术，控制电极反应时间和程度。

2. 实验结果的测量

包括电极电势、电流、电量、阻抗、电容、频率等电化学参数的测量，测量要保证具有足够的精度和足够快的速度。现在市场上的商品化的电化学测量仪器包括电化学工作站或电化学综合测试系统，可方便、快速、准确地完成测量工作。

3. 实验数据的解析

采用基于理论推导出来的电极过程的物理模型和数学模型，配合作图等方法对实验数据进行定性分析和定量分析。

传统的模拟电化学分析系统是多种设备的组合体，包括信号发生器、恒电势仪和记录仪等（图 9-5）。其中恒电势仪输入所需的激励信号由信号发生器提供，工作电极的响应信号（即电解电流或电极电势），则用相应的函数记录仪记录下来。

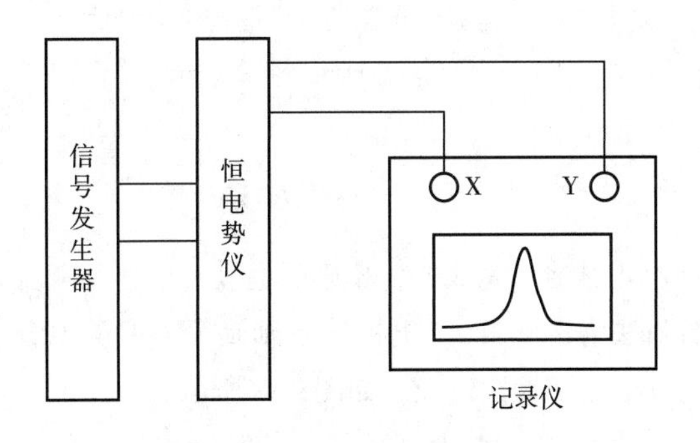

图 9-5　传统的电分析系统

随着计算机技术的飞速发展，微型计算机化（微机化）的数字式电分析仪器应运而生。微机化的电化学分析系统如图 9-6 所示，计算机通过数字/模型转换器（DAC）产生恒电势仪所

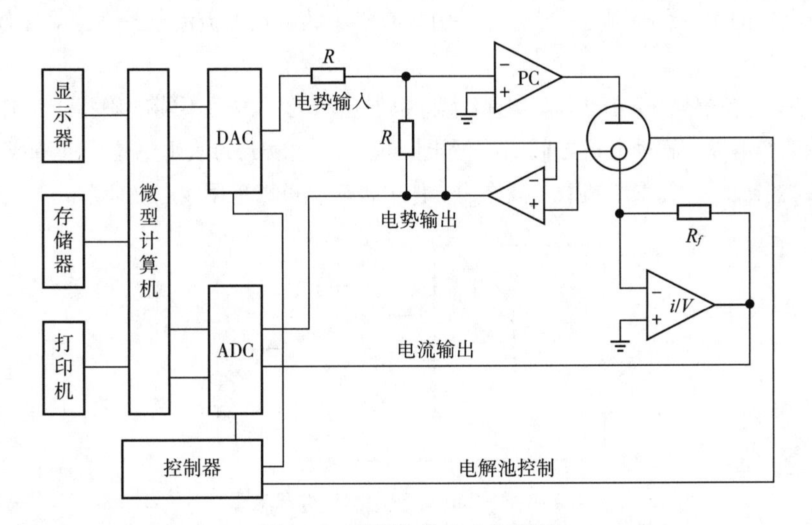

图 9-6　微机化的电分析系统

需的电压波形，从而使 DAC 实现信号发生器的功能。而工作电极的响应信号则是通过模型/数字转换器（ADC）转换成数字信号，存储在计算机的存储器（RAM）中，这个过程称为数据采集过程。采集的数据通过计算机程序进行分析处理，进而输出分析结果。

实际上，电化学过程所涉及的电极反应不仅包括电极表面上的电荷反应转移反应，还包括电极表面附近溶液中的传质和一些相关的化学步骤，如图 9-7 所示，这些步骤有些可以同时发生，有些是连续发生。接下来，将归纳总结电化学分析测量实验装置所涉及的实验参数和条件。

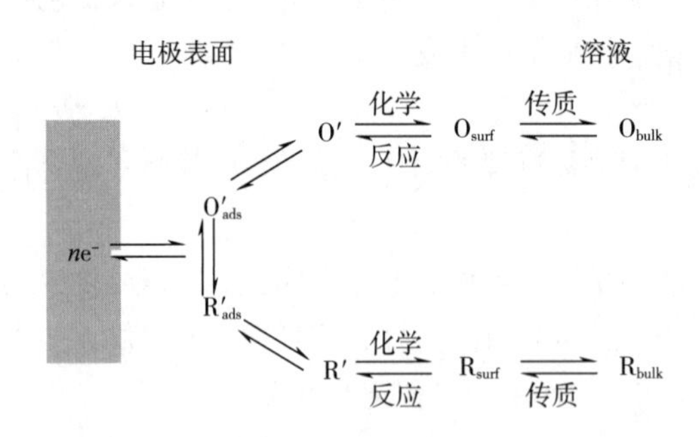

图 9-7　电极反应包括的界面和化学过程

O、O′—氧化态　R、R′—还原态　ads—吸附态　surf—表面　hulk—本体

一、三电极体系

电化学分析测量是在电化学池中完成的，相应的电极反应体系至少含有两个电极（以电解分析、电导分析和电位分析法为例），而三电极体系则是最普遍的电分析化学测量体系。三电极体系包括工作电极、辅助电极和参比电极，如图 9-8 所示。

工作电极（WE）表面的电化学反应是实验研究的对象。

辅助电极（又称对电极，CE）的作用是提供极化电流的流通，它与工作电极构成电子回路，实现对极化电流的测量和控制。

参比电极（RE）的作用是用来确定工作电极的电势，它与工作电极构成电子回路，实现对工作电极电势的测量和控制。由于该回路中只有极小的测量电流流过，不会对工作电极的极化状态产生干扰。

如果采用两电极体系，由于辅助电极本身也发生极化，因而不能准确指示工作电极的电势。此外，工作电极和辅助电极之间的溶液电阻也会产生较大的欧姆电位降，造成测量误差。当然，在某些情况下，如采用超微电极作为工作电极时，可以采用两电极体系。

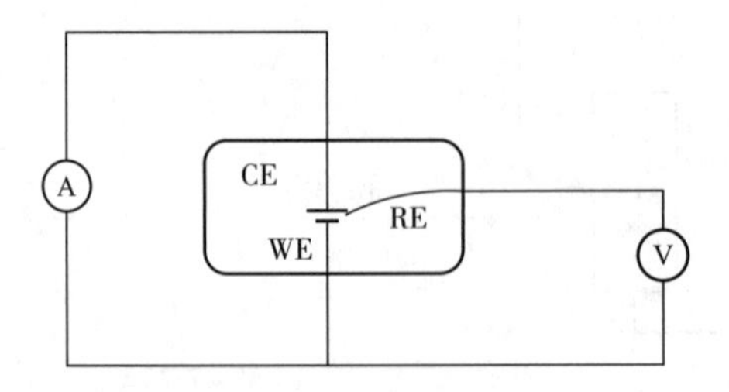

图 9-8　三电极体系电路结构示意图

WE—工作电极　CE—辅助电极　RE—参比电极

二、工作电极

工作电极是电分析化学测量的主体，各种各样能导电的固体材料均可用作工作电极。但是，电极材料、结构以及表面状态对于电极反应影响很大。一方面，不同的电极材料会呈现不同的热力学电极电势；另一方面，电极材料、结构以及表面状态的变化，可能改变电极反应的历程和动力学。在实际电分析化学测量过程中，通常根据具体的研究对象选择适当的工作电极。用作固体工作电极的材料所应具备的基本条件如下：高电导率；坚硬耐磨；微结构均匀；物理、化学以及电子特性均可再生；化学惰性好；背景电流低且稳定；在较宽的电位范围内，形态和微结构能够保持稳定；对较多的氧化还原体系，电子转移动力学很快；构造简单，价廉易得。

电化学反应是异相反应，反应动力学由电极-电解液界面性质和界面反应物浓度所控制，因此电极表面的物理、化学、电子性质非常重要。高质量的电分析化学测试所面临的一个挑战就是要可再生地控制电极的物理化学性质，使得分析物有较低的背景电流和较快的电子转移速率，拥有这样性质的电极称为“活跃的”或处于“活化的状态”。活化是通过对电极的预处理实现的。当具有氧化还原性的分析物溶解于溶液中或者固定在电极表面时，预处理可以通过改变电极的表面形态、微结构来降低背景电流和加快反应动力学。

本节概述常用的固体电极材料、电极预处理方法和性能，着重讨论金属（铂和金）电极、半导体电极（氧化铟锡，ITO）和碳材料电极（玻碳、碳纤维），介绍电极材料如何制成，预处理方法如何起作用。

（一）金属电极

可用于固体金属电极的材料有很多，包括铂、金、镍、钯等，其中铂和金最为常用。一般来说，对于很多氧化还原体系，金属电极的电子转移动力学很快，阳极电位窗相对较宽。由于阴极会有氢气产生，所以金属电极的阴极电位窗相对受限。在金属电极的背景伏安曲线中，单位几何面积的总电流比碳电极的要大，而且伴随发生表面金属原子的氧化/还原、H^+和其他离子的吸附/脱附等过程。金属电极表面的氧化物可能会改变其在一些体系中的反应动力学和机理，从而造成电分析测试结果的多变性。而离子的特性吸附使金属电极异相电子转移速率常数对电解液成分更加敏感，例如，阴离子 Cl^-、Br^-、I^-、CN^-、S^{2-} 等在金属表面的特性吸附会堵塞电化学反应的活性位点，改变反应的动力学和机理。因此，在实际选取电分析化学测量工作电极材料时，要充分考虑研究目标以及支持电解质的离子性质。

（二）氧化铟锡电极

氧化铟锡（ITO）即掺锡氧化铟，是一种 n 型宽能带隙的半导体，尤其是在结合了电化学、光谱学的光电化学测试中广泛应用。其优点包括电导率高（10^{-8}S/m）、光学透明度高（85%）、物理和化学性能良好以及对于许多种类基底的附着力强等。

制备透明导电氧化物最常见的两种方法是利用合适靶材进行射频和直流磁控溅射。常用 90% 氧化锡和 10% 氧化铟的烧结物作为靶材，在适度真空环境下（1.33×10^{-4}Pa），采用射频阴极溅射法制备 ITO 薄膜。玻璃、石英、硅是常用的基底。在低温下沉积的薄膜性质，如结构性能、表面粗糙度、光传输能力取决于沉积功率密度、总压、氧分压流速、衬底偏置和阴极到阳极的间距。ITO 薄膜也可以通过直流磁控溅射法沉积获得，其条件为室温下用 10W 的功率和 2.66Pa（氩气中含 0.05% 的氧气）的总压。

（三）碳电极

碳是常用的电极材料之一，其优越性表现在多个方面：①碳电极具有多种形式，因而可获得各种不同的电极性能，且价格通常比较便宜；②碳电极氧化缓慢，因而具有较宽的电位窗范围，尤其是在正电位方向；③碳电极可发生丰富的表面化学反应，特别是在石墨和玻碳表面可进行表面化学修饰，从而改变电极的表面活性；④碳电极表面不同的电子转移动力学和吸附行为也有助于对某些特殊电极过程的研究。总之，只要掌握碳材料性质、表面修饰方式和电化学行为之间的关系，碳电极的这些特点可被充分利用。碳电极材料种类繁多、性能各异，选择何种碳电极材料取决于对电极性能的具体要求。此外，碳电极的电化学行为在很大程度上依赖于表面的预处理过程。

玻碳电极，又称玻璃碳（glassy carbon，GC）电极，是电分析化学中最常用的碳电极。玻碳材料具有结构坚硬、微结构各向同性、非多孔性、气体和液体都无法渗透、易于装配、简单的机械抛光即可更新表面和同所有常用溶剂都兼容的优点。玻碳是由高分子质量的含碳聚合物（如聚丙烯腈、酚醛树脂）在惰性气氛中热分解（1000~3000℃）处理成外形似玻璃状的非晶形碳。热处理过程常缓慢持续数天，大部分非碳元素挥发，而原始的聚合物碳骨架不发生改变。相互交织的sp2碳带使玻碳很坚硬，密度为1.5g/cm^2，说明材料中存在约33%的孔隙空间。而这些孔隙非常小且互不连接，因此可防止液体或气体的渗透。玻碳电极的表面粗糙程度依赖于电极表面的预处理方式，对于良好抛光的玻碳表面，粗糙度为1.3~3.5，界面电容为30~70μF/cm^2。对于表面抛光平滑且经过热处理的玻碳电极，界面电容则可低至10~20 μF/cm^2。由于玻碳电极表面全部为活性表面，它的背景电流通常大于石墨复合电极。尽管玻碳电极的界面电容大于铂的界面电容，但是碳的氧化动力学缓慢，因此玻碳可使用的阳极电势极限明显正于铂电极。这一性质使得玻碳电极成为研究氧化合适的电极材料，特别是在水溶液中。

玻碳电极的预处理方式包括以下几种。

（1）机械打磨玻碳表面和其他固体电极一样，在空气中放置或在电化学使用过程中会逐渐失活，因此有必要定期预处理。活化玻碳电极表面最常用的方法是机械打磨，这往往是其他活化方法的第一步。它可以更新表面，去除污染物，暴露出新的微结构。机械打磨要在超干净的环境下进行。文献中报道了许多打磨步骤：先将玻碳在光滑的玻璃板上用粒径逐渐减小的氧化铝粉（用超纯水调成糊状，粒径1.0~0.05μm效果最好）抛光，然后用超纯水淋洗，再转移到乙醇和去离子水中超声（15min，时间一般不要超过30min）。抛光电极时要尽量控制电极表面与玻璃板面平行，并用均匀的力度成圆圈状打磨。超声时将玻碳电极放入干净的大烧杯，浸入水中，盖上盖子。最后应获得一个干净的镜面，并应立即使用。如果表面足够干净，对于电化学活性的探针分子如 $[Fe(CN)_6]^{3-/4-}$，其表观扩散系数应至少为 $10^{-2}cm^2/s$。

（2）溶剂清洗用有机溶剂来活化玻碳电极表面，不会引入新的微结构和表面化学。这种方法常和机械打磨联合使用，一般20~30min的处理就足够了。溶剂清洗法可以把表面吸附的污染物溶解或者脱附，产生新的棱面（即活性位点）。可用的溶剂有乙腈、异丙醇、二氯甲烷、甲苯等，溶剂在使用之前需要蒸馏纯化，并储存在活性炭中。

三、辅助电极

辅助电极的作用是与工作电极组成回路，使工作电极上的电流畅通，以保证所研究的反应在工作电极上发生。由于工作电极发生氧化或还原反应，辅助电极上可以安排为气体的析出反应或工作电极的逆反应，以使电解质溶液组分不变，另外，辅助电极的性能一般不显著影响工作电极上的反应。一般要求辅助电极本身的电阻要小，并且不容易发生极化。较好的辅助电极材料有铂和碳，电分析化学测试常用的辅助电极为抛光后的铂丝。

四、参比电极

参比电极的作用是与工作电极构成电子回路，实现对工作电极电势的测量和控制，原则上要求回路中只有极小的测量电流流过，不能对工作电极的极化状态产生干扰。因此，参比电极的性能直接影响着电极电势测量或控制的稳定性、重现性和准确性。不同场合对参比电极的要求不尽相同，应根据具体对象合理选择参比电极。但是，参比电极的选择还是存在一些共性的要求，如下。

①参比电极的结构和组成要稳定，温度和压力等对参比电极的影响要小，电极电位不随分析测量进程、温度和压力的变化等而发生改变。

②参比电极应该是一个理想非极化电极，其电位值不随通过其中的电流而发生变化。

③参比电极应为可逆电极，电极反应处于平衡状态，其电位值可以通过能斯特方程计算。

④参比电极应有良好的恢复性，当有电流突然通过后电位值可以很快恢复，不发生滞后。这就要求参比电极应该可以在较小的电流下保持恒定，因为在实验过程中恒电位仪或恒流器并不能指示参比电极的电位。

⑤参比电极应具有良好的重现性。不同次、不同人制作的电极，其电势应相同。例如，银-氯化银电极和甘汞电极的重现性可达到 0.02mV，而在一般的动力学测量中，重现性不超过 1mV 也就可以了。

⑥使用盐桥或双接口参比电极，可以使得在选择参比电极时更加灵活。快速暂态测量时参比电极要具有低电阻，以减少干扰，避免振荡，提高系统的响应速率。

⑦在具体选用参比电极时，应考虑使用的溶液体系的影响。首先，参比电极的组成物质不与电解液成分发生反应。其次，工作电极体系和参比电极体系间的溶液不发生相互作用和污染，如参比电极的组成成分在溶液中的溶解度要小，从而保持电极电势的长期稳定性，并减少对被测体系溶液污染的可能性。一般原则是采用相同离子溶液的参比电极，如在含氯离子的溶液中采用甘汞电极；在含硫酸根的溶液中采用汞-硫酸亚汞电极；在碱性溶液中采用汞-氧化汞电极。此外，还要考虑溶液中离子的性质，如溶解性较差的离子可能堵塞参比电极，增加接触电势；电化学池中的物质也可能会干扰参比电极的准确性（使其中的氧化还原过程中毒或增加参比电极中氧化还原电对的溶解度）。

第三节 电化学分析法的定性定量分析法

电化学分析法是一种重要的分析方法，内容极为丰富，方法多样而灵活，不仅是物质定量分析的重要方法，也是研究化学平衡、物质组成和结构的重要手段。现代电化学分析方法可以分为两大类，一类是电势分析法，另一类是极谱和伏安法。电势分析法的理论是建立在电化学热力学的基础上的。其中电化学的概念在界面电势、膜电势以及电极电势的理论中具有重要意义。电化学位（势）是针对带电粒子在电场中的行为而言的，对于中性分析，其电化学位与化学位是相等的。电势分析法的定量关系式是能斯特（Nernst）方程：

$$E = E^0 + \frac{RT}{nF}\ln\frac{\alpha_0}{\alpha_R} \tag{9-1}$$

式中 E——指示电极的电极电势；

E^0——指示电极的标准电极电势；

R——焦耳常数；

T——实验温度；

n——电子交换数；

F——法拉第常数；

α_0——氧化还原电对（O/R）氧化态的活度；

α_R——氧化还原电对（O/R）还原态的活度。

现代极谱和伏安法的理论建立在扩散电流理论的基础上，而求解扩散电流的基本方程式包括菲克（Fick）第一定律和菲克第二定律。

菲克第一定律描述的是电活性物质向电极表面扩散传质的流量方程：

$$J = -D\frac{\partial c(x, t)}{\partial x} \tag{9-2}$$

式中 J——流量；

D——电活性离子的扩散系数；

$c(x, t)$——离开电极表面距离为 x，时间为 t 时的电活性物质的浓度。

从式（9-2）中可以看出，要想求得电解电流 I，必须先得到浓度 $c(x, t)$ 的表达式。

菲克第二定律描述的是电解过程中电活性物质的浓度随离开电极表面的距离 x 和时间 t 变化的微分方程式：

$$\frac{\partial c(x, t)}{\partial t} = \frac{D\partial^2 c(x, t)}{\partial x^2} \tag{9-3}$$

因此，根据具体电化学问题的初始和边界条件，求解扩散方程，就可以得到浓度 $c(x, t)$ 的表达式，从而能够得到电极表面浓度，即 $x=0$ 处时 $c(0, t)$ 的表达式，进而得到实验室定量分析和求算电化学参数的清晰表示式。

下面主要介绍电化学分析法中定性定量分析的基本原理和应用。

一、直接测定法

直接测定法的基本原理是用一个或多个标准溶液与待测溶液在相同的测定条件下测定其电位值，然后根据标准溶液的浓度和所测得的电位值来求出待测离子的浓度。该法可再细分为标准比较法、标准曲线法和离子计法，如图 9-9 所示。

（一）标准比较法

标准比较法又称计算法，采取一个标准溶液为基准，和被测试液在相同条件下测量电位，再根据公式 $E=K'+s\lg c$，来求得待测试样的浓度，可分为单标准比较法和双标准比较法。单标

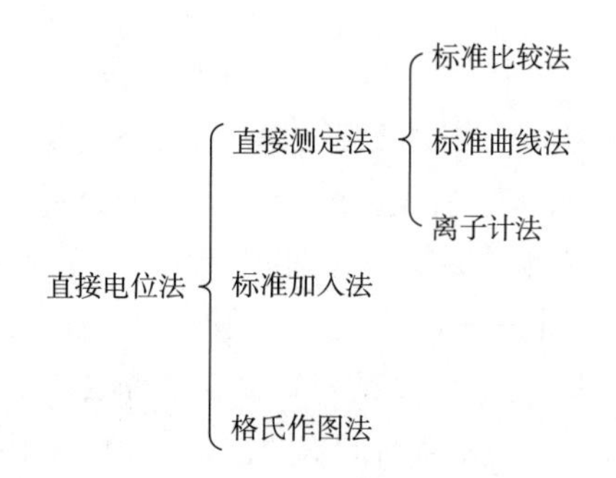

图9-9　电化学分析中直接电位法的类型

准比较法是选择一个与待测试液中被测离子浓度相近的标准溶液，在测定条件相同的情况下，用同一支离子选择性电极分别测量两溶液的电极电位，并表示如下：

$$E_x = K' \pm s\lg c_x \tag{9-4}$$

$$E_s = K' \pm s\lg c_s \tag{9-5}$$

式中　E_x，E_s——待测试液和标准溶液的电极电位值，阳离子取“+”、阴离子取“-”（下同）；

s——电极斜率，可由实验测得。

令 $\Delta E = E_x - E_s$，则 $c_x = c_s \times 10^{\pm\Delta E/s}$，测定时标准溶液和待测试液的浓度以及温度应保持恒定，否则会造成测量误差。

双标准比较法是测量两个标准溶液（浓度为 c_{s1} 和 c_{s2}）与试液（浓度为 c_x）各自相应的电位值 E_{s1}，E_{s2} 和 E_x 来计算待测离子浓度的一种方法。由于两个标准溶液测定电极电位后，对应的能斯特方程经变换，可得电极的斜率为：

$$s = \frac{E_{s2} - E_{s1}}{\lg \dfrac{c_{s2}}{c_{s1}}} = \frac{\Delta E_s}{\lg \dfrac{c_{s2}}{c_{s1}}} \tag{9-6}$$

可得：

$$\lg c_x = \frac{\Delta E}{\Delta E_s} \lg \frac{c_{s2}}{c_{s1}} + \lg c_{s1} \tag{9-7}$$

式中 $\Delta E = \pm(E_x - E_{s1})$，为了减少测量误差，在测定时应尽量选用与待测试液的组成相近的标准溶液，并使两个标准溶液的浓度成倍数关系，即 $c_{x1} \leqslant c_x < c_{x1} = 2c_{s1}$。此时，式（9-7）可以改写成：

$$\lg c_x = 0.301 \frac{(\varphi_x - \varphi_{s1})}{(\varphi_{s2} - \varphi_{s1})} + \lg c_{s1} \tag{9-8}$$

式中　φ_{s1}，φ_{s2}——标准溶液电势；

c_x，c_{s1}——试液、标准溶液浓度；

φ_x——待测试液电势。

相比较而言，单标准比较法的实用性较双标准比较法强，溶液 pH 的测定便是典型的示例。测定时常采用 pH 玻璃电极作为氢离子活度的指示电极，饱和甘汞电极作为参比电极，与待测试液组成工作电极。

（二）标准曲线法

标准曲线法选用数个标准溶液与被测试液在相同条件下测量其电位，然后采用作图法或数理统计法求得分析结果，该法精确度高，适合于批量试样的分析。标准曲线法是离子选择性电极最常用的一种分析方法。用待测的纯物质（纯度>99.9%）配制一定浓度的标准溶液，按浓度递增的规律配制标准系列，在相同的测定条件下用同一支电极分别测定其电位值。在半对数坐标纸上，以电位（mV）为纵坐标、浓度的对数为横坐标绘制工作曲线，再在相同的条件下测定待测试液的电位值，从工作曲线上查得的浓度，即为待测离子的浓度。

（三）离子计法

离子计法是使用专用的电位分析仪器——离子计，对其用标准溶液校准后，可直接读出待测试液的 pX 值或浓度值。

二、标准加入法

若试样的组成比较复杂，用标准曲线法测定有困难，此时可采用标准加入法，即将标准溶液加入到样品溶液中进行测定。标准加入法分两步进行测定：设待测离子的浓度为 c_x，活度系数为 γ，α 为游离的（即未络合的）离子分数，与离子选择性电极和参比电极组成工作电极，测得的电动势换算为电位为 E_1，加入标准溶液后，在相同的条件下测定其电位为 E_2，E_1 和 E_2 与待测离子的浓度符合能斯特方程：

$$E = K + s\lg(\alpha c\gamma) \tag{9-9}$$

式中　K——截距，一定温度下为一常数；

s——电极斜率；

c——离子浓度；

γ——离子活度系数；

α——游离的（未络合的）离子分数；

E——电位。

如果用 Δc 表示浓度的增量，则得

$$c_x = \Delta c(10^{\frac{\pm\Delta E}{s}} - 1)^{-1} \tag{9-10}$$

式中　Δc——浓度的增量；

ΔE——分别加入未知溶液和标准溶液换算的电位差值；

c_x——未知溶液的浓度；

s——电极斜率。

电极斜率 s 的测定方法如下：取两份浓度不同的标准溶液在相同的条件下用同一支电极分别测定其电位值，然后按照式（9-8）来计算，即可求得待测溶液的浓度。

三、格氏作图法

格氏作图法的原理和测定步骤与标准加入法相似，它是多次连续标准加入法的一种图解求算方法。主要原理及测定步骤为：准确吸取一定体积的待测试液 V_x（cm^3），用适当的电极测定其电位值 E_0（mV），然后向待测液中准确加入体积为 V_{s1} 的标准溶液并测定电位值 E_1，再继续

向待测液中加入体积为 V_{s2} 的标准溶液并测定电位值 E_2。依次类推，可多次继续下去，最后由实验测得的数据列出若干个方程，联立求得测定结果。

第四节　电化学分析法在食品检测中的应用

食品是人们生活中最基本的必需品，随着社会的发展和科技的进步，食品消费也从注重数量向注重质量和安全转变。“民以食为天，食以安为先”，食品安全问题也超过了国界，变成了全球性的问题。当前，食品安全领域中热点问题涉及的检测对象主要包括以下几种：重金属离子、农药及抗生素残留、食品添加剂和生物毒素致病菌等。

一、重金属离子检测

重金属离子可以通过食物链进入人体，由于其具有非生物降解特性，可以在生物体内长期富集，一旦超过一定浓度就会对体内的器官产生不良作用，给人体带来危害，损害人体健康。

电化学分析技术在水体和食品中重金属离子的检测发挥着重要的作用，主要分为阳极溶出伏安法和生物电化学传感两种方法，可以高灵敏检测 Pb^{2+}、Cd^{2+}、Hg^{2+}、As^{3+} 等 20 多种重金属离子。阳极溶出伏安法是一种高灵敏的电分析方法，其分析过程可以分为两个步骤：①富集过程，即重金属离子通过电解或吸附作用可以富集在电极表面；②电化学溶出过程，即通过电位扫描使已经富集在电极表面的被测物质发生氧化或还原反应，记录此时的 I-E 曲线，并据此进行定量测定。经过富集步骤，被测物质由极稀的试液富集到微小体积的电极表面，富集倍数可以达到 1000 倍以上，故即使被测物质浓度很低，也可以获得较大的法拉第电流信号。溶出伏安法比普通极谱法的灵敏度大大提高，其检测范围为 10^{-11} ~ 10^{-6}mol/L，检出限甚至可低至 10^{-12}mol/L，是痕量分析的有效手段。相比较而言，生物电化学传感法主要基于碱基配对原则，通过 DNA 杂交的“发夹结构”转变“G-4 联体”的“turn on”检测模式用于重金属离子的检测分析。该生物传感器选择性能好、灵敏度高，通过检测电极的输出电流强度变化即可获得样品中重金属离子的含量。另外，选择合适的修饰电极材料在重金属离子电化学分析过程中至关重要，可以同时待测样品中多种重金属离子，实现高通量批量检测的目的，提高了食品样品中重金属离子的检测效率。

二、农药残留检测

残留在环境中和生物体内的微量农药通常称为残留农药，包括农药原体残留量及其具有比原体毒性更高或相当毒性的降解物的残留量。残留农药长期积累，不仅造成环境污染，而且通过食物链富集，直接或间接地危害人体健康。事实上，许多农药及其衍生物含有硝基、苯环以及卤素等具有电活性的基团，它们在电极表面具有很好的氧化还原性，非常适合于电化学检测。电化学生物传感器技术即将电化学方法应用于生物传感器上，在农药残留检测应用方面具有巨大潜在价值。

酶抑制原理是农药电化学传感器中的一种典型应用。酶抑制原理主要是底物在酶催化下水解，生成具有电化学特性的基团，该基团在电极上发生氧化还原反应，产生电流信号。待测体系中，加入农药后，对应酶的活性被抑制，电流信号减小。通过比较酶抑制前后的电流信号大小，对不同类型的农药进行定量测定。酶的选择则根据农药种类的变化而改变，对于有机磷类农药而言，其对乙酰胆碱酯酶和胆碱酯酶的活性有抑制作用，在一定浓度条件下，其抑制率取决于农药种类及其浓度。目前，用来制作有机磷农药生物酶传感器的酶有多种，如有机磷水解酶、有机磷酸性水解酶和对硫磷水解酶。氨基甲酸酯类杀虫剂的毒杀作用机制与有机磷杀虫剂相似，主要是抑制胆碱酯酶活性，是酶活性中心丝氨酸的羟基被氨基甲酰化，因而失去酶对乙酰胆碱的水解能力。拟除虫聚酯类杀虫剂常与有机磷杀虫剂混配使用，且环境、食物残留量较低，使得检测较为困难。由于其具有不可逆的氧化还原特性，一般在酸性缓冲溶液中，通过利用差分脉冲伏安法研究其电化学行为，进而测定其含量。

三、抗生素检测

抗生素是由一些微生物［包括细菌（如放线菌）和真菌等］或更高级的动植物在其生命体中合成的一种能抑制或杀灭某些病原体的次生代谢产物，在畜牧业和水产养殖业被广泛用作抑菌剂以对抗动物中的微生物感染。但是，抗生素的滥用可能会导致其在肉、蛋、水产品和牛奶等食品中残留。食品中抗生素的残留不仅影响人们的健康，而且污染环境。近年来，由于其污染和耐药性，早期发现抗生素残留物已引起全世界的广泛关注。

电化学生物传感器是基于固定化生物分子与目标分子物之间的化学反应的典型传感设备之一，这些化学反应将生化信息转换为可分析的有用信号。电化学生物传感器通常设计有三个电极，包括工作电极，参比电极和对电极。这些电极需要较好的化学稳定性和较高的导电性，以保证测定结果真实可靠。工作电极则是发生生物化学反应的生物识别元件，参比电极的工作原理是通过使其远离反应部位来控制稳定电极电位。对电极用于与电解液之间形成回路，使电流在工作电极和对电极之间流动。从生物现象产生的信号然后通过换能器转换为电信号。迄今为止，伏安技术（差分脉冲伏安法，循环伏安法，方波扫描伏安法和溶出伏安法）、计时安培法和电化学阻抗谱法常用于抗生素的电化学检测。目前，电化学检测抗生素污染物的策略主要包括受体/酶介导、免疫复合物、核酸适体和分子印迹聚合物的电化学生物传感器四种类型。用纳米材料标记的受体/酶的使用已使电化学生物传感器能够检测多种形式的抗生素。几种酶（例如辣根过氧化物酶，蛋白酶和葡萄糖氧化酶）已成功用于胶体金、碳纳米材料和磁性纳米颗粒的电化学检测。基于特异性抗原抗体识别的电化学免疫传感器将电子介体纳入检测程序中，以电化学方式利用高度特异性的“抗原-抗体”相互作用而具有很高的可靠性。近年来，基于核酸适体的电化学生物传感器已经成为了一种可靠的抗生素残留检测方法。适体传感器的固定化可以通过直接修饰或共价修饰两种方式来实现。与抗体相比，适体具有更高的稳定性，且成本合理，易于体外合成，修饰步骤简单。

四、食品添加剂检测

食品添加剂是添加到食品中以延长货架期或改善理化品质，感官（色、香、味）和微生物特性（防腐、保鲜）的人工合成或者天然物质。根据世界卫生组织和联合国粮农组织的规定，食品添加剂按其功能分为三大类（增味剂、酶和其他物质）。其他添加剂包括营养性（糖）或非营养性（阿斯巴甜和糖精）甜味剂和食品保鲜/着色剂等。由于食品添加剂产业发展较快，仍有些管理机制尚未完善和健全，再加上一些企业盲目逐利等因素，使得围绕食品添加剂的安全问题发生，归纳起来主要有以下几类违法行为：违法使用、超限量或超范围使用、违规使用等。

食品添加剂的测定一般采用国家标准或行业标准方法，针对咖啡因和香兰素等这类具有电活性的食品添加剂分子的检测，可以通过直接电化学检测的方法进行。这种直接电化学测定法对于修饰电极材料的选择非常重要，通常选择导电性较好的贵金属（如金、银、铂等）纳米材料来修饰电极，或者通过 DNA 功能化纳米材料修饰电极，利用金—硫键特异性作用修饰电极，在合适的电解质溶液中，通过差分脉冲法检测体系中待测物质电流的大小来识别并定量分析。日本信州大学金继业通过电化学与电化学发光技术结合，研发出了便携式电化学发光检测仪，可以实现电化学信号与光学信号同时检测的功能，并成功应用于食品中抗氧化成分的测定。而针对违法食品添加剂，如三聚氰胺、双氰胺等，为了提高检测的灵敏度，结合分子印迹技术特异性识别和选择性吸附的优势，将模板分子（待检测物）、功能单体、交联剂、引发剂通过电化学、原位或本体聚合方法组装成聚合物，然后利用洗脱剂洗去模板分子，得到具有印迹空腔且比表面积大的印迹聚合物，从而作为传感识别元件构建电化学分子印迹聚合物传感器。常用循环伏安法、差分脉冲伏安法、方波阳极伏安法和电化学阻抗等技术进行电化学分子印迹传感的测定。

五、生物毒素致病菌检测

生物毒素是其在生存斗争中形成的自卫武器，可分为“主动毒”和“被动毒”。一些鱼类从作为食物的有毒藻类中获得毒素称为被动毒素。近年来，海洋动物毒素如海豚毒素和聚醚类毒素以及细菌、动植物中的肽类毒素已成为毒素研究领域中的一个热点。研究发现，电化学发光由于其良好的电化学可逆性、稳定性和高的电化学发光效率，在河豚毒素的检测中具有一定优势。通过将全氟磺酸膜（Nafion）阳离子交换膜和大比表面积的石墨烯修饰在电极表面，实现发光剂［$Ru(bpy)_3^{2+}$］的固定化，引入的石墨烯可以促进 Nafion-$Ru(bpy)_3^{2+}$ 薄膜中的电子转移，通过循环伏安法和电化学阻抗谱技术研究了河豚毒素的电化学行为，实现了对其灵敏的电化学发光检测。

真菌可能存在于粮食及其加工制品中，因此，世界各国对真菌毒素的污染都很重视。真菌及真菌毒素污染食品后，一是会引起食品变质，二是产生的真菌毒素会引起中毒。常见的真菌毒素有黄曲霉毒素、赭曲霉毒素、杂色曲霉毒素、T-2 毒素等。近年来，电化学生物传感器在赭曲霉毒素检测中的应用发展迅速。电化学生物传感器通过传感器将目标和识别元件反射产生的信号转化为电信号，实现对目标的快速、原位和经济的检测，引起了研究人员的广泛关注。电化学生物传感器检测是基于生物识别元素与靶标结合所引起的电极表面氧化还原反应所产生的电流变化。作为生物传感器的一员，目标识别和信号转换平台的构建无疑是生物传感器的两大主要任务。这些涉及识别元件的选择、电极的修饰和电信号的检测策略。近年来，国内外研究人员利用单一（抗体、适配体等）或联合（适配体@ DNA 酶等）识别元件开发了多种电化学生物传感器用于赭曲霉毒素的检测。赭曲霉毒素是一种小的非免疫原性分子，可特异性结合适当的抗体。电化学免疫传感器主要是根据抗原-抗体的特异性识别能力来进行定性和定量分析。酶标抗原与靶抗原直接竞争，与固定在电极表面的抗体结合，从而引起电流信号的变化。间接竞争方法是将抗原固定在电极表面和待测抗原与溶液中标记的抗体进行竞争反应，从而引起电流信号的变化，最终电流信号强度的变化反映赭曲霉毒素浓度的高低。

思考题

1. 简述现代电化学分析法的类型与特点。
2. 常用于电化学定性定量分析法的种类有哪些?
3. 电化学生物传感器在食品分析中应用有哪些?

CHAPTER 10

第十章 气相色谱法

学习目标

1. 学习气相色谱法基本原理与分类，掌握气相色谱法固定相、色谱柱的分类、特点及分离特征。

2. 了解气相色谱仪结构系统组成，熟悉各模块的构造、作用及注意事项，重点掌握气相色谱法检测器的种类、特点及应用范围。

3. 了解气相色谱法在食品检测中的应用。

第一节　气相色谱法概述及基本原理

一、概述

气相色谱技术由詹姆斯（James）和马丁（Martin）于1952年创建，工作原理是将样品在气相色谱的加热入口或注入器中挥发，然后在特定的色谱柱中分离，最终实现混合物组分的分离。只有蒸发过程中稳定、不分解的化合物才适合气相色谱分析，主要包括大多数溶剂、杀虫剂、香料、精油、碳氢化合物燃料和许多药物的成分。酸、氨基酸、胺、酰胺、非挥发性药物、糖类和类固醇极性较大，挥发过程中不稳定，常需衍生化增加其挥发稳定性后才能用于气相色谱分析。

气相色谱技术具有分离选择性好、柱效高、检测灵敏度高、仪器自动化程度高、分析过程简便快速等优异性能，已广泛应用于石油化工、环境科学、食品科学、医学以及生物工程等领域。本章主要讨论色谱分析基础理论、气相色谱的基本原理以及其在食品检验方向的应用。

二、色谱分析理论基础

物质在固定相和流动相之间发生吸附、脱附的过程称为分配过程。被测组分按其吸附和脱附能力的大小，以一定的比例分配在固定相和流动相之间，吸附能力大的组分分配到固定相的多一些，流动相中就相对少一些；吸附能力小的组分分配到固定相的量少一些，流动相的量就相对多一些。在一定条件下，组分在两相之间分配达到平衡时的浓度比称为分配系数 K。

$$K = \frac{c_S}{c_M} \tag{10-1}$$

式中 K——分配系数；

c_S——组分在固定相中的浓度；

c_M——组分在流动相中的浓度。

通常情况下，各物质在两相之间的分配系数是不同的。显然，分配系数较小的组分，每次分配后在流动相中的浓度较大，因此会较早地流出色谱柱；分配系数较大的组分，由于每次分配后在流动相中的浓度较小而流出色谱柱的时间较迟。当分配次数足够多时，就能将不同的组分分离开。由此可见，色谱分析的分离原理是基于不同物质在两相之间具有不同的分配系数。当两相做相对运动时，试样中的各组分就在两相中进行反复多次分配，使得原来分配系数差异微小的各组分产生很大的分离效果，从而将各组分分离开。

在实际工作中，常用另一参数表征色谱分配平衡过程，即分配比（partition ration），又称作容量因子（capacity factor）或容量比（capacity ration），以 k 表示，指在一定条件下，两相间达到分配平衡时，组分在两相间的质量比。

$$k = \frac{m_S}{m_M} \tag{10-2}$$

式中 k——容量因子或容量比；

m_S——分配在固定相中的组分质量；

m_M——分配在流动相中的组分质量。

$$K = \frac{c_S}{c_M} = \frac{m_S/V_S}{m_M/V_M} = k\frac{V_m}{V_s} = k \cdot \beta \tag{10-3}$$

式中 V_m——色谱柱中流动相的体积，即柱内固定相颗粒间的空隙体积；

V_s——色谱柱固定相体积；

β——相比。

V_m 与 V_s 之比称为相比（phase ratio），以 β 表示，是反映色谱柱柱型及其结构的重要参数。

分配系数是组分在两相中浓度比，分配比是组分在两相中质量比。分配系数只取决于组分和两相的性质，与两相体积无关；分配比不仅与组分和两相性质有关，还与相比有关，即分配比随固定相的量而改变。对于一定的色谱体系，组分的分离取决于组分在两相中的相对量而不是相对浓度，因此分配比是衡量色谱柱对组分保留能力的重要参数。k 越大，保留时间越长，k 为 0 时，其保留时间即为死时间 t_M。

流动相在柱内的线速度为 u（cm/s），由于固定相对组分有保留作用，所以组分在柱内的线速度 u_S 小于 u，两速度之比称为滞留因子（retardation factor）R_S，即 $R_S=u_S/u$。

若某组分的 $R_S=1/3$，则表示该组分在柱内的移动速度只有流动相线速度的 1/3。R_S 也可用质量分数 w 表示，即：

$$R_S = w = \frac{m_M}{m_S + m_M} = \frac{1}{1 + \frac{m_S}{m_M}} = 1 + \frac{1}{k} \tag{10-4}$$

组分和流动相通过柱长为 L 的色谱柱，所需时间分别为

$$t_R = \frac{L}{u_S} \tag{10-5}$$

$$t_M = \frac{L}{u} \tag{10-6}$$

因此

$$t_R = t_M(1 + k) \tag{10-7}$$

$$k = \frac{t_R - t_M}{t_M} = \frac{t'_R}{t_M} \tag{10-8}$$

式中　t_R——保留时间；

t_M——死时间；

t'_R——调整保留时间。

三、基本原理与分类

气相色谱技术的分离原理是基于上述色谱分离理论，利用不同物质在两相之间的分配系数不同，经过反复多次分配，最终实现各组分的良好分离。其与液相色谱法的区别在于流动相不同，液相色谱一般采用液体为流动相，气相色谱法一般采用气体为流动相，如氮气、氦气等，又称载气。

气相色谱根据固定相的状态不同可以分为两类：一类用固体吸附剂作固定相的称为气固色谱；另一类用涂有固定液的担体作固定相的称为气液色谱。气相色谱法根据色谱分离原理不同也可以分为两类：一类为吸附色谱，如气固色谱；另一类为分配色谱，如气-液色谱。按照色谱操作形式来分，气相色谱属于柱色谱，根据所使用的色谱柱粗细不同，可分为一般填充柱色谱和毛细管柱色谱两类。

色谱分析中，样品中各组分的分离程度主要取决于色谱柱的固定相，它是气相色谱柱的核心和关键。在一定色谱条件下，各组分与固定相的分子间作用力类型及其强度存在一定差异，使得各组分在固定相中保留时间存在差异而实现分离。不同结构的固定相具有不同的分子作用，通过选择适宜的固定相，可实现不同组分的分离。通常，气相色谱固定相可分为气-固色谱固定相（固体固定相）和气-液色谱固定相（液体固定相）。其中，气-液色谱固定相因种类众多、可适用范围广，在各领域的应用更为广泛。

1. 气-固色谱固定相（固体固定相）

气相色谱分析中，样品组分的良好分离有利于提高组分分析测定结果的准确性，而固定相的选择性是提高色谱柱分离性能的关键因素。固体固定相的种类繁多，主要包括固体吸附剂、高分子多孔微球等，具体如活性炭、硅胶、活性氧化铝、分子筛等，主要用于 H_2、O_2、N_2、CO、CO_2、CH_4 的分离。

高分子多孔微球是气-固色谱固定相用途较广泛的一类，其主要化学成分是苯乙烯和二乙烯基苯交联共聚物，根据其引入不同极性基团而制备得到不同极性的聚合物。高分子多孔微球不仅可以用作气-固色谱固定相，还可以作为气-液色谱固定相中的担体使用。

常用的气-固色谱固定相类型和使用范围见表 10-1。

表 10-1 常用的气-固色谱固定相类型和使用范围

固定相类型	主要化学成分	最高使用温度	性质	使用范围
活性炭	C	< 300℃	非极性	分离永久气体及低沸点烃类，不适合分离极性化合物
活性氧化铝	Al_2O_3	<400℃	弱极性	适用于 O_2、N_2、CO、CH_4、C_2H_6、C_2H_4 等永久性和不活泼气体的分离。但对 CO_2 有强吸附，不能用于 CO_2 的分离
硅胶	$SiO_2 \cdot xH_2O$	<400℃	强极性	分离永久性气体及低级烃类，还能用于分离测定 CO_2、N_2O、NO、NO_2、O_3 等
分子筛	$x(MO) \cdot y(Al_2O_3) \cdot z(SiO_2) \cdot n\,H_2O$	<400℃	极性	可用于 H_2、O_2、N_2、CH_4、CO、He、Ne、Ar、NO、NO_2 等的分离测定
高分子多孔微球	苯乙烯与二乙烯苯共聚	<300℃	非极性、弱极性、中极性、强极性	适用于 H_2O、HCl、NH_3、Cl_2、SO_2 及低级醇的分析

近年来，随着材料科学的快速发展，许多新型材料开始用于气相色谱固定相，如氮化碳、金属有机骨架材料（MOF）、离子液体、石墨烯及衍生物等。这些材料在使用过程中表现出高选择性、良好的化学稳定性和热稳定性等优点，促进了色谱固定相的发展，扩大了其应用范围。

2. 气-液色谱固定相（液体固定相）

气-液色谱固定相由于使用液体为固定相（固定液），在使用过程中需要通过一定的载体为其提供支撑。此载体又称担体，是一类化学惰性、多孔、比表面积大的固体颗粒材料，主要是为固定液提供惰性表面，使固定液在其表面形成一层均匀的薄膜。适用的担体应具备以下条件：担体表面化学惰性；比表面积大，以增加固定液与试样的接触面积；担体颗粒接近球形，颗粒均匀，具有一定的机械强度。

气-液色谱固定液在使用温度下一般为液态，要求挥发性小、热稳定性好、化学稳定性好；对于不同组分化合物选择性高；操作温度范围宽；对试样各组分有一定的溶解能力。固定液种类繁多，最常用的是聚硅氧烷类和聚乙二醇类。另外，环糊精类、室温离子液体类等固定液也有一定的应用。常用的固定液见表 10-2。

表 10-2 常用的固定液类型

固定液的化学组成	色谱柱型号
聚二甲基硅氧烷	OV-1，SE-30，DB-1
5%苯基聚甲基硅氧烷	SE-52，RTx-5ms，DB-5
聚乙二醇	Carbowax 29M，HP-Innowax
50%苯基聚甲基硅氧烷	OV-17，DB-50

续表

固定液的化学组成	色谱柱型号
14%氰丙基苯基聚甲基硅氧烷	OV-1701，DB-1701
硅胶-PLOT 柱	CP-Silica-PLOT，GS-Gas Pro
三氟丙基聚甲基硅氧烷	OV-210，DB-210
分子筛-PLOT 柱	HP-PLOT-Molesleve，CP- Molesleve 5A
PS-DVB 聚合物（PLOT）	HP-PLOT-Q，CP-PorPLOT Q
50%氰丙基甲基-50%苯基甲基聚硅氧烷	OV-225，SP-2310，DB-225ms

在使用过程中，可以根据化合物的极性大小来选择合适固定液的气相色谱柱。一般来说，选择原则可遵从“相似相溶”规律，具体为：

（1）非极性组分分离　选择非极性固定液，各组分出峰顺序由蒸气压决定，沸点低的组分保留时间短，优先分离；

（2）中等极性组分分离　选择中等极性固定液，沸点与分子间作用力同时作用；

（3）强极性组分分离　选择强极性固定液，分子间作用力起作用，按照极性大小分离；

（4）极性和非极性组分混合分离　选择极性固定液。

3. 气相色谱柱

（1）气相色谱柱分类　气相色谱柱主要有两类：填充柱和毛细管柱。填充柱一般是将固定相装填在一根玻璃或金属管中，管内径为 2~6mm，长 1~10m。毛细管柱的内径一般为 0.10~0.53mm，长 5~100m，可分为空心毛细管柱和填充毛细管柱两种。空心毛细管柱是将固定液直接涂在内径只有 0.1~0.5mm 的玻璃或金属毛细管的内壁上。填充毛细管柱是将某些多孔性固体颗粒装入厚壁玻管中，然后加热拉制成毛细管，一般内径为 0.25~0.5mm。

由于填充柱是由固定相简单填充制成，使用过程中经常出现由固定相颗粒不均匀导致的色谱峰扩展和柱效降低的问题。毛细管柱内壁涂有一层薄而均匀的固定液，能有效解决填充柱固定相颗粒不均匀导致的问题，使得气相色谱对复杂物质的分离能力得到有效提高。如今，空心毛细管色谱柱已经成为气相色谱分析中常用的色谱柱。

与填充柱相比，毛细管柱具有以下特点：载气的流动阻力小，渗透性好，比填充柱高 10~100 倍，可以采用高流速载气实现快速分析；相比大，柱容量小于填充柱，柱效高；涡流扩散为零，色谱柱长度比填充柱大 1~2 个数量级，总柱效高。毛细管柱与填充柱的比较见表 10-3。

表 10-3　毛细管柱与填充柱的比较

色谱柱	长度/m	内径/mm	比渗透率 B_0	相比 β	总塔板数 n	进样量/μL	分离度
填充柱	1~10	2~4	1~20	6~35	~10^3	0.1~100	低
毛细管柱	5~100	0.10~0.53	~10^2	50~1500	~10^6	0.01~10	高

（2）气相色谱柱评价　衡量色谱柱性能高低的指标有很多，常用的有柱效、分离性能、柱惰性、热稳定性等。

①柱效：色谱柱柱效通常使用每米柱长理论塔板数表示。色谱柱的性能和理论塔板数很大程度上取决于操作条件，如载气性质、流速、柱温和进样量等。对于常规的气相色谱毛细管柱，

每米柱长理论塔板数应该在 3000 以上。

②分离性能：分离性能通常使用分离度 R 来衡量，各组分理想分离状态是分离度 $R \geq 1.5$。色谱柱分离度的大小取决于柱效、分离因子、保留因子。因此，优化色谱条件有利于提高色谱柱的分离性能。

③柱惰性：毛细管柱的活性主要是由于玻璃和石英内表面的硅烷醇基与极性组分中的氢或硅氧烷桥之间氢键的键合作用引起，玻璃内存在的金属氧化物的酸碱活性也会引起组分吸附。这些相互作用将造成色谱峰展宽和拖尾，降低响应。

④热稳定性：毛细管柱通常在高温下使用，涂渍固定液的毛细管柱应具备良好的热稳定性。影响热稳定性的因素包括固定液本身的物理化学稳定性、制备毛细管柱的方法和色谱柱表面对固定液的催化作用等。测定毛细管柱的流失曲线可以评价色谱柱的热稳定性。在程序升温条件下测量基线漂移，把基线漂移随柱温变化绘制曲线。不同色谱柱要在相同的实验条件下测试才能比较结果。为了防止检测器的污染，程序升温的最终温度要比最高使用温度低 20~30℃。

第二节 气相色谱仪结构

由于仪器要求功能各异，气相色谱仪的种类有很多，但其基本结构的设计原理相同。气相色谱仪主要由气路系统、进样系统、分离系统、检测系统、温控系统以及数据处理和计算机控制系统等构成。气相色谱仪基本结构示意图如图 10-1 所示。

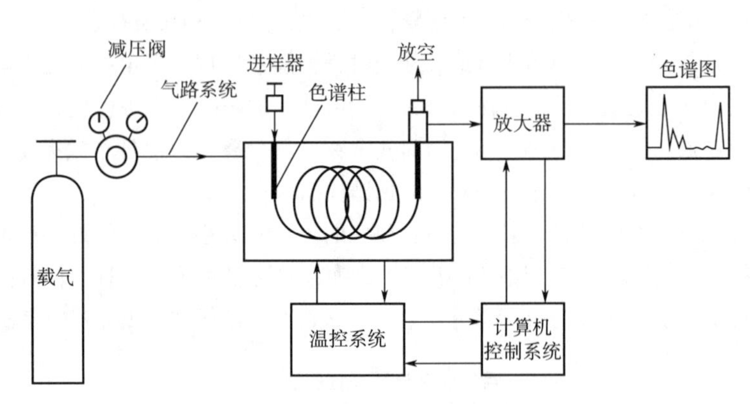

图 10-1 气相色谱仪基本结构示意图

在进行气相色谱分析时，首先根据分析要求和样品的性质，采取适当的处理方式制备样品，采用手动或者自动进样器将样品注入气相色谱仪进样口。样品组分经进样口高温汽化，在流动相气体的带动下进入色谱柱，通过色谱柱中的固定相，由于样品各组分与固定相的分配系数及相互作用强度不同，各组分在固定相上的滞留时间不同，先后进入检测器。由色谱工作站采集组分响应信号，经处理后得到相应的气相色谱图，然后再对色谱图进行定性或定量分析。

（1）气路系统　气相色谱仪的气路系统包括气源、气体净化和载气流速控制等装置，是确保载气连续运行的密闭管路系统。通过该系统可以获得纯净、流速稳定的载气。气路系统的气密性、流量的准确性及气体流速的稳定性，都是影响仪器性能的关键因素。

气相色谱仪载气的作用是将样品从进样器带入色谱柱，经色谱柱分离，然后带入检测器检测，是推动整个气相色谱分析过程进行的动力。气相色谱中常用的载气有氢气（H_2）、氮气（N_2）、氩气（Ar）和氦气（He），纯度均要求99.99%以上，化学惰性好，不与相关物质反应。载气进入气相色谱系统前一般需经过气体净化装置，通过净化装置中的吸附剂去除水分、氧气、烃类等有害杂质，净化后的气体经过流量控制装置后以设定值恒定输出。

载气的使用需根据不同化合物性质和检测器要求进行选择。使用热导检测器时，选用氢气或氦气作载气，不仅可以提高灵敏度，氢载气还能延长热敏元件钨丝的寿命；氢火焰检测器宜用氮气作载气，也可选择氢气；电子捕获检测器常用氮气，但纯度要求大于99.99%；火焰光度检测器常用氮气和氢气作为载气。

（2）进样系统　气相色谱进样系统是指将气体或液体样品定量引入气相色谱仪，瞬间气化后随载气进入分离系统的装置。进样系统包括进样器、气化室。进样器一般有两种，一种为手动微量进样器，另一种为自动进样器，目前气相色谱仪多配备自动进样器。自动进样器自动完成进样针清洗、润冲、取样、进样和换样等流程，可以实现自动进样几十到上百次。气化室是进样系统的重要部分，它要求体积小、热容量大以及对样品无吸附、无催化作用。常见的气化室可承受300~400℃的高温，可满足绝大部分化合物的分析要求。对于难以气化的高分子等高聚物样品，气化室可以采用裂解装置，如管式炉裂解器、热丝裂解器、居里点裂解器，此类裂解装置的承受温度可达上千摄氏度。

（3）分离系统　分离系统主要由柱温箱、色谱柱、温控部件组成。其中色谱柱是色谱仪的核心部件，是气相色谱仪进行样品组分分离最关键的部件。组分的分离是由各组分在流动相（载气）和色谱柱固定相之间分布（分配）决定的。在固定相中停留时间短的组分将被优先洗脱至载气中，然后各组分随载气流入检测器。色谱柱的分离效果除了与柱长、柱径和柱形有关外，选择适当的固定相是色谱分析中的关键问题。

柱温箱同样是气相色谱仪的重要配套装置，主要由外壳、加热丝框和风扇组成。它可以准确、稳定地控制色谱柱的使用温度，对于提高色谱柱的柱效，改善色谱峰的分离度，缩短保留时间，保证分析样品结果的重复性，具有不可忽视的作用。

温度是气相色谱分析的重要操作参数，它直接影响色谱柱的选择性、柱效、检测器的灵敏度和稳定性。温控系统主要控制气化室（进样口）、柱温箱以及检测器的温度。化合物分析时，需根据分离目标物特点综合优化选择合适的温度。

（4）检测系统　检测系统主要由检测器、放大器、控温装置组成。检测器的作用是将样品组分的浓度或质量随着时间的变化转变成相应的电信号，经过放大后记录并获取色谱图等相关数据供色谱定性或定量分析。气相色谱对于检测器的要求是：灵敏度高、线性范围宽、响应速度快、结构简单、通用性强等。检测器因其功能需求各异，其种类繁多。常用的检测器有：热导检测器（thermal conductivity detector，TCD）、火焰离子化检测器（flame ionization detector，FID）、电子捕获检测器（electron capture detector，ECD）、氮磷检测器（nitrogen phosphorus detector，NPD）、火焰光度检测器（flame photometer detector，FPD）、质谱检测器（mass spectrometry detector，MSD）等。

上述检测器根据检测特性，可分为浓度型检测器和质量型检测器。

①浓度型检测器：测量的是载气中检测组分浓度随时间的变化，即检测器的响应值与进入

检测器的组分浓度成正比。如热导检测器、电子捕获检测器。

②质量型检测器：测量的是载气中所携带的样品组分质量进入检测器的速率变化，即检测器的响应信号与单位时间内组分进入检测器的质量成正比。如氢焰离子化检测器、氮磷检测器、火焰光度检测器和质谱检测器。

根据检测器的检测机制差异，可将其分为通用型检测器和选择型检测器。

①通用型检测器：检测器对所有物质均有响应。如热导检测器、质谱检测器。

②选择型检测器：检测器选择性对某些物质有响应。如电子捕获检测器、氮磷检测器和火焰光度检测器。

根据样品组分检测时是否被破坏，可将其分为破坏型检测器和非破坏型检测器。

①破坏型检测器：氢焰离子化检测器、氮磷检测器、火焰光度检测器、质谱检测器。

②非破坏型检测器：电子捕获检测器、热导检测器。

下面对不同检测器进行详细介绍。

①热导检测器

对比其他检测器，热导检测器（TCD）是通用型检测器，可以检测所有通过气相色谱柱的化合物。热导检测器结构简单、对无机物和有机物都有响应，但灵敏度不高。在气相色谱分析中，热导检测器一般用于检测永久性气体，而不是有机化合物，因为有机化合物可以通过其他更灵敏的色谱或质谱检测器检测。

典型的热导检测器是由一个带有两个载气流动通道的单元组成。从色谱柱流出的洗脱组分通过一个通道，另一个通道作为参比，并连接到提供载气的管道，管道后端是一个具有四电阻或灯丝的惠斯通电桥电路。当纯载气通过两个灯丝截面时，各截面的电阻相同，无信号产生。当导热系数不同的化合物在样品一侧洗脱并通过灯丝时，热量以不同的速率从灯丝传导出去，导致灯丝温度和电阻发生变化，产生电位差，记录信号并转换后得到组分浓度随着时间变化的色谱峰。被分析物的检出限与被分析物和载气之间的导热性差异有关。由于氢气比大多数分析物具有更高的热导率，所以氢气常被用作热导检测器的载气。常见气体的热导率见表 10-4。

表 10-4 常见气体的热导率

化合物名称	热导系数（$\times10^7$）/［W/（mK）］
氢气	41.6
氦气	34.8
甲烷	7.2
氮气	5.8
戊烷	3.1
己烷	3.0

②火焰离子化检测器

火焰离子化检测器（FID）是最常用的气相色谱检测器，其基本原理是：采用氢气和空气燃烧的火焰作为能源，含碳有机物在火焰中燃烧产生离子，在外加的电场作用下，离子定向运动形成离子流，微弱的离子流经过高电阻，放大转换为电压信号，记录并转换后得到色谱峰，根据离子流的出现时间和强度大小进行分析。其结构如图 10-2 所示。

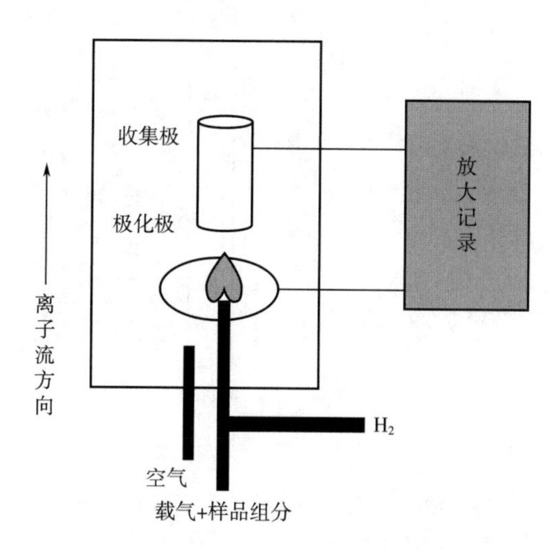

图 10-2　氢火焰离子化检测器基本结构图

火焰离子化检测器是典型的质量型、破坏型检测器，也是选择性检测器，对含碳有机物具有很高的灵敏度，一般来说要比热导检测器灵敏度高几个数量级，但对惰性气体、水、一氧化碳、二氧化碳、氮氧化物、硫化氢等无机物没有响应。火焰离子化检测器常被用于含碳有机物的检测。

③氮磷检测器

氮磷检测器（NPD）又称热离子检测器（TID），是一种质量检测器，也是选择型检测器，对样品中含氮和含磷的化合物具有较高灵敏度和选择性。氮磷检测器通常对全部有机氮化合物和氰化氢（HCN）具有响应，对大多数挥发性有机磷化合物反应灵敏。

氮磷检测器需要空气和氢气作为支持气体，空气和氢气比例约为 100：1。氢气的流速为 3~4mL/min。氮磷检测器内部有一个加热陶瓷珠，陶瓷珠上附有碱金属盐，当试样蒸气和氢气通过碱金属盐表面时，含氮、磷的化合物会从碱金属蒸气中获得电子，失去电子的碱金属形成盐再沉积到陶瓷珠的表面上。氮磷检测器在分析含氮和磷的药物和杀虫剂的样品时有较高的响应，而对其他化合物响应较低。

④电子捕获检测器

电子捕获检测器（ECD）对于容易捕获电子的物质具有很好的响应，主要是含较高电负性的化合物，如卤素、硫、磷、氰基以及一氧化二氮、硝基化合物、二酮和二缩醛等。灵敏度非常高，检出限低，广泛应用于痕量农药残留分析。

电子捕获检测器内部包含一个 β 粒子发射器，通常是^{63}Ni，用于电离氮气、氩气或甲烷等载气。电离后的电子定向迁移到阳极，产生稳定的电流。若试样中含有电负性较强的化合物流入检测器时，强电负性化合物吸引电子，导致电流减小，电流减小值经放大、记录和转换后得到目标色谱图。对于许多化合物，如多卤有机分子，电子捕获检测器的检出限比任何其他气相色谱检测器低。但电子捕获检测器线性范围窄（10^3 ~ 10^4），响应值对分子中电子捕获官能团的数量和类型具有一定的依赖性。电子捕获检测器的基本结构如图 10-3 所示。

⑤火焰光度检测器

火焰光度检测器（FPD），又称硫磷检测器，是一种对硫、磷选择性的检测器，主要用于检测含硫、磷的挥发性有机和无机分子。其工作原理是：含磷或硫的化合物在富氢火焰中燃烧

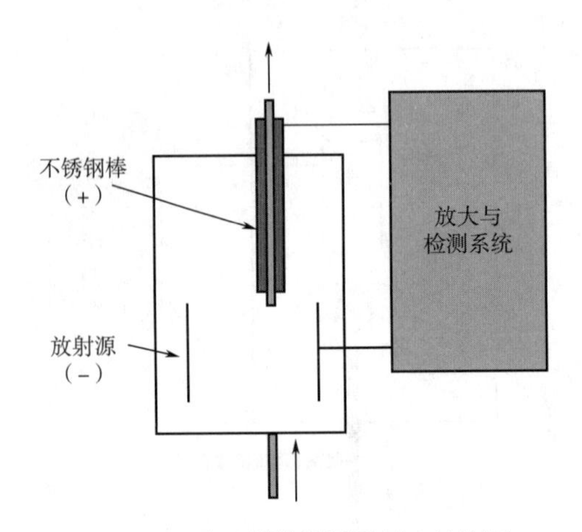

图 10-3　电子捕获检测器基本结构图

时，硫、磷被激发而发射出特征波长的光谱。当硫化物进入火焰，形成激发态的 S^{*2} 分子，此分子回到基态时发射出特征的蓝紫色光；当磷化物进入火焰，形成激发态的 HPO^* 分子，它回到基态时发射出特征的绿色光（波长为480~560nm，最大强度对应的波长为526nm），光强度与被测组分的含量均成正比。特征光经滤光片滤光，再由光电倍增管进行光电转换后，产生相应的光电流。经放大器放大后由记录系统记录下相应的色谱图。与火焰离子化检测器、氮磷检测器和电子捕获检测器不同的是，火焰光度检测器只对含硫或含磷化合物（如二氧化硫、硫化氢、有机硫、有机磷农药残留物等）具有高选择性和高响应。

火焰光度检测器主要由氢火焰发生部位和光度计部分构成，其简单结构如图 10-4 所示。氢火焰发生部位包含有火焰喷嘴、遮光槽、点火器等。光度计部分包括石英窗、滤光片、散热片和光电倍增管等部件。根据硫和磷化合物在富氢火焰中（$H_2 : O_2 > 3 : 1$）燃烧时，生成化学发光物质，发射出特征波长的光，记录这些特征光谱，就能检测硫和磷化合物。

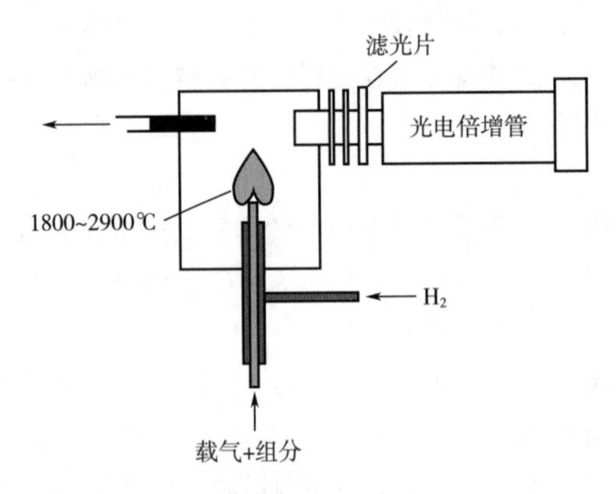

图 10-4　火焰光度检测器基本结构图

⑥质谱检测器

随着分析技术和分析仪器的发展，气相色谱-质谱联用（gas chromatography-mass spectrometry，GC-MS）技术应用更加广泛。在 GC-MS 分析技术中，质谱仪相当于气相色谱仪的一个检测器，能给出化合物的分子质量、分子式及结构信息，是复杂样品组分分离、定性和定量的有力工具。质谱仪具有庞大的谱库，它作为检测器克服了常规气相色谱仪检测器定性的不足。常用的气相色谱-质谱联用仪有气相色谱-四极杆质谱仪（GC-MS）、气相色谱串联三重四极杆质谱仪（GC-MS/MS）、气相色谱-时间飞行质谱仪（GC/ToF-MS）和全二维气相色谱-飞行时间质谱仪（GC/GC/ToF-MS）等。

GC-MS 分析时，样品试样在 GC 进样口进样，汽化后随载气进入色谱柱进行组分分离，随后按照组分出峰顺序先后进入质谱的离子化室进行离子化，然后根据产生的离子质荷比大小的顺序先后被离子检测器检测，最后得到离子流量对碎片的质量数作图形成的质谱图。

GC-MS 技术一般可以通过谱库检索和解析对组分进行定性。GC-MS 技术定量方法根据扫描方式分有两种：①全扫描方式：对基线分离的样品采用 TIC 峰面积进行定量；对未完全分离的组分，可以选择各组分的特征离子，采用 MC 图进行定量。②选择性离子扫描方式：选择特征离子（质量大、强度高的碎片离子），提取离子色谱图可以用于组分的定量分析。定量时可以采用峰面积或者峰高进行定量分析。

质谱检测器使气相色谱在选择性和灵敏度等方面得到了很大的提高，GC-MS 技术已经广泛应用于环境监测、药物分析、食品检测等领域，大大提高了复杂试样中痕量组分定性、定量分析的能力。

⑦检测器性能指标

A. 灵敏度（sensitivity）。灵敏度是指样品量的变化引起信号变化的程度，变化程度越大说明灵敏度越高。灵敏度实际上表示为单位质量或者浓度的物质 ΔQ 通过检测器时所产生信号 ΔR（峰高或峰面积的变化）的大小，用公式表示为：$S=\frac{\Delta R}{\Delta Q}$。

B. 检出限（detection limit）。检出限是指 3 倍信噪比相当的物质的量，用公式表示为 $D=\frac{3S}{N}$，S 为信号响应值，N 为噪声平均响应值。

C. 线性范围（line range）。线性范围是指检测器信号与样品的质量或浓度之间成正比关系的范围。线性范围越宽，越有利于对样品中高含量和痕量组分同时进行定量测定。

不同气相色谱检测器的性能比较见表 10-5。

表 10-5　气相色谱常用检测器的性能指标

检测器	类型	类型	检出限	线性范围	适用范围
热导检测器（TCD）	浓度型	通用型	4×10^{-10} g/mL	10^4	有机、无机物
火焰离子化检测器（FID）	质量型	选择型	4×10^{-12} g/s	10^7	含碳有机物
氮磷检测器（NPD）	质量型	选择型	N：1×10^{-13} g/s P：5×10^{-14} g/s	10^5	含磷、氮化合物
电子捕获检测器（ECD）	浓度型	选择型	10^{-14} g/mL	10^4	卤素及亲电子物质、农药

续表

检测器	类型	类型	检出限	线性范围	适用范围
火焰光度检测器（FPD）	质量型	选择型	P：1×10^{-12} g/s S：1×10^{-11} g/s	P：10^3 S：10^4	含硫、磷化合物、农药
质谱检测器（MSD）	质量型	通用型	10^{-5}ng/g	10^4	有机、无机物

（5）温控系统　气相色谱仪进样口气化室温度、色谱柱温箱温度、检测器温度是进行色谱分析的重要操作参数，其直接影响色谱柱的柱效、色谱柱的选择性、组分之间的分离效能、检测器的灵敏度和稳定性。温控系统在气相色谱中最基本的作用是提供不同温度，由于分配系数 K 是热力学常数，随着温度变化而变化，K 越大，保留时间越长，因此，可以通过色谱柱温箱温度调节分离度，即通过采用程序升温的方式，达到组分良好的分离效果。

一般情况下，为了保证样品组分在进样后能瞬间汽化，综合考虑气化室相关配件的寿命，气化室的温度一般设置在 250~350℃。

色谱柱的控温方式有恒温和程序升温两种，在使用过程中根据样品中组分的分离程度来选择控温方式。升温温度控制应遵循以下注意点：首先，应保证柱温不高于色谱柱的最高耐受温度，避免高温可能导致的固定液流失而影响色谱柱的柱效和使用寿命；其次，选择合适的柱温，应使难分离的两组分达到预期的分离效果，峰形正常而分析时间又不长为宜，一般柱温应比试样中各组分的平均沸点低 20~30℃，通过试验决定；对于沸点范围较宽的试样，应采用程序升温，按预定的加热速度随时间呈线性或非线性地增加温度。

为保证分离后的样品组分在通过检测器时不被冷凝，检测器的温度设置应与分析方法中设置的最高温度一致。不同检测器对温度的设定要求有所差异，其中火焰离子化检测器的温度应设置高于气化室温度的 20~30℃。检测器对温度的变化非常敏感，需要精密控制，一般要求控制在±0.1℃以内。

（6）数据处理和计算机控制系统　色谱数据系统由记录仪、数字积分仪、色谱工作站等组成，是检测器检测信号、显示色谱图并进行定性定量数据处理的部件。目前，常见气相色谱仪均配有专用电子计算机，能自动进行色谱分析、数据处理。分析人员通过色谱工作站，获取各样品组分的保留时间、峰面积或者峰高等信息，对单个、多个或批量样品的检测组分进行定性定量处理。

第三节　气相色谱在食品检测中的应用

气相色谱分析广泛应用于食品科学、生物医学、石油化工以及环境科学等领域。本节主要讲述气相色谱分析在食品检测中的应用。气相色谱法在食品检测所涉及的范围很广，从牛奶、奶酪、肉类、水产品、蛋类到果蔬中的各种风味组分、添加剂、防腐剂以及食品中的农药残留量。下面分别以脂类、农药残留、兽药残留、食品添加剂以及食品掺假相关的检测为例说明气相色谱法在食品检测中的应用。

一、脂类检测

脂类是脂肪和类脂的总称，包括甘油三酯、甘油二酯、甘油单酯、脂肪酸、磷脂、糖脂、固醇类等不溶于水但溶于非极性有机溶剂的化合物。脂肪是食品中重要的营养成分之一，也是人体热量的主要来源，但是过量摄入脂肪对人体健康不利。因此，在食品加工生产过程中，其含量都需要符合国家相关规定。食品中反式脂肪酸也是一类脂肪，以反式油酸、反式亚油酸、反式亚麻酸为主，主要来源于油脂生产加工过程，如油脂的精炼脱臭、油脂氢化、烹饪等。反式脂肪酸对人体心血管健康影响很大，因此测定反式脂肪酸具有重要意义。

脂肪（甘油三酯）由三分子脂肪酸和一分子甘油构成，脂肪酸与甘油结合时有 *sn*-1，*sn*-2，*sn*-3 三个位置选择，同一脂肪酸分布在不同位置具有不同的位置效应。由于结构类似，采用液相色谱法很难对脂肪进行分离检测。气相色谱法是测定脂肪中脂肪酸组成的常用方法之一，具有检出限低、分离度高等优点。具体操作可按照 GB 5009.168—2016《食品安全国家标准 食品中脂肪酸的测定》和 GB 5009.257—2016《食品安全国家标准 食品中反式脂肪酸的测定》进行，脂肪经甲酯化处理后，采用气相色谱检测，可以快速简便地测出食用油的脂肪酸组成，37 种脂肪酸的气相色谱图见图 10-5。

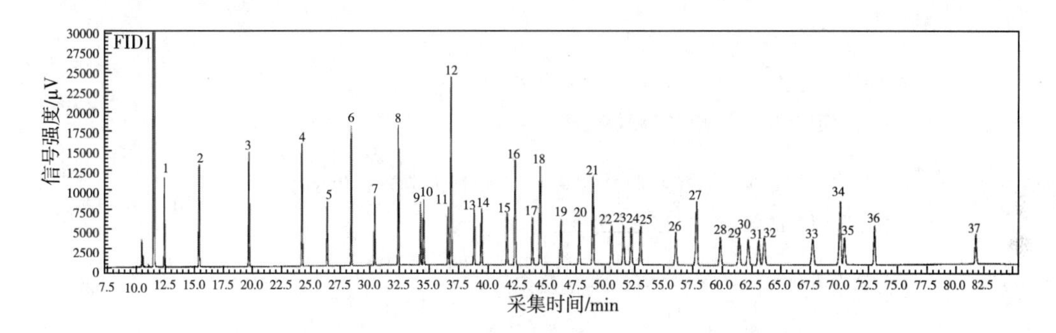

图 10-5 37 种脂肪酸的气相色谱图

图中 1~37 分别对应以下：1—C4：0 2—C6：0 3—C8：0 4—C10：0 5—C11：0 6—C12：0 7—C13：0 8—C14：0 9—C14：1 10—C15：0 11—C15：1 12—C16：0 13—C16：1 14—C17：0 15—C17：1 16—C18：0 17—C18：1n9t 18—C18：1n9c 19—C18：2n6t 20—C18：2n6c 21—C20：0 22—C18 3n6 23—C20：1 24—C18 3n3 25—C21：0 26—C20：2 27—C22：0 28—C20：3n6 29—C22：1n9 30—C20：3n3 31—C20：4n6 32—C23：0 33—C22：2 34—C24：0 35—C20：5 36—C24：1 37—C22：6n3

二、农药残留检测

农药（pesticides）主要是指用来防治危害农林牧业生产的有害生物（害虫、害螨、线虫、病原菌、鼠类及杂草）和调节植物生长的化学药品，但通常也把改善有效成分物理、化学性状的各种助剂包括在内。过度使用农药不仅增加种植成本，更会导致农药在作物表面残留，污染环境，影响人类的身心健康。食品中常见的农药包括有机氯农药、有机磷农药、氨基甲酸酯类农药以及拟除虫菊酯类农药等。随着环保意识和健康意识的加强，农药残留的危害越来越受到人们的关注。许多国家制定了食品中农药残留的最大限量，加强检测技术的研究和应用。GB 2763—2021《食品安全国家标准　食品中农药最大残留限量》规定了564种农药的残留限量，同时也给出了农药残留检测方法指引，表10-6列出部分采用气相相色谱技术测定农药残留的国家标准和农业标准。

表10-6　部分采用气相色谱技术测定农药残留的国家标准

序号	标准名称	标准号
1	《食品安全国家标准　蜂蜜、果汁和果酒中497种农药及相关化学品残留量的测定　气相色谱-质谱法》	GB 23200.7—2016
2	《食品安全国家标准　水果和蔬菜中500种农药及相关化学品残留量的测定　气相色谱-质谱法》	GB 23200.8—2016
3	《食品安全国家标准　粮谷中475种农药及相关化学品残留量的测定　气相色谱-质谱法》	GB 23200.9—2016
4	《食品安全国家标准　食用菌中503种农药及相关化学品残留量的测定　气相色谱-质谱法》	GB 23200.15—2016
5	《食品安全国家标准　食品中有机磷农药残留量的测定　气相色谱-质谱法》	GB 23200.93—2016
6	《食品安全国家标准　植物源性食品中208种农药及其代谢物残留量的测定　气相色谱-质谱联用法》	GB 23200.113—2018
7	《食品安全国家标准　植物源性食品中90种有机磷类农药及其代谢物残留量的测定　气相色谱法》	GB 23200.116—2019
8	《食品中有机氯农药多组分残留量的测定》	GB/T 5009.19—2008
9	《植物性食品中有机氯和拟除虫菊酯类农药多种残留量的测定》	GB/T 5009.146—2008
10	《蔬菜和水果中有机磷、有机氯、拟除虫菊酯和氨基甲酸酯类农药多残留的测定》	NY/T 761—2008

以GB 23200.113—2018《食品安全国家标准　植物源性食品中208种农药及其代谢物残留量的测定　气相色谱-质谱联用法》中蔬菜水果中农药残留检测为例，将蔬菜水果等样品搅碎并经匀浆处理后，以乙腈为溶剂进行超声提取，采用QuEChERS方法净化提取液，然后采用HP-5 MS毛细管柱（或其他等效毛细管色谱柱）分离样品组分，三重四极杆质谱检测器检测。测得的208种农药标准溶液的气相色谱图如图10-6所示，208种农药在40min内得到了很好的响应和分离效果，样品加标回收率为80%~105%。

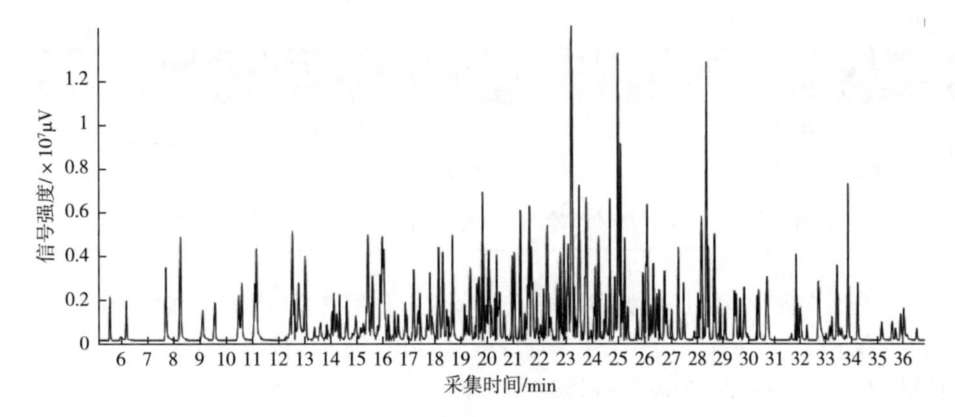

图 10-6　208 种农药标准溶液的气相色谱图

三、兽药残留检测

随着时代的发展，人们对动物源食品的品质要求日益提高，动物源食品中的兽药残留已经成为人们关注的焦点。因此，加强对兽药使用监管和兽药残留的检测变得十分重要。常见兽药残留的种类包括抗生素类药物、磺胺类药物、硝基呋喃类药物、抗寄生虫类药物、激素类药物等。兽药残留主要来源于过量使用药物、非法使用禁用药物、屠杀前用药等不规范使用兽药。

GB 31650—2019《食品安全国家标准 食品中兽药最大残留限量》规定了 154 种兽药的残留限量以及 9 种不得在动物性食品中检出的兽药。气相色谱法具有分离效果好，测定精度高的优点，在兽药残留的应用具有举足轻重的地位。部分兽药残留气相色谱法检测标准见表 10-7。

表 10-7　　部分兽药残留气相色谱法检测标准

序号	标准名称	标准代号或农业部公告号
1	《食品安全国家标准 水产品中辛基酚、壬基酚、双酚 A、己烯雌酚、雌酮、17α-乙炔雌二醇、17β-雌二醇、雌三醇残留量的测定　气相色谱-质谱法》	GB 31660. 2—2019
2	《食品安全国家标准　水产品中氟乐灵残留量的测定　气相色谱法》	GB 31660. 3—2019
3	《食品安全国家标准 动物性食品中林可霉素、克林霉素和大观霉素多残留的测定　气相色谱-质谱法》	GB 29685—2013
4	《猪肝和猪尿中 β-受体激动剂残留检测　气相色谱-质谱法》	农业部 1031 号公告-3-2008
5	《动物源性食品中双甲脒残留标识物检测　气相色谱法》	农业部 1163 号公告-3-2009
6	《动物源性食品中氯霉素残留检测　气相色谱法》	农业部 1025 号公告-21-2008
7	《猪肝中氯丙嗪残留检测　气相色谱-质谱法》	农业部 1163 号公告-8-2009

续表

序号	标准名称	标准代号或农业部公告号
8	《食品安全国家标准 动物性食品中林可霉素、克林霉素和大观霉素多残留的测定　气相色谱-质谱法》	GB 29685—2013
9	《鸡肉和鸡肝中己烯雌酚残留检测　气相色谱-质谱法》	农业部 1031 号公告-4-2008

由于兽药大多数为极性大、沸点高的化合物，直接使用气相色谱法较难检测。因此，需要使用三甲基氯硅烷、七氟丁酸酐等衍生剂进行衍生，降低化合物极性和沸点，然后使用气相色谱法检测。以 GB 31660.2—2019《食品安全国家标准 水产品中辛基酚、壬基酚、双酚 A、己烯雌酚、雌酮、17α-乙炔雌二醇、17β-雌二醇、雌三醇残留量的测定 气相色谱-质谱法》为例，试样中兽药残留经乙酸乙酯提取，利用 HLB 固相萃取柱净化，净化液经七氟丁酸酐衍生后供气相色谱-质谱仪检测。

四、食品添加剂的检测

食品添加剂是指为改善食品品质和色、香、味，以及为防腐、保鲜和加工工艺的需要而加入食品中的人工合成或者天然物质。食品添加剂种类繁多、功能各异，包括防腐剂、抗氧化剂、漂白剂、着色剂、护色剂、甜味剂等。我国对食品添加剂的安全管理作了相关规定，以确保食品添加剂的安全使用。GB 2760—2024《食品安全国家标准 食品添加剂使用标准》规定了各种食品添加剂的残留限量。

食品添加剂包含无机物和有机物，测定方法有很多，气相色谱法为其中之一。可采用气相色谱法测定的部分食品添加剂，如糖精（邻苯甲酰磺酰亚胺）、甜蜜素（环已基氨基磺酸钠）、山梨糖醇等甜味剂；苯甲酸钠和山梨酸钾等防腐剂；硝酸盐等护色剂；BHA（丁基羟基茴香醚）和 BHT（二丁基羟基甲苯）等抗氧化剂。表 10-8 列出了上述食品添加剂采用气相色谱法测定的原理。

表 10-8　部分食品添加剂采用气相色谱法测定的原理

检验项目	原理
糖精	糖精难挥发，需先和甲基化试剂衍生反应生成甲基糖精，然后使用气相色谱检测
甜蜜素	在酸性介质中与硝酸钠反应，生成环己醇硝酸酯
山梨糖醇	样品经水或乙醇提取，利用减压浓缩方法去除水，衍生化得乙酰化山梨糖醇衍生物
苯甲酸钠和山梨酸钾	样品酸化后，用乙醚提取苯甲酸和山梨酸，采用火焰离子化检测器测定苯甲酸钠和山梨酸钾的含量
硝酸盐	硝酸盐与苯作用生成硝基苯，以 2-氯萘为内标，气相色谱仪检测
BHA 和 BHT	样品使用石油醚提取，净化、浓缩，火焰离子化检测器检测

五、食品掺假的检测

在食品真实性的鉴定方面，气相色谱技术也有很多的应用。如白酒掺伪的检测，通过气相色谱法检测白酒中甲醇、杂醇油、甲醛、氰化物以及风味物质（如乙酸乙酯、己酸乙酯、乳酸乙酯等）的含量，可明确地判断出白酒是否掺伪；另外，通过气相色谱法是测定食用油中脂肪酸、胆固醇等组成，通过与真实植物油中的主要特征成分如脂肪酸和甘油三酯以及胆固醇等的含量对比，分析其组成和成分的差异便可以鉴定是否掺假。

思考题

1. 简述气相色谱仪的基本结构。
2. 毛细管柱气相色谱法的优点有哪些?
3. 气相色谱常用的检测器及其适用范围是什么?
4. 气相色谱常用固定相的分类有哪些?
5. 气相色谱法在食品检测领域的应用有哪些?

CHAPTER 11

第十一章 高效液相色谱法

学习目标

1. 学习高效液相色谱法的特点，掌握色谱分析理论基础、液相色谱法的主要类型及其分离原理，掌握液相色谱法中的固定相和流动相分类、特点及应用范围。

2. 了解高效液相色谱仪结构系统组成，熟悉各模块的构造、作用及注意事项，重点掌握不同类型检测器的原理、特点和应用范围。

3. 了解液相色谱法在食品分析中的应用。

第一节　高效液相色谱法概述及基本原理

一、概述

高效液相色谱法是20世纪70年代发展起来的一项高效、快速的分离技术，它以液体为流动相，在经典的液体柱色谱法基础上，利用高压泵、高效固定相和高灵敏度检测器等技术，实现了快速、高效和自动化的分析。液相色谱可以用来进行液固吸附、液液分配、离子交换和空间排阻色谱（即凝胶渗透色谱）分析等，应用广泛。

液相色谱法以其分离效能高、检测性能高、分析速度快而成为现代分析方法中应用广泛的分离技术之一。它利用混合物中各组分在两相间分配系数不同来实现分离，两相中不动的一相称为固定相，另一相称为流动相，负责携带混合物中各组分流经固定相，当流动相中所含混合物流经固定相时，会与固定相发生作用，由于各组分在性质和结构上的差异，其与固定相发生作用的强弱也有差异，因此在同一推动力作用下，各组分在固定相上的滞留时间就会有长有短，从而实现先后不同的次序从固定相中流出。

色谱法有多种类型，从不同角度出发，又有各种分类。本章介绍的液相色谱法即是流动相为液体的色谱分离技术。

二、高效液相色谱法基本原理及仪器结构

（一）高效液相色谱法的特点

高效液相色谱法只要求试样能够制成溶液，不需要目标物汽化，因此不受目标物挥发性和热稳定性的限制，对于高沸点、热稳定性差、相对分子质量大（>400）的有机物原则上都可以用高效液相色谱法进行分离、分析。在分析过程中，高效液相色谱法表现出“四高一广”的突出特点。

（1）高压　液相色谱法以液体作为流动相，流动相流经色谱柱时，受到的阻力较大，为了能迅速通过色谱柱，必须对其施加高压。现代液相色谱法中供液压力和进样压力都很高，可高达（150~350）$\times 10^5$Pa。

（2）高速　分析速度快、载液流速快，较经典液体色谱法速度快得多，通常分析一个样品需 15~30min，有些样品在 1min 甚至更短时间内即可完成。例如，用经典色谱法分离氨基酸，柱长约 170cm、柱径 0.9cm、洗脱液流量 30mL/h，需要二十多小时才能分离出 20 种氨基酸，而使用高效液相色谱法，在 1h 内即可完成。

（3）高效　通过固定相和流动相的选择与优化，高效液相色谱法色谱柱的柱效可达 30000 塔板/m 以上。

（4）高灵敏度　高效液相色谱已广泛采用高灵敏度的检测器，进一步提高了分析的灵敏度。如紫外检测器的最低检出限可达纳克数量级（10^{-9}g），荧光检测器的灵敏度可达 10^{-11}g。高效液相色谱的高灵敏度还表现在所需试样量少，微升数量级的试样就足以进行全分析。

（5）应用范围广　70%以上的有机化合物可用高效液相色谱分析，特别是高沸点、大分子、强极性、热稳定性差化合物的分离分析，液相色谱法优势更为明显。

（二）液相色谱法的主要类型及其分离原理

根据分离机制的不同，高效液相色谱法可分为：液-液分配色谱法及化学键合相色谱法、液-固色谱法、离子对色谱法、离子交换色谱法、离子色谱法和空间排阻色谱法等。

1. 液-液分配色谱法及化学键合相色谱法

液-液分配色谱（liquid-liquid partition chromatography）及化学键合相色谱（chemically bonded phase chromatography）中，流动相和固定相都是液体，从理论上说，流动相与固定相互不相溶，两者间有一个明显的分界面。试样溶于流动相后，在色谱柱内经过分界面进入固定液（固定相），由于试样组分在固定液和流动相之间的相对溶解度存在差异，会在两相之间进行分配。当达到平衡时，物质的分配服从于下式：

$$K=\frac{c_S}{c_M}=k\frac{V_M}{V_S} \tag{11-1}$$

式中　K——分配系数；

c_S——组分在固定相中的浓度；

c_M——组分在流动相中的浓度；

V_M——色谱柱中流动相的体积；

V_S——色谱柱固定相体积；

k——容量因子或容量比。

液-液分配色谱法的分离顺序取决于分配系数的大小，分配系数大的组分保留时间大。在液-液色谱中，为了避免固定液的流失，对于亲水性固定液通常采用疏水性流动相，即流动相的极性小于固定液的极性，这种情况称为正相液-液色谱法（normal phase liquid chromatography）。反之，若流动相极性大于固定液极性，则称为反相液-液色谱法（reverse phase liquid chromatography），后者的出峰顺序与前者相反。但在色谱分离过程中，由于固定液在流动相中不可避免的有微量溶解，以及流动相通过色谱柱时的机械冲击，固定液会不断流失，从而导致保留时间偏离、柱效和选择性变坏等不良后果。为了更好地解决固定液从载体上流失的问题，将各种不同有机基团通过化学反应共价键合到硅胶（填料）表面的游离羟基上，代替机械涂渍的液体固定相，从而产生了化学键合固定相。自 20 世纪 70 年代以来，液相色谱分析工作大多在化学键合固定相上进行。它不仅用于正相色谱法、反相色谱法，还用于离子色谱法等色谱技术上。其中，反相化学键合相色谱法由于操作系统简单，色谱分离过程稳定，加之分离技术灵活多变，已经成为高效液相色谱法中应用广泛的一个分支。

2. 液-固色谱法

液-固色谱法（liquid-solid adsorption chromatography，又称液-固吸附色谱法）。流动相为液体固定相为吸附剂，这是根据物质吸附作用的不同来进行分离的。其作用机制是溶质分子（X）和溶剂分子（S）对吸附剂活性表面的竞争吸附，可用下式表示：

$$X_m + nS_a \rightleftharpoons X_a + nS_m \tag{11-2}$$

式中　X_m 和 X_a——在流动相中的溶质分子和被吸附的溶质分子；

S_a——被吸附在吸附剂表面的溶剂分子；

S_m——在流动相中的溶剂分子；

n——被吸附的溶剂分子数。

溶质分子被吸附，将取代固定相表面上的溶剂分子，这种竞争吸附达到平衡时，可用下式表示：

$$K = \frac{[X_a][S_m]^n}{[X_m][S_a]^n} \tag{11-3}$$

式中　K——吸附平衡系数，即分配系数；

$[X_a]$——被吸附的溶质分子浓度；

$[X_m]$——流动相中的溶质分子浓度；

$[S_a]$——被吸附在吸附剂表面的溶剂分子浓度；

$[S_m]$——流动相中的溶剂分子浓度。

上式表明，如果溶剂分子吸附性更强，被吸附的溶质分子将相应地减少。显然，分配系数较大的组分，吸附剂对其吸附能力更强，保留值更大。

液-固色谱法适用于分离相对分子质量中等的油溶性试样，对具有不同官能团的化合物和异构体有较高的选择性。凡是能用薄层色谱法（thin layer chromatography）成功分离的化合物，都可以用液-固色谱法进行分离。液-固色谱法通常存在由非线性等温吸附产生的色谱峰拖尾的缺点。

3. 离子对色谱法

离子对色谱法（ion pair chromatography）是将一种或多种与溶质分子电荷相反的离子（称

为对离子或反离子）加到流动相或固定相中，使其与溶质离子结合形成疏水性离子对化合物，从而控制溶质离子的保留行为。用于阴离子分离的对离子通常是烷基胺类，如氢氧化四丁基铵、氢氧化十六烷基三甲铵等；用于阳离子的对离子通常是烷基磺酸类，如己烷磺酸钠等。离子对色谱的分离机理有不同的论述，现以离子对分配机理为例。在色谱分离过程中，流动相中待分离的有机离子 X^+（也可以是带负电荷的离子）与固定相或流动相中的对离子 Y^- 相结合，形成离子对化合物 X^+Y^-，然后在两相间进行分配：

$$[X^+]_{水相} + [Y^-]_{水相} = [X^+Y^-]_{有机相} \tag{11-4}$$

K_{XY} 是其平衡常数：

$$K_{XY} = \frac{[X^+Y^-]_{有机相}}{[X^+]_{水相} \cdot [Y^-]_{水相}} \tag{11-5}$$

根据定义，溶质的分配系数 D_x 为：

$$D_x = \frac{[X^+Y^-]_{有机相}}{[X^+]_{水相}} = K_{XY} \cdot [Y^-]_{水相} \tag{11-6}$$

式中 $[X^+Y^-]_{有机相}$——离子对化合物 X^+Y^- 的浓度；

$[X^+]_{水相}$——有机离子 X^+ 的浓度；

$[Y^-]_{水相}$——对离子 Y^- 的浓度。

这表明，分配系数与水相中对离子 Y^- 的浓度和 K_{XY} 有关。

离子对色谱法根据流动相和固定相的性质可分为正相离子对色谱法和反相离子对色谱法。反相离子对色谱法更为常用，采用非极性的疏水固定相，如十八烷基键合相，以含有对离子 Y^- 的甲醇-水或乙腈-水溶液为流动相。试样离子 X^+ 进入柱内后，与对离子生成离子对 X^+Y^-，后者在疏水固定相表面分配或吸附。此时待分离组分 X^+ 在两相中的分配系数为 D_X，其容量因子 k 为：

$$k = D_X \cdot \frac{V_s}{V_m} = K_{XY} \cdot [Y^-]_{水相} \cdot \frac{1}{\beta} \tag{11-7}$$

$$t_R = \frac{L}{u}\left(1 + K_{XY}[Y^-]_{水相} \cdot \frac{1}{\beta}\right) \tag{11-8}$$

式中 V_m——色谱柱中流动相体积；

V_s——色谱柱中固定相体积；

K_{XY}——平衡常数；

β——相比；

t_R——保留时间；

L——柱长；

u——流动相在柱内的线速度。

可见保留值随 K_{XY} 和 $[Y^-]_{水相}$ 的增大而增大。平衡常数 K_{XY} 取决于对离子和有机相的性质。对离子的浓度是控制反相离子对色谱溶质保留时间的主要因素，可在较大范围内改变分离的选择性。

离子对色谱法解决了诸如酸、碱、离子、非离子的混合物的分离问题，特别是一些生化试样如核酸、核苷酸、儿茶酚胺、生物碱以及药物等的分离。各种强极性的有机酸、有机碱的分离，若利用吸附或分配色谱法一般需要强极性的洗脱液，色谱峰容易发生严重的拖尾现象。若利用离子对色谱法，则分离效果好，分析速度快，操作简单。此外，还可给试样引入紫外吸收或荧光基团，以提高检测灵敏度。

4. 离子交换色谱法

离子交换色谱法（ion-exchange chromatography）是基于离子交换树脂上可解离的离子与流动相中具有相同电荷的溶质离子进行可逆交换，根据解离离子对溶质离子具有不同亲和力而将其分离。凡是在溶剂中能够解离的物质通常都可以用离子交换色谱法进行分离。被分析物质解离后产生的离子与树脂上带有相同电荷的离子（反离子）进行交换而达到平衡，其过程可用下式表示。

阳离子交换：

$$M^{+} + (N_a{}^{+-}O_3S\text{—树脂}) \rightleftharpoons (M^{+-}O_3S\text{—树脂}) + N_a{}^{+}$$

阴离子交换：

$$X^{-} + (Cl^{-+}R_4N\text{—树脂}) \rightleftharpoons (X^{-+}R_4N\text{—树脂}) + Cl^{-}$$

从以上两式可以看出，溶剂中的阳离子 M^+ 与树脂中的 $N_a{}^+$ 交换后，溶剂中的 M^+ 进入树脂，而 Na^+ 进入溶剂，最终达到平衡；同样，溶剂中的 X^- 与树脂中的 Cl^- 进行交换，达到平衡后，其平衡常数 K_X 为：

$$K_X = \frac{[—NR_4^+X^-][Cl^-]}{[—NR_4^+Cl^-][X^-]} \tag{11-9}$$

分配系数 D_X（阴离子交换）为：

$$D_X = \frac{[—NR_4^+X^-]}{[X^-]} = K_X \cdot \frac{[—NR_4^+X^-]}{[Cl^-]} \tag{11-10}$$

对于阳离子交换过程，可以类推得到相应的 K 和 D。由于不同的物质在溶剂中解离后，对离子交换中心具有不同的亲和力，分配系数 D 越大，表示溶质的离子与交换离子的相互作用越强，其在色谱柱中的保留值也越大。

5. 离子色谱法

离子色谱法（ion chromatography，IC）是在离子交换色谱法的基础上于 20 世纪 70 年代中期发展起来的液相色谱法，并快速发展成为水溶液中阴离子分析的最佳方法。该方法利用离子交换树脂为固定相，电解质为流动相。通常以电导检测器为通用检测器，为消除流动相中强电解质背景离子对电导检测器的干扰，设置了抑制器（suppressor）。试样组分在分离柱和抑制器上的反应原理与离子交换色谱法相同。例如，在阴离子分析中，试样通过阴离子交换树脂时，流动相中待测阴离子（以 Br^- 为例）与树脂上的 OH^- 交换，洗脱反应则为交换反应的逆过程。

$$R—OH^- + Na^+Br^- \rightleftharpoons R—Br^- + Na^+\ OH^-$$

式中，R 代表离子交换树脂。在阴离子分离中，最简单的洗脱液是 NaOH，洗脱过程中 OH^- 从分离柱的阴离子交换位置置换待测阴离子 Br^-，当待测阴离子从色谱柱中被洗脱进入电导池时，要求能检测出洗脱液电导率的改变。但由于洗脱液中 OH^- 的浓度要比试样阴离子浓度大得多，因此，与洗脱液自身的电导率值相比，待测离子进入洗脱液而引起电导率的改变非常小，导致电导检测器直接测定试样中阴离子的灵敏度较差。若使分离柱流出的洗脱液通过填充有高

容量 H^+的阳离子交换树脂的抑制器，在抑制器上发生阳离子交换反应：

$$R—H^+ + Na^+OH^- \longrightarrow R—Na^+ + H_2O$$

$$R—H^+ + Na^+Br^- \longrightarrow R—Na^+ + H^+Br^-$$

由此可见，从抑制器流出的洗脱液中，洗脱液（NaOH）已被转变成电导率值很低的水，消除了本底电导率的影响。试样阴离子则被转变成相应的酸，由于 H^+的离子淌度是 Na^+的 7 倍，这就大大提高了待测离子的检测灵敏度。

在阳离子分析中也有相似的过程。以阳离子交换树脂作为分离柱，一般用无机酸作为洗脱液，洗脱液进入阳离子交换柱洗脱分离阳离子后，进入填充有 OH^-型高容量阴离子交换树脂的抑制器，将酸（即洗脱液）转变为水。

$$R—OH^- + H^+Cl^- \longrightarrow R—Cl^- + H_2O \qquad (11-11)$$

同样，将试样阳离子 M^+转变成相应的碱：

$$R—OH^- + M^+Cl^- \longrightarrow R—Cl^- + M^+OH^-$$

抑制器降低了酸洗脱液的电导率，而且由于 OH^-的离子淌度是 Cl^-的 2.6 倍，提高了阳离子的检测灵敏度。

上述使用了抑制器的离子色谱法又称化学抑制型离子色谱法。如果选择低电导的洗脱液（流动相），如（1~5）$\times 10^{-4}$mol/L 的苯甲酸盐或邻苯二甲酸盐，不仅能有效地分离、洗脱分离柱上的各阴离子，且由于背景电导率较低，能清晰区分试样中痕量的 F^-、Cl^-、NO_3^-、SO_4^{2-}等阴离子的电导信号。该方法称为单柱型离子色谱法，又称非抑制型离子色谱法，其分析流程类似于通常的高效液相色谱法，分离柱直接与电导检测器连接而不采用抑制器。洗脱液的选择是非抑制型离子色谱法中最重要的问题，不仅关系着分析的灵敏度和检出限，还决定着能否将试样组分分离。

离子型化合物的阴离子分析长期以来缺乏快速灵敏的方法，离子色谱法是目前解决此问题的快速、灵敏、准确的多组分分析方法。目前，检测手段已经扩展到电导检测器之外的其他类型检测器，如电化学检测器、紫外光度检测器等。离子色谱法的应用范围也在扩展，从无机和有机阴离子到金属阳离子，从有机阳离子到糖类、氨基酸、核苷酸等。

6. 空间排阻色谱法

空间排阻色谱法（steric exclusion chromatography）以凝胶作为固定相，其分离机制类似于分子筛，但凝胶的孔径比分子筛要大得多，一般为数纳米到数百纳米。待测物在两相之间不是靠相互作用力的不同来进行分离，而是按分子大小进行分离。分离只与凝胶的孔径分布和待测物的流体力学体积或分子大小有关。排阻色谱法的色谱柱内填充的凝胶具有一定大小的孔穴分布，试样进入色谱柱后，随流动相在凝胶外部间隙以及孔穴旁边流过。试样中一些较大的分子不能进入胶孔而受到排阻，因此就直接通过柱子并首先流出，另一些很小的分子可以进入胶孔并渗透到颗粒中，这些组分在色谱柱上保留时间最长，最后才能流出。试样中，中等大小的分子可渗透到一部分孔穴中，因此以中等速度流出。由于溶剂分子通常是非常小的，它们最后被洗脱。排阻色谱法的分离是建立在分子大小的基础上，洗脱次序将取决于组分相对分子质量的大小，相对分子质量大的组分先洗脱。但分子的形状也对保留行为有重要作用，例如，利血平的相对分子质量为608，但实验校正曲线上却是与相对分子质量为410的分子相当，这是由于它有紧密的结构，在溶剂中分子体积较小导致的。

凝胶渗透色谱法（gel permeation chromatography）、凝胶过滤色谱法（gel filtration chromatography）也是排阻色谱法的一类。此类方法在1950年后开始应用，由于其可以测量较广泛的相对分子质量的分布，该方法受到很大重视。最初，流动相只使用水溶液，所以采用凝胶过滤这一名词，后来使用非水溶剂，所以采用凝胶渗透一词，由于其分离机制没有任何区别，统称为空间排阻色谱法。

排阻色谱法的分离机制与其他色谱类型不同，它具备一些独有的特点。排阻色谱法的试样峰全部在溶剂峰之前出现，它们在柱内停留时间短，柱内峰扩展比其他分离方法小得多，峰型通常较窄，有利于进行检测。固定相和流动相的选择简便，适用于分离相对分子质量较大（通常2000以上）的化合物，在合适的条件下也可分离相对分子质量小至100的化合物。然而排阻色谱不能用来分离大小相似、相对分子质量接近的分子，如异构体等。对于一些高聚物，由于其组分相对分子质量的变化是连续的，虽不能用排阻色谱进行分离，但可以测定其相对分子质量的分布（分级）情况。

（三）液相色谱法固定相

高效色谱柱是高效液相色谱法的心脏，而其中最关键的是固定相及其填装技术，现按不同液相色谱法的所用固定相类型分述如下。

1. 液-液色谱法、化学键合相色谱法及离子对色谱法固定相

液-液色谱法、化学键合相色谱法及离子对色谱法所用的填料可分为全多孔型填料和表面多孔型填料。

（1）全多孔型填料（porous micro beads support）　高效液相色谱最初使用的填料与气相色谱类似，是颗粒均匀的多孔球体，如由氧化硅、氧化铝、硅藻土等制成的直径为100μm左右的全多孔型填料。由于分子在液相中的扩散系数比在气相中小4~5个数量级，填料的不规则性和较宽的粒度范围所形成的填充不均匀性会造成色谱峰扩展。此外，由于填料颗粒孔径分布不一，并存在“裂隙”，在颗粒“裂隙”中会形成滞留液体，待测物分子在“裂隙”中扩散和传质缓慢，这样就进一步促使色谱峰变宽。

为克服上述缺点，获得高柱效的色谱柱，从色谱动力学角度来看，应缩小填料的颗粒，并改进装填技术，最终制备出均匀的色谱柱。20世纪70年代初期出现了粒径小于70μm的全多孔型填料，它是由纳米级的硅胶微粒堆聚而成为5μm或稍大的全多孔小球。由于其颗粒小，传质距离短，因此柱效高，柱容量也不小。

（2）表面多孔型填料　又称薄壳型微珠填料（pellicular micro beads support），它是直径为30~40μm的实心核，表面附有一层厚度为1~2μm的多孔表面（多孔硅胶）。由于固定相只是表面很薄的一层，传质速度快，加上填料是直径很小的均匀球体，装填容易，重现性较好，因此在20世纪70年代得到较广泛的应用。但由于比表面积较小，试样容量低，需要配用较高灵敏度的检测器。随着近年来全多孔微粒填料的深入研究和装填技术的发展，目前粒度为1~10μm的全多孔微粒填料是使用最广泛的高效填料。

（3）化学键合固定相　液-液色谱固定相采用机械涂渍的方法将固定液涂附在填料上，以组成固定相。从原则上讲，气相色谱中使用的固定液只要不与流动相互溶就可用作液-液色谱的固定液。考虑到液-液色谱中流动相也影响分离效果，其常用的固定液只有极性不同的几种，如强极性的β-β'-氧二丙腈、中等极性的聚乙二醇400和非极性的角鲨烷等。但如前所述，将

固定液机械涂渍在填料上会导致固定液流失。

为避免以上缺陷，20 世纪 60 年代后期发展了一种新型的固定相——化学键合相固定相，即用化学反应的方法把有机分子键合到填料表面。根据硅胶表面（具有≡Si—OH）键合的化学基团不同，键合固定相可分为硅氧碳键型（≡Si—O—C）、硅氧硅碳键型（≡Si—O—Si—C）、硅碳键型（≡Si—C）和硅氮键型（≡Si—N）四种，其中≡Si—O—Si—C 型因其化学键稳定、耐水、耐热、耐有机溶剂，使用最广泛。在硅胶表面利用硅烷化反应制得≡Si—O—Si—C 键型（十八烷基键合相）的反应为：

$$\left|\begin{array}{l}\text{—Si—OH}\\ \text{—Si—OH}\\ \text{—Si—OH}\\ \text{—Si—OH}\end{array}\right. \xrightarrow[(C_2H_5)_3N]{C_{18}H_{37}SiCl_3} \left|\begin{array}{l}\text{—Si—O—}\underset{\text{Cl}}{\overset{\text{Cl}}{\text{Si}}}\text{—}C_{18}H_{37}\\ \text{—Si—OH}\\ \text{—Si—O}\diagdown_{\text{Si}}\diagup^{\text{Cl}}\\ \text{—Si—O}\diagup\quad\diagdown_{C_{18}H_{37}}\end{array}\right.$$

化学键合固定相还具有以下特点：表面没有“裂隙”，传质快；无固定液流失，增加了色谱柱的稳定性和寿命；有利于梯度洗脱，也有利于配用灵敏的检测器和收集器；通过键合不同的官能团，灵活改变色谱柱特性，以满足不同试样的分析。部分化学键合固定相及其应用列于表 11-1。

表 11-1 化学键合相色谱应用

试样种类	键合基团	流动相	色谱类型	实例
低极性，溶解于烃类	$—C_{18}$	甲醇-水 乙腈-水 乙腈-四氢呋喃	反相	多环芳烃、甘油三酯、类脂、脂溶性维生素、甾族化合物、氢醌
中等极性，可溶于醇	—CN $—NH_2$	乙腈、正己烷 氯仿、异丙醇	正相	脂溶性维生素、甾族、芳香醇、胺、类脂止痛药 芳香胺、脂、氯化农药、苯二甲酸
	$—C_{18}$ $—C_8$ —CN	甲醇、水 乙腈	反相	甾族、可溶于醇的天然产物、维生素、芳香酸、黄嘌呤
高极性，可溶于水	$—C_8$ —CN	甲醇、乙腈、水、缓冲液	反相	水溶性维生素、胺、芳醇、抗生素、止痛药
	$—C_{18}$	水、甲醇、乙腈	反相离子对	酸、磺酸类、儿茶酚胺
	$—SO_3^-$	水和缓冲液	阳离子交换	无机阳离子、氨基酸
	$—NH_3^+$	磷酸缓冲液	阴离子交换	核苷酸、糖、无机阴离子、有机酸

化学键合固定相的分离机制既不是全部吸附过程，也不是典型的液-液分配过程，而是双

重机制兼有，只是按键合量的多少而各有侧重。

2. 液-固吸附色谱法固定相

液-固吸附色谱法采用的吸附剂有硅胶、氧化铝、分子筛、聚酰胺等，仍可分为全多孔型和薄壳型两种，目前较常使用的是2~10μm的硅胶颗粒（全多孔型）。

3. 离子交换色谱法固定相

通常分为薄膜型离子交换树脂和离子交换键合树脂。薄膜型离子交换树脂常为薄壳型离子交换树脂，即以薄壳珠为填料，在其表面涂渍约1%的离子交换树脂而成。离子交换键合树脂是用化学反应将离子交换基团键合在惰性填料表面。它也分为两类，一类是键合薄壳型，填料是薄壳珠；另一类是键合微粒填料型，它的填料是微粒硅胶。后者是近年来出现的新型离子交换树脂填料，既具有键合薄壳型离子交换树脂的优点，又可在室温下实现分离，柱效高且试样容量更大。

上述两类离子交换树脂又可以分为阳离子交换树脂及阴离子交换树脂。按离子交换官能团的酸碱性强弱，又可分为强酸性及弱酸性离子交换树脂，强碱性及弱碱性离子交换树脂，由于强酸或强碱性离子交换树脂比较稳定，pH适用范围较宽，因此在离子色谱中应用较多。

4. 排阻色谱固定相

常用的排阻色谱固定相分为软质、半硬质和硬质凝胶三种。所谓凝胶，是含有大量液体（一般是水）的柔软而富于弹性的物质，是一种经过交联而具有立体网状结构的多聚体。

软质凝胶主要有葡聚糖凝胶、琼脂凝胶等，水为流动相。葡聚糖凝胶又称交联葡聚糖凝胶，是由葡聚糖（右旋糖苷）和甘油基通过醚桥（$—O—CH_2—CHOH—CH_2—O—$）相交联而成的多孔网状结构，在水中可以膨胀成凝胶粒子。葡聚糖凝胶孔径的大小可通过交联剂的比例来控制，交联度大的凝胶孔隙小，吸水少，膨胀度也小，适用于相对分子质量小的物质的分离。交联度小的凝胶孔隙大，吸水膨胀的程度也大，适用于相对分子质量大的物质的分离。软质凝胶耐压不高，在压强9.8×10^4Pa左右即被压坏，因此它只能用于常压排阻色谱法。

半硬质凝胶如苯乙烯-二乙烯基苯交联共聚凝胶（交联聚苯乙烯凝胶）是应用较多的有机凝胶，不能溶于丙酮、乙醇类极性溶剂，可溶于非极性有机溶剂。由于不同溶剂的溶胀因子各不相同，此类凝胶不能随意更换溶剂。半硬质凝胶虽然可以承受较高压力，但流速也不宜过大。

硬质凝胶如多孔硅胶、多孔玻璃珠等。多孔硅胶是使用较多的无机凝胶，它具有化学稳定性好、热稳定好、机械强度高的优点，可在柱中直接更换溶剂，缺点是存在吸附残留问题，需要进行特殊处理。可控孔径玻璃珠是近年来备受青睐的另一种固定相。它具有特定的孔径和较窄的粒径分布，色谱柱易于填充均匀，对流动相体系（水或非水体系）、压力、流速、pH或离子强度等都影响较小，适用于较高流速下操作。

（四）液相色谱法流动相

在液相色谱中，当固定相选定时，流动相的种类、配比能显著地影响分离效果，因此流动相的选择很重要。

在流动相选择时应注意以下几个因素：

①流动相一般采用色谱纯试剂，必要时需进一步纯化，以除去干扰的杂质。色谱柱使用期间，流过色谱柱的溶剂是大量的，若溶剂不纯，长期积累会导致检测器噪声增加，影响分离出的目标物纯度。

②避免使用引起柱效损失或保留特性变化的溶剂，如在液-固色谱中，硅胶吸附剂不能使

用碱性溶剂（胺类）或含有碱性杂质的溶剂。同样，氧化铝吸附剂不能使用酸性溶剂。在液-液色谱中流动相应与固定相不互溶（不互溶是相对的），否则会造成固定相流失，使色谱柱的保留特性改变。

③对试样要有适宜的溶解度，否则易在色谱柱头产生部分沉淀。

④溶剂的黏度不宜过大，黏度过大会降低试样组分的扩散系数，造成传质速率缓慢，柱效下降。同时，在同一温度下，柱压随溶剂黏度的增加而升高。

⑤应与检测器相匹配。如对紫外光度检测器而言，不能使用对检测波长存在吸收的溶剂。

⑥溶剂的极性选择要适宜。如在正相色谱中，可优先选择中等极性的溶剂为流动相，若组分的保留时间太短，表示溶剂的极性太大，改用极性较弱的溶剂；若组分保留时间太长，则再选择极性较大的溶剂。如此多次试验，以选得最佳的溶剂。

常用溶剂的极性顺序排列如下：水（极性最大）、甲酰胺、乙腈、甲醇、乙醇、丙醇、丙酮、二氧六环、四氢呋喃、甲乙酮、正丁醇、乙酸乙酯、乙醚、异丙醚、二氯甲烷、氯仿、溴乙烷、苯、氯丙烷、甲苯、四氯化碳、二硫化碳、环己烷、己烷、庚烷、煤油（极性最小）。

为了获得合适的溶剂强度（极性），常采用二元或多元组合的溶剂体系作为流动相。通常根据所起的作用，采用的溶剂可分为底剂和洗脱剂两种。底剂决定基本的色谱分离情况，而洗脱剂则起调节作用。因此，流动相中底剂和洗脱剂的组合选择直接影响分离效率。正相色谱中，底剂采用低极性溶剂如正己烷、苯、氯仿等，而洗脱剂则根据试样的性质选取极性较强的互溶性溶剂，如醚、酮、醇、酸等。在反相色谱中，通常以水作为流动相的主体，加入不同配比的有机溶剂作调节剂，常用的有机溶剂是甲醇、乙腈、二氧六环和四氢呋喃等。应注意的是，反相色谱中避免使用100%水为流动相，避免使用高浓度缓冲盐和离子对试剂，防止色谱柱固定相填料坍塌。

离子交换色谱分析主要在含水介质中进行，组分的保留效果可通过流动相中离子强度和pH来控制，增加离子强度导致保留降低。由于流动相离子与交换树脂相互作用不同，因此流动相中的离子类型对试样组分的保留有显著的影响。一般各阴离子的滞留次序为：柠檬酸根>SO_4^{2-}>草酸根>I^->NO_3^->CrO_4^{2-}>Br^->SCN^->Cl^->$HCOO^-$>CH_3COO^->OH^->F^-，所以用柠檬酸根洗脱要比用氟离子快。阳离子的滞留次序大致为：Ba^{2+}>Pb^{2+}>Ca^{2+}>Ni^{2+}>Cd^{2+}>Cu^{2+}>Co^{2+}>Zn^{2+}>Mg^{2+}>Ag^+>Cs^+>Rb^+>K^+>NH_4^+>Na^+>H^+>Li^+，虽有差别，但不及阴离子明显。对阳离子交换柱，流动相pH增加，保留降低，在阴离子交换柱中则情况相反。

排阻色谱法所用的溶剂必须与凝胶本身非常相似，这样才能润湿凝胶并防止吸附作用。当采用软质凝胶时，溶剂必须能溶胀凝胶，因为软质凝胶的孔径大小决定溶剂吸附量的重要参数。溶剂的黏度也很重要，因为高黏度将限制溶质，且降低分离效果。一般情况下，对高分子有机化合物的分离，采用的溶剂主要有四氢呋喃、甲苯、间甲苯酚、*N*，*N*-二甲基甲酰胺等；生物物质的分离主要是水、缓冲盐溶液、乙醇及丙酮等。

（五）高效液相色谱仪

随着高效液相色谱技术的迅猛发展，高效液相色谱仪的结构和流程也呈现多样化，但其最基础的模块构造仍是一致的，图11-1为高效液相色谱仪典型结构。高效液相色谱仪一般都具备储液器、高压泵、梯度洗脱装置、进样装置、色谱柱、检测器、恒温器和色谱工作站等主要部件。储液器中的流动相经过滤、脱气后由高压泵输送到色谱柱入口。试样由进样器注入流动相系统，然后送到色谱柱进行分离。分离后的组分由检测器检测，输出信号由工作站记录和处理。

如需要收集组分做进一步分析，则在色谱柱一侧出口将试样馏分收集起来。

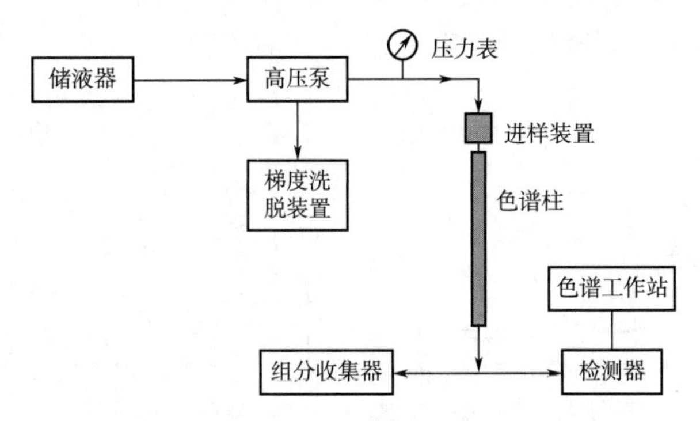

图 11-1　高效液相色谱仪典型结构示意图

1. 高压泵

液相色谱分析的流动相是由高压泵输送的，由于色谱柱很细（1~6mm），填料粒度小（常用颗粒直径为 5~10μm），因此阻力很大，为达到快速、高效的分离，必须有很高的柱前压力，以获取高速的液流。对高压输液泵来说，一般要求压力为 15~35MPa，且流量要稳定，因为它不仅影响柱效、分离的重现性和定量分析的精密度，还会引起保留值和分离能力的变化。高压泵输出压力要求平稳无脉动，太大的压力波动会使检测器的噪声加大，仪器的信噪比变差。

2. 梯度洗脱装置

梯度洗脱（gradient elution，又称梯度淋洗、梯度洗提）就是流动相中含有两种或更多不同极性的溶剂，在分离过程中按一定的程序连续改变流动相中溶剂的配比，通过流动相极性的改变来改变被分离组分的容量因子和选择性因子，以提高分离效果的操作。梯度洗脱可以缩短分离时间，增加分辨能力，由于峰型的改善，还可以降低最小检出量，提高定量分析的精度。梯度洗脱可以在常压下预先按一定的程序将溶剂混合后再用高压泵输入色谱柱，这种方式称为低压梯度，又称外梯度；也可以将溶剂用高压泵增压后输入色谱系统的梯度混合室，混合均匀后送入色谱柱，即高压梯度或内梯度。

3. 进样装置

在高效液相色谱中，进样方式及进样体积对分离效果有很大影响，要获得良好的分离效果及重现性，需要将试样"浓缩"地瞬时注入到色谱柱上端填料的中心，形成一个小点。如果把试样注入填料前的流动相中，溶质会以扩散的形式进入柱顶，导致试样组分分离效能降低。目前主要的进样方式有以下两种。

（1）注射器进样装置　这种进样方式同气相色谱法一样，试样用微量注射器刺过装有弹性隔膜的进样器，针尖直达上端固定相或多孔不锈钢滤片，然后迅速按下注射器芯，试样以小滴形式达到固定相床层顶端。此种进样方式的缺点是不能承受高压，在压力超过 15MPa 后，密封垫会产生泄漏，带压进样成为不可能。为此可采用停流进样方法，进样时打开流动相泄流阀，使柱前压力下降至零，注射器按前述方法进样后，关闭阀门使流动相压力恢复，把试样带入色谱柱。由于液体的扩散系数很小，试样在柱顶的扩散缓慢，停流进样的效果同样能达到不停流进样的要求。停流进样方式无法取得精确的保留时间，峰型的重现性较差。

（2）高压定量进样阀　这是通过进样阀（通常为六通阀）直接向压力系统内进样而不必停

止流动相流动的一种进样装置。六通阀的原理如图 11-2 所示。操作分两步进行，当阀处于装样位置（准备）时，1 和 6 连通、2 和 3 连通，试样通过注射器由 4 注入一定容积的定量环中，根据进样量的大小，接在阀外的定量环按需要选用。

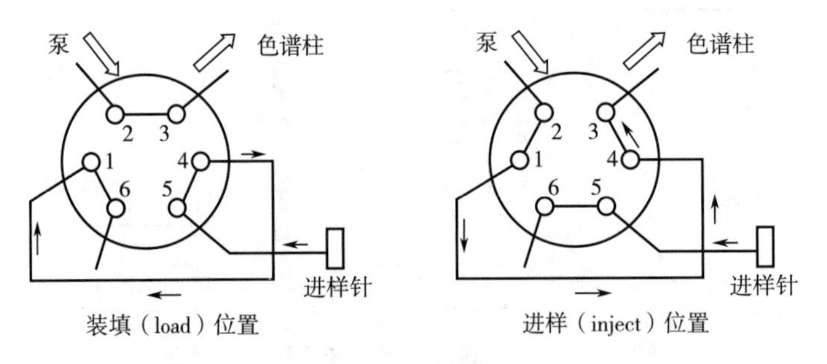

图 11-2　六通进样阀

注射器通常吸取比定量环容积大 3~5 倍的试样溶液，多余的试样通过连接 6 的管道溢出。进样时，将阀芯顺时针方向迅速旋转 60°，使阀处于进样位置（工作），这时，1 和 2 连通、3 和 4 连通，将贮存于定量环中的固定体积的试样送入柱中。高压定量阀进样方式的进样体积由定量环的体积严格控制，进样体积准确，重现性好，适用于做定量分析。更换不同的定量环，可以调节进样量，也可采用较大容积的定量环进少量试样，进样量由注射器控制，试样不充满定量环。

4. 色谱柱

目前液相色谱法常用的色谱柱是内径为 4.6mm 或 2.1mm，长度为 5~30cm 的直型不锈钢柱。填料粒度 1.7~10μm，柱效即理论塔板数为 5000~50000。液相色谱柱发展的一个重要趋势是减小填料颗粒的粒径以提高柱效，缩短柱长，加快分析速度；另一方向是减小色谱柱内径（内径小于 1mm，空心毛细管液相色谱柱的内径只有数十微米），既可以降低溶剂用量又能提高检测浓度。

液相色谱柱的分离效能主要取决于柱填料的性能，但也与柱床的结构有关，而柱床直接受装填技术影响。液相色谱柱的装填方法主要有干法和湿法两种。填料粒径大于 20μm 的可用干法装柱，粒径小于 20μm 的填料不适宜此法，这是因为微小颗粒表面存在局部电荷，具有很高的表面能，干燥条件下颗粒间倾向于相互聚集，产生宽的颗粒范围并黏附于管壁，不利于获得高的柱效。湿法又称匀浆法，是以一种合适的溶剂或混合溶剂作为分散介质，使填料微粒均匀分散，形成匀浆，然后在高压下将匀浆压入柱管中，制成具有均匀、紧密填充床的高效柱。

5. 检测器

理想的检测器应具有灵敏度高、重现性好、响应快、线性范围宽、实用范围广、对流动相流量和温度波动不敏感、死体积小等特性。液相色谱中常用的检测器有以下 5 种。

（1）紫外光度检测器（ultraviolet photometric detector）　紫外光度检测器是液相色谱法广泛使用的检测器，它的作用原理是被分析试样组分对特定波长紫外线的选择性吸收，组分浓度与吸光度的关系遵守朗伯-比尔定律。紫外光度检测器有固定波长（单波长和多波长）和可变波长（紫外分光和紫外-可见分光）两类。

图 11-3 是一种双光路结构的紫外光度检测器光路图。光源一般采用低压汞灯，透镜将光源射来的光束变成平行光，经过遮光板变成一对细小的平行光，分别通过测量池和参比池，然

后经过滤光片过滤掉非单色光，最终达到光电转换器，将光信号转化为电信号，根据检测到的信号差异实现响应。为适应高效液相色谱分析的要求，测量池体积都很小，一般在 5~10 μL，光路长 5~10mm，其结构通常采用 H 型或 Z 型。接收元件采用光电管、光电倍增管或光敏电阻。

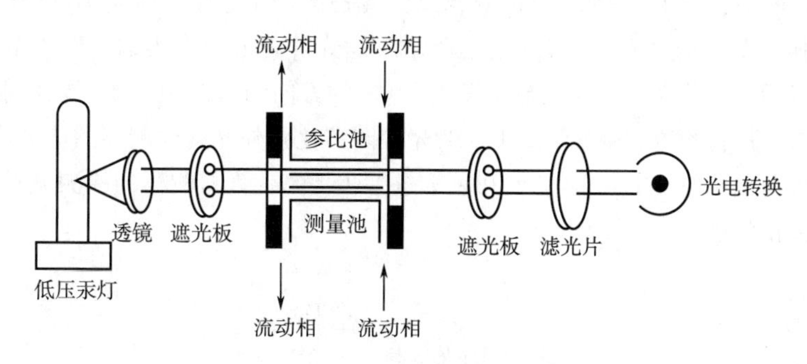

图 11-3 紫外光度检测器光路图

紫外光度检测器具有很高的灵敏度，最小检测含量可达 10^{-9}g/mL，即使对紫外光吸收较弱的物质，也可以用这种检测器进行检测。此外，紫外光度检测器结构简单，对温度和流速不敏感，可用于梯度洗脱；缺点是不适用于对紫外光完全没有吸收的试样，溶剂的选用受限制（不能使用对紫外光有强吸收的溶剂）。为了扩大应用范围和提高选择性，可应用可变波长检测器，即流通池配备紫外-可见分光光度计，实现对可见光波段存在吸收的化合物的检测。

光电二极管阵列检测器（photo-diode array detector，PDAD）的出现是紫外-可见光度检测器的一个重要进展。这类检测器采用光电二极管阵列作检测元件，阵列由几百甚至上千个光电二极管组成，检测波长范围可达 190~1015nm。图 11-4 为光电二极管阵列检测器光路图，光源发出紫外光或可见光通过液相色谱流通池后被流动相中的组分特征吸收，然后通过入射狭缝进行分光，使含有吸收信息的光线聚焦在二极管阵列上，应用电子学方法及计算机技术对二极管阵列快速扫描采集数据。由于扫描速率极快，每帧图像仅需要 10^{-2} s，远小于色谱峰流出的速率，因此无需停流扫描也可观察到色谱柱流出的各个瞬间的动态光谱吸收图。分析时，利用色谱保留时间和光谱特征吸收曲线综合判定进行定性分析。此外，通过对每个峰的指定位置（峰前沿、封顶点、峰后沿）实时记录的吸收光谱图进行比较，可判别色谱峰的纯度及分离情况。

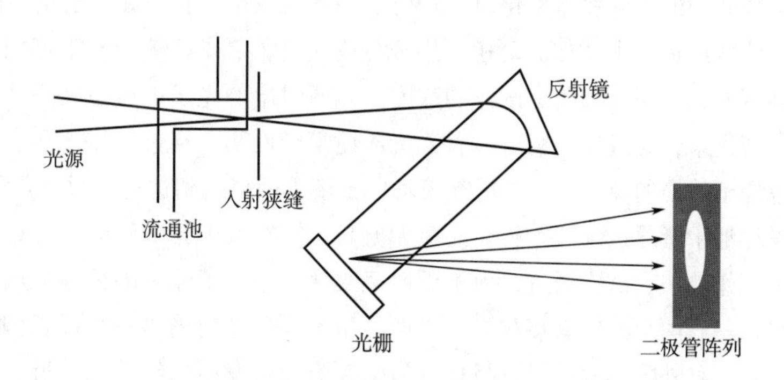

图 11-4 光电二极管阵列检测器光路图

（2）荧光检测器（fluorescence detector） 荧光检测器是一种灵敏度高、选择性好的检测器。许多物质，特别是具有对称共轭结构的有机芳环分子（如多环芳烃、B 族维生素、黄曲霉毒素、卟啉类化学物等）受紫外光激发后，能辐射出波长较长的荧光。许多生化类物质，包括某些代谢产物、药物、氨基酸、胺类、甾族化合物虽然本身不发射荧光，但可通过化学衍生转变成能够发出荧光的物质，进而可使用荧光检测器进行检测。荧光检测器的结构及工作原理和荧光分光光度计相似，图 11-5 是典型的直角型荧光检测器示意图。卤化钨灯产生 280nm 以上的连续波长的强激发光作为光源，经过透镜和激发滤光片将光源发出的光聚焦至待测样品上，待测样品受激发后发出荧光，荧光在与激发光呈 90°的方向通过透镜收集，经发射光滤光片照射到光电倍增管上进行检测。一般情况下，荧光检测器比紫外光度检测器的灵敏度要高 2 个数量级，但其线性范围相对较窄，仅约为 10^3。为进一步提高荧光检测器的检测灵敏度和准确度，光源可选择可调谐的激光。

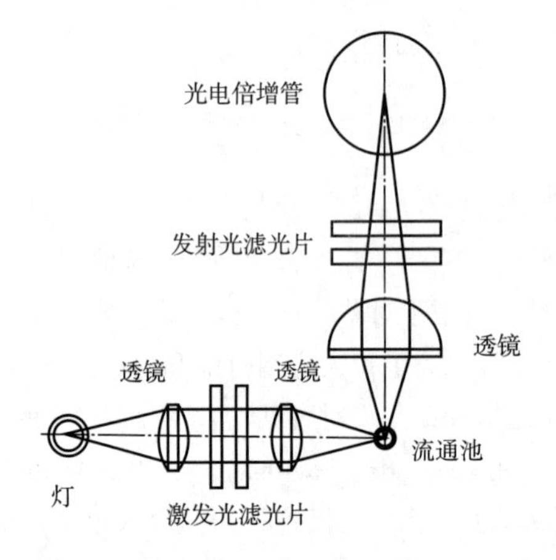

图 11-5　典型的直角型荧光检测器示意图

（3）示差折光检测器（differential refractive index detector）　示差折光检测器是通过连续测定流通池中溶液折射率的方法来测定试样浓度的检测器。溶液的折射率是纯溶剂（流动相）和纯溶质（试样）的折射率乘以各物质的浓度之和。因此，溶有试样的流动相和纯溶剂之间的折射率之差，即为试样引起的折射率变化，其与试样的浓度成正比。

示差折光检测器按其工作原理可以分为偏转式和反射式两种类型，图 11-6 是偏转式示差折光检测器。当介质中的成分发生变化时，其折射率随着发生变化，如入射角不变（一般选择 45°），则光束的偏转角是介质（如流动相）中成分变化（如有试样流出）的函数。因此，利用测量折射角偏转值的大小便可以测定试样的浓度。光源射出的光线由透镜聚焦后，从遮光板的狭缝射出一条细窄光束，经过反射镜反射后，由透镜汇聚两次，穿过工作池和参比池，被平面镜反射出来，成像于棱镜的棱口上，然后光束均匀分解为两束，到达左右两个对称的光电管上。如果工作池和参比池中皆通过纯流动相，光束无偏转，左右两个光电管的信号相等，此时输出平衡信号。如果工作池中有试样通过，由于折射率改变，造成了光束的偏移，从而使达到棱镜的光束偏离棱口，左右两个光电管接收到的光束能量不等，进而输出一个代表偏转角大小、反应试样浓度的信号。红外隔热滤片可以阻止容易引起流通池发热的红外光通过，以保证系统工作的热稳定性。平面细调透镜用来调整光路，确保系统平衡。

每种物质几乎都有不同的折射率，都可用示差折光检测器来检测。示差折光检测器是一种通用型的浓度检测器，灵敏度可以达到 10^{-7}g/mL；它的主要缺点在于对温度变化很敏感，检测

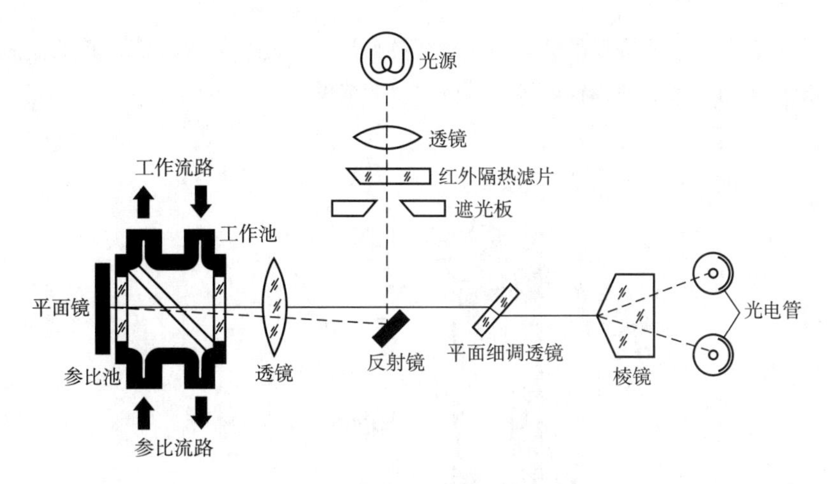

图 11-6　偏转式示差折光检测器

器的温度控制精度应为±0.001℃。此外，示差折光检测器不能用于梯度洗脱。

（4）电导检测器（electrical conductivity detector）　电导检测器属于电化学检测器，是离子色谱中使用最广泛的检测器，其作用原理是根据物质在某些介质中解离后产生电导变化来测定解离物质含量。图 11-7 是电导检测器的结构示意图。电导池内的检测探头是由一对平行的铂电极组成，两电极构成电桥的一个测量臂。当解离后的待测物流经检测探头时，溶液电导率发生变化，通过记录输出电流变化来实现检测。电导检测器的响应受温度的影响较大，需要严格控制温度，一般在电导池内放置热敏电阻器进行监测。

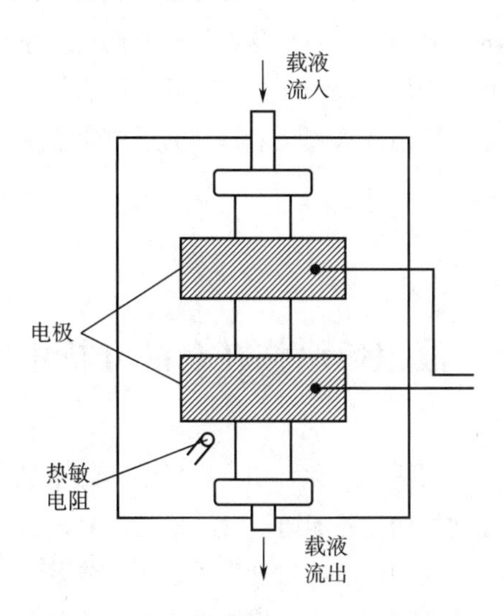

图 11-7　电导检测器结构示意图

（5）蒸发光散射检测器（evaporative light scattering detector）　蒸发光散射检测器是一种通用型检测器，工作原理如图 11-8 所示。色谱柱流出物在通向散射室的途中与高流速氮气混合，形成微小均匀的雾状液滴。在加热的蒸发漂移管中，流动相不断挥发，溶质分子形成悬浮在溶剂蒸汽中的小颗粒，被氮气载入散射室。在此，溶质颗粒受到激发光源发射的激光光束照射，其散射光由光电二极管检测产生电信号，电信号的强弱取决于散射室溶质颗粒的大小与数量。

单位时间内通过散射室溶质颗粒的数量与流动相的性质、雾化气体以及流动相的流速有关，当上述条件恒定时，散射光的强弱仅取决于被测组分的浓度。

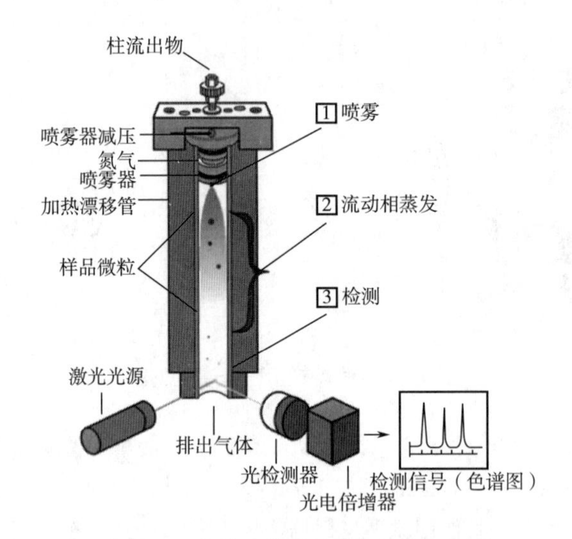

图 11-8　蒸发光散射检测器工作原理图

由于蒸发光散射检测器是基于不挥发性溶质对光的散射现象，因此是一种通用性较强的检测器。与示差折光检测器相比，蒸发光散射检测器的灵敏度高，信号受溶剂和温度的影响较小，可用于梯度洗脱。但不宜采用非挥发性缓冲盐溶液作流动相。目前，蒸发光散射检测器已广泛应用于检测糖类、表面活性剂、聚合物、酯类等无紫外吸收或紫外吸收系数较小的物质。此外，蒸发光散射检测器的响应值与试样质量成正比，其对几乎所有样品的响应因子接近一致，因此可以在没有标准品的情况下，采用内标法测定未知物的近似含量。

第二节　液相色谱法在食品分析中的应用

可靠的仪器及其应用的发展可为碳水化合物、有机酸和氨基酸等组分检测提供有效的分析方法，可追踪食品污染物，鉴别真伪，还能通过食品中的营养成分来判别食品质量好坏，最终为食品安全提供有力保障。目前液相色谱法对食品添加剂、农药残留、抗生素、维生素及生物毒素都能进行检测。以下将以几个实例说明液相色谱法在食品安全分析中重要作用。

一、食品中抗生素的分析

磺胺类药物常用作兽药抗生素，具有防治感染和促进增长的作用，但磺胺类药物的不合理使用最终会引起人体过敏。磺胺类药物均具有对氨基苯磺酰胺基本结构，在 268nm 处具有较大紫外吸收，可以使用高效液相色谱仪-紫外检测器进行检测。检测选择 C_{18} 色谱柱（250mm×4.6mm，5μm）进行分离，0.1%甲酸水和甲醇溶液梯度洗脱，紫外检测器 268nm 处检测。图

11-9 给出了 21 种磺胺类药物的高效液相色谱图，21 种化合物均得到了良好的分离，且灵敏度满足检测要求。

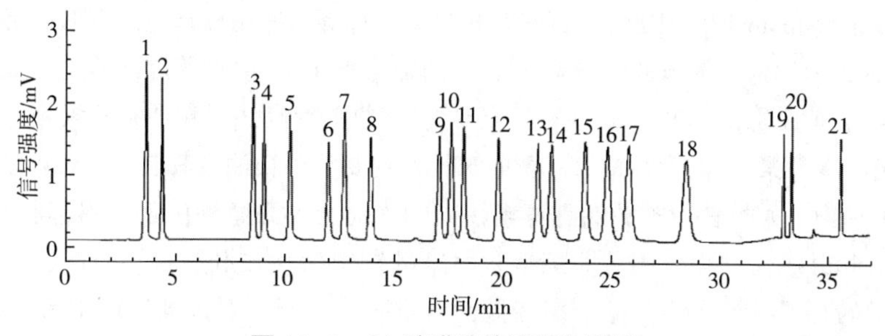

图 11-9　21 种磺胺的液相色谱图

1—磺胺胍　2—磺胺　3—磺胺醋酰　4—磺胺二甲异嘧啶　5—磺胺嘧啶　6—磺胺噻唑　7—磺胺吡啶　8—磺胺甲基嘧啶　9—磺胺二甲噁唑　10—磺胺二甲嘧啶　11—磺胺甲噻二唑　12—磺胺甲氧哒嗪　13—琥珀酰磺胺噻唑　14—磺胺氯哒嗪　15—磺胺甲基异噁唑　16—磺胺间甲氧嘧啶　17—磺胺邻二甲氧嘧啶　18—磺胺二甲异噁唑　19—磺胺间二甲氧嘧啶　20—磺胺喹噁啉　21—磺胺硝苯

二、食品中农药残留的分析

氨基甲酸酯类化合物是农药的一大类别，常用作杀虫剂、杀螨剂、除草剂和杀菌剂，品种多、药效好、毒性低。氨基甲酸酯类农药是农药急性中毒的主要原因之一，也是目前蔬菜中农药残留的重点检测对象。由于氨基甲酸酯类化合物分子较小，没有明显的紫外吸收基团，很难使用高效液相色谱-紫外检测器直接检测，需对其进行衍生，通过化学反应在分子上引入紫外吸收或荧光基团，然后再使用紫外检测器或荧光检测器进行检测。常用的衍生剂有邻苯二甲醛、丹磺酰氯、芴甲基羰酰氯等。GB 23200. 112—2018《食品安全国家标准　植物源性食品中 9 种氨基甲酸酯类农药及其代谢物残留量的测定　液相色谱-柱后衍生法》采用邻苯二甲醛对氨基甲酸酯类化合物进行衍生检测，具体操作如下：试样用乙腈提取，经固相萃取或分散固相萃取净化后，使用配备荧光检测器和柱后衍生系统的高效液相色谱仪进行检测分析。衍生剂为氢氧化钠溶液和邻苯二甲醛试剂，氨基甲酸酯经邻苯二甲醛柱后衍生后生成荧光物质。分离色谱柱选择 C_{18} 色谱柱（250mm×4. 6mm，5μm），水和甲醇溶液梯度洗脱，荧光检测器激发波长 330nm，检测波长 465nm；柱后衍生条件为：0. 05mol/L NaOH 溶液的流速为 0. 3mL/min，邻苯二甲醛溶液浓度为 0. 1g/L，流速 0. 3mL/min，水解温度为 100℃，衍生温度为室温。图 11-10 给出了 9 种氨基甲酸酯及其代谢物的标准溶液色谱图。

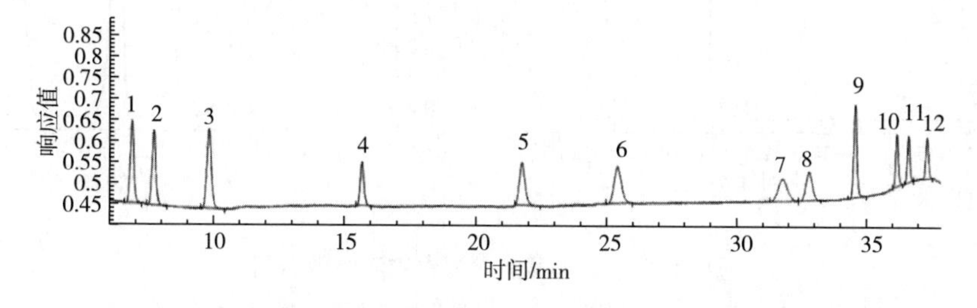

图 11-10　9 种氨基甲酸酯及其代谢物的标准溶液色谱图（0. 1mg/L）

1—涕灭威亚砜　2—涕灭威砜　3—灭多威　4—三羟基克百威　5—涕灭威　6—速灭威　7—残杀威　8—克百威　9—甲萘威　10—异丙威　11—混杀威　12—仲丁威

三、食品中真菌毒素的分析

黄曲霉毒素（aflatoxin，AFT）是黄曲霉和寄生曲霉等某些菌株产生的双呋喃环类毒素。其衍生物约20种，分别命名为黄曲霉毒素B_1、黄曲霉毒素B_2、黄曲霉毒素G_1、黄曲霉毒素G_2、黄曲霉毒素M_1、黄曲霉毒素M_2、黄曲霉毒素G_M、黄曲霉毒素P_1、黄曲霉毒素Q_1、黄曲霉毒醇等，其中以黄曲霉毒素B_1的毒性最大。黄曲霉毒素主要污染粮油及其制品，各种植物性与动物性食品也能被污染。人类食用被黄曲霉毒素污染的食品会导致急性中毒，引起肝脏坏死出血，慢性中毒可引起肝癌。动物食用黄曲霉毒素污染的饲料后，在肝、肾、肌肉、血、奶及蛋中可测出极微量的毒素，导致畜禽生产率降低，增重减慢，间接对人类造成重大危害。

由于黄曲霉毒素含量很低，含量水平大多数在μg/kg级别，因此需要使用高灵敏度检测器进行检测。黄曲霉毒素为多环结构，但共轭性不大，因此，虽然存在紫外吸收和荧光发射的特性，但直接使用紫外检测器或荧光检测器检测无法满足定量要求。GB 5009.22—2016《食品安全国家标准　食品中黄曲霉毒素B族和G族的测定》中使用衍生化方法检测黄曲霉毒素，衍生方法有柱后碘衍生、柱后溴衍生、柱后光化学衍生和柱后电化学衍生，衍生后化合物能发射强荧光，被荧光检测器捕获后而得到检测，最后经化学工作站处理数据。图11-11给出4种衍生方式下黄曲霉毒素B_1（AFB_1）、黄曲霉毒素B_2（AFB_2）、黄曲霉毒素G_1（AFG_1）、黄曲霉毒素G_2（AFG_2）的液相色谱图，4种衍生方式检出限均可达0.03μg/kg，甚至更低。

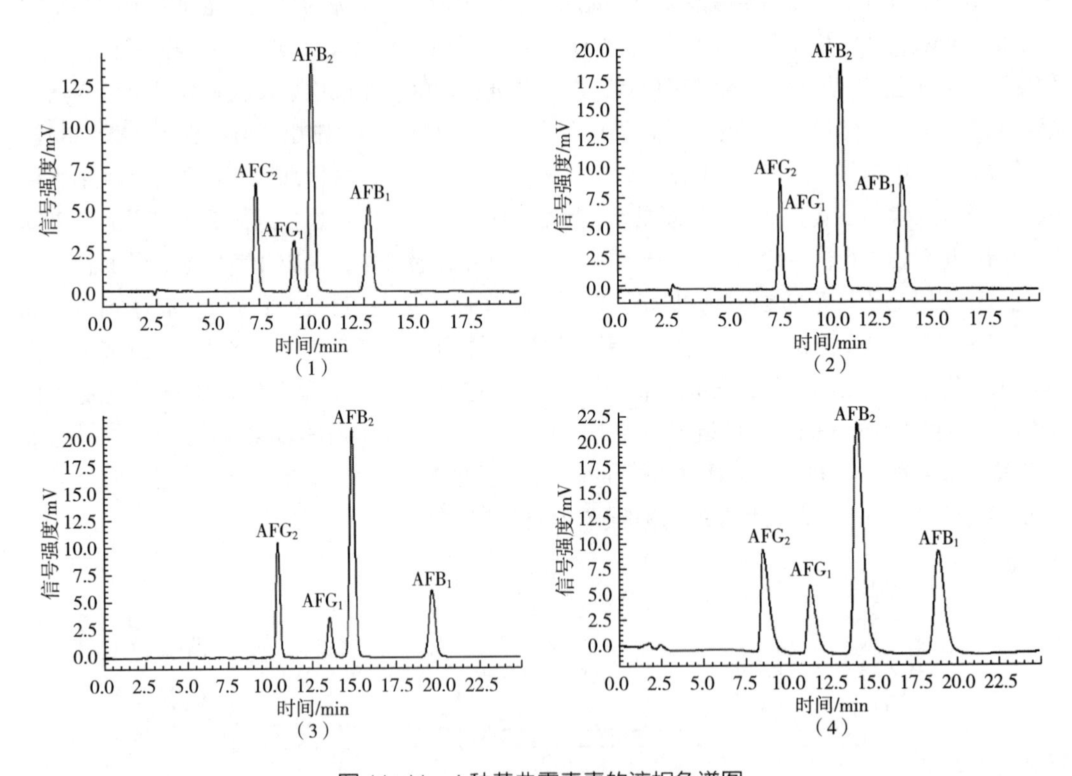

图11-11　4种黄曲霉毒素的液相色谱图

（1）碘衍生　（2）溴衍生　（3）光化学衍生　（4）电化学衍生

四、食品中硝酸盐和亚硝酸盐的分析

硝酸盐和亚硝酸盐广泛存在于人们的生活中，二者在一定条件下可以相互转化。亚硝酸盐在食品中应用广泛，是嫩肉粉、肉类保水剂和香肠改良剂等肉制品添加剂的常用配料。尽管亚硝酸盐在改善肉制品的色泽和货架期方面发挥了重要作用，但是亚硝酸盐对人体的不良影响也不容忽视。过量的亚硝酸盐进入人体内，会导致人体出现缺氧及肠源性青紫症状，甚至还会造成致癌致畸等危害。我国 GB 2762—2017《食品安全国家标准 食品中污染物限量》中对硝酸盐和亚硝酸盐均作了限量规定，所使用检测方法为 GB 5009.33—2016《食品安全国家标准　食品中亚硝酸盐与硝酸盐的测定》。具体方法为：试样经沉淀蛋白质、去除脂肪后，采用温水超声提取，固相萃取之净化，以氢氧化钾溶液作为流动相梯度洗脱，阴离子交换柱分离，抑制器中和分离后的流动相，电导检测器或紫外检测器检测，方法灵敏度达 0.2mg/kg 和 0.4mg/kg，硝酸盐和亚硝酸盐的离子色谱图列于图 11-12。

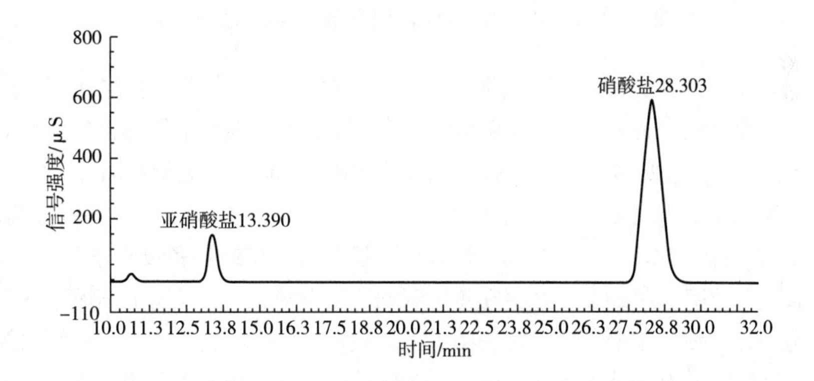

图 11-12　亚硝酸盐和硝酸盐的离子色谱图

五、食品添加剂的分析

食品添加剂是为改善食品品质和色、香、味以及因防腐、保鲜和加工工艺的需要而加入食品中的人工合成或者天然物质，主要包括抗氧化剂、漂白剂、着色剂、甜味剂等。只有经过安全性评价并且在食品加工过程中有必要使用的物质才能作为食品添加剂。我国对食品添加剂有严格的管理制度，批准使用的食品添加剂都通过严格的安全性评价，同时我国对食品添加剂也建立了完善的再评估机制，随时根据最新研究进展调整其品种或使用范围、使用量。只要符合国家标准规定的使用范围及使用量就不会对人体健康造成危害，目前尚未发现合法使用食品添加剂导致的食品安全事故。食品添加剂使用限量一般在 0.01~2g/kg，含量相对较高，适用于用高效液相色谱-紫外检测器检测。

苯甲酸、山梨酸是最常见的食物防腐剂，糖精钠是常见的甜味剂。目前国内检测苯甲酸、山梨酸和糖精钠使用最普遍的方法就是液相色谱法，GB 5009.28—2016《食品安全国家标准　食品中苯甲酸、山梨酸和糖精钠的测定》采用水提取，高脂肪样品经正己烷脱脂、高蛋白样品经蛋白沉淀剂（亚铁氰化钾和乙酸锌）沉淀蛋白，采用液相色谱分离、紫外检测器检测，外标法定量。测定条件：C_{18} 色谱柱（250mm×4.6mm，5μm）进行分离，20mmol/L 乙酸铵和甲醇溶液等度洗脱（95∶5），紫外检测器检测波长230nm处检测。图11-13给出苯甲酸、山梨酸和糖精钠的高效液相色谱图。该方法前处理简单，回收率高，准确度高，方法检出限达0.005g/kg。

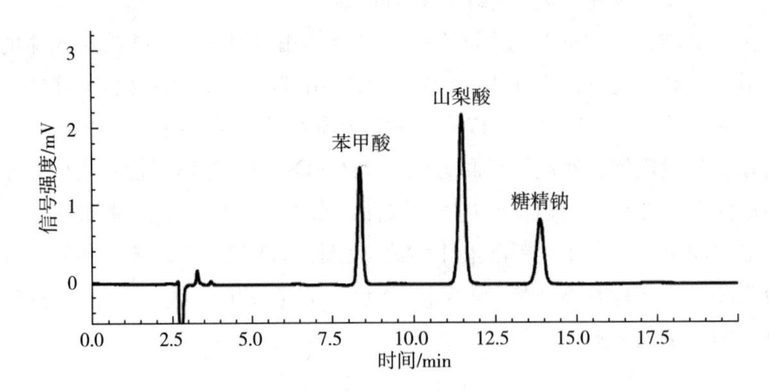

图11-13　苯甲酸、山梨酸、糖精钠标准溶液色谱图

除了防腐剂、甜味剂之外，抗氧化剂也是一类常见的食品添加剂。抗氧化剂可以消耗食品周围的氧气，从而避免食品被氧化，提高其稳定性以延长贮存期。常用的抗氧化剂有9种，包括没食子酸丙酯（PG）、2，4，5-三羟基苯丁酮（THBP）、叔丁基对苯二酚（TBHQ）、去甲二氢愈创木酸（NDGA）、叔丁基对羟基茴香醚（BHA）、2，6-二叔丁基-4-羟甲基苯酚（Ionox-100）、没食子酸辛酯（OG）、2，6-二叔丁基对甲基苯酚（BHT）和没食子酸十二酯（DG）。抗氧化剂均含有酚羟基，在280nm处存在特征吸收，因此可以使用高效液相色谱-紫外检测器进行检测，检测方法参照GB 5009.32—2016《食品安全国家标准 食品中9种抗氧化剂的测定》。检测选择C_{18}色谱柱（250mm×4.6mm，5μm）进行分离，0.5%甲酸水和甲醇溶液梯度洗脱，紫外检测器检测波长280nm处检测。图11-14给出了9种抗氧化剂的高效液相色谱图，化合物均得到了良好的分离，检出限达2~10mg/kg，灵敏度满足检测要求。

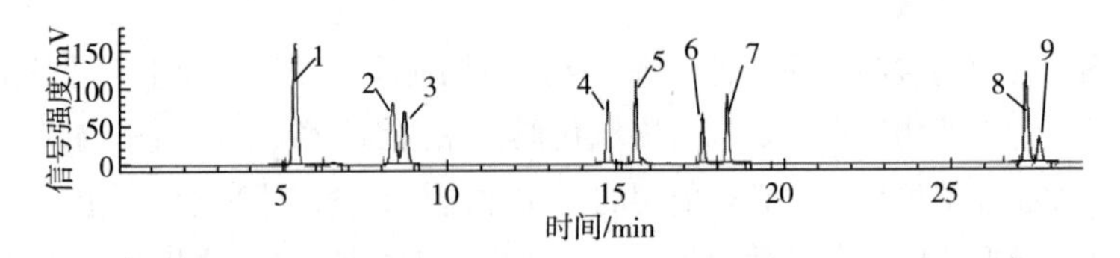

图11-14　9种抗氧化剂的分析

1—PG　2—HBP　3—TBHQ　4—NDGA　5—BHA　6—Ionox-100　7—OG　8—BHT　9—DG

六、食品中维生素分析

维生素是维持人体生命活动必需的一类有机物质，也是保持人体健康的重要活性物质。维生素在体内含量很少，但在人体生长发育过程中发挥着重要作用。维生素分为水溶性与脂溶性两类，水溶性维生素其结构差异大，化学性质差异大，传统检测多采取紫外分光光度法、荧光光度法和微生物法等，方法多以单一维生素测定为主，步骤繁琐，操作费时，检测周期长。部分方法受干扰因素影响大，灵敏度低，无法满足对水溶性维生素快速准确检测的实际需求。应

用高效液相色谱法测定水溶性维生素，样品经水提取后过滤上机测试，前处理简单，用量少，分离速度快，可实现多种维生素组分的同时测定。采用 C_{18} 色谱柱（250mm×4.6mm，5μm）进行分离，25mmol/L 磷酸二氢钾缓冲溶液（磷酸调节 pH 至 2.5）和乙腈溶液梯度洗脱，二极管阵列检测器 205、246、261、267、283、290nm 处检测。图 11-15 给出了 9 种水溶性维生素的高效液相色谱图，化合物均得到了良好的分离，检出限达 3~45μg/kg，灵敏度满足检测要求。

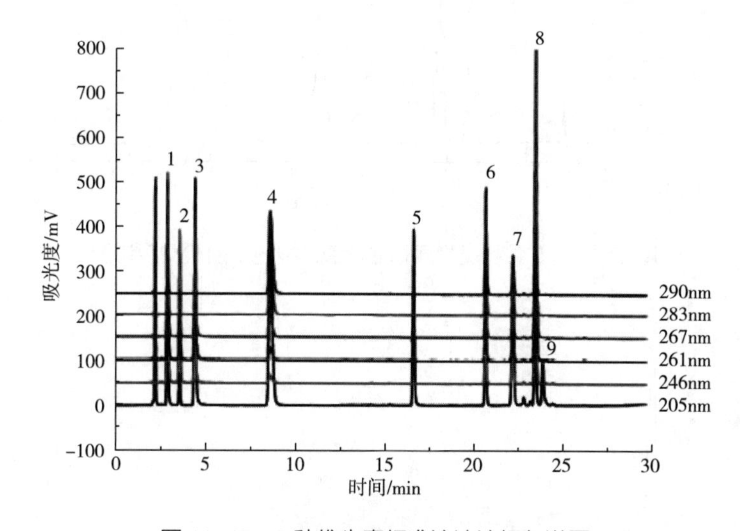

图 11-15　9 种维生素标准溶液液相色谱图

1—硫胺　2—维生素 C　3—烟酰胺　4—吡哆醇　5—泛酸　6—叶酸　7—氰钴胺　8—核黄素　9—生物素

七、食品中糖类物质的分析

糖类一般指多羟基醛、多羟基酮或水解后产生这些化合物的一类有机化合物，它是生命过程中的主要能量来源。糖类在食品中影响食品质构、风味、稳定性、甜味等性质，同时也是食品中的主要营养素。食品中糖类的种类及含量的多少直接影响到食品的质量与营养价值。糖类物质一般没有紫外吸收或紫外吸收很弱，一般不能使用紫外光度检测器进行检测。荧光检测器要求待测物具有荧光特性，若用于糖的检测时需要对其进行衍生化处理，操作比较复杂。蒸发光散射检测器和示差折光检测作为两种通用性较强的检测器，在糖类物质的检测中应用广泛。GB 5009.8—2016《食品安全国家标准 食品中果糖、葡萄糖、蔗糖、麦芽糖、乳糖的测定》中采用水对食品中的糖类进行提取，然后过滤后上机检测；含蛋白质的样品需用蛋白质沉淀剂（乙酸锌和亚铁氰化钾）沉淀蛋白后上机检测。测试采用氨基色谱柱（250mm×4.6mm，5μm）进行分离，70%乙腈水等度洗脱，示差折光检测器或蒸发光散射检测器检测。图 11-16 和图 11-17 给出不同检测器下 5 种糖类的液相色谱图，5 种目标物均得到了良好的分离。

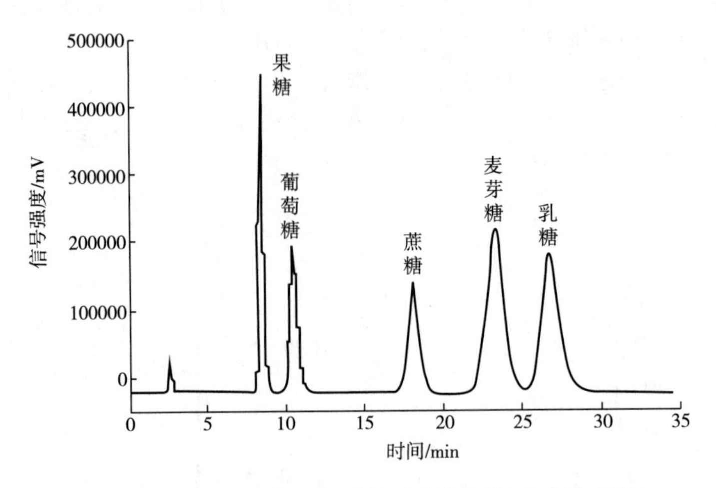

图 11-16 5 种糖类物质标准溶液蒸发光散射检测色谱图

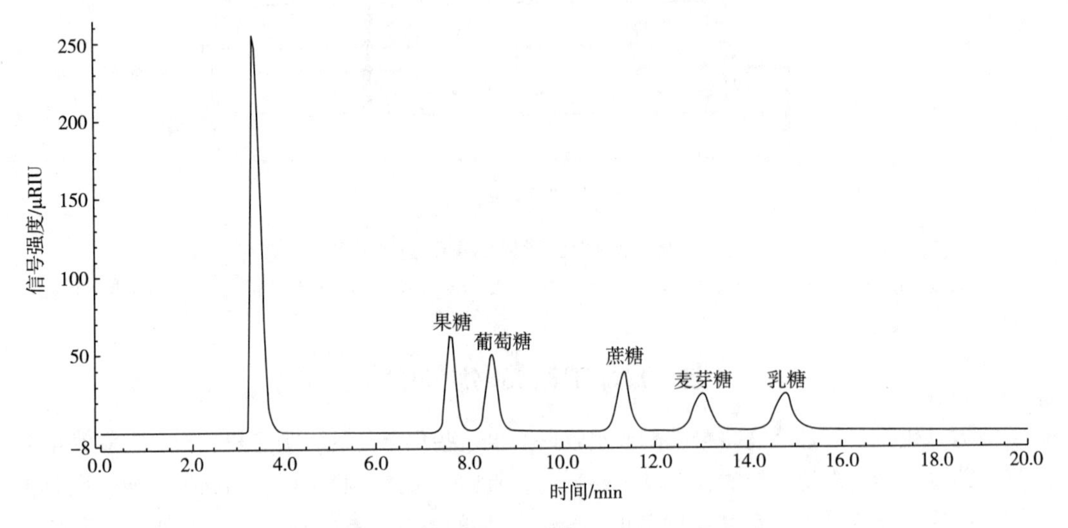

图 11-17 5 种糖类物质标准溶液示差折光检测色谱图

思考题

1. 液相色谱法有几种类型？它们的保留机制分别是什么？分别最适宜分离哪些物质？
2. 液相色谱柱中化学键合固定相有哪些键合基团，各适合检测对象是什么？
3. 离子色谱中抑制器的作用是什么？
4. 液相色谱流动相选择注意点有哪些？
5. 液相色谱仪检测器主要有哪几种？各检测器使用时需注意哪些问题？

CHAPTER 12

第十二章 质谱分析法

学习目标

1. 了解质谱分析法的基本术语和定义。

2. 学习质谱分析法原理，熟练掌握质谱分析中进样方式、离子源、质量分析器的工作原理、分类及特点。

3. 了解质谱联用技术的原理，掌握目前常见质谱联用技术种类及应用范围。

4. 了解质谱分析法在食品分析中的应用。

第一节 质谱法概述及基本原理

一、概述

质谱分析法（mass spectrometry，MS）是通过测定样品离子的质量和强度，进行物质结构鉴定及定量分析的方法，具有灵敏度高、响应时间短及信息量大等特点。按研究对象，质谱法可以分为原子质谱法（atomic mass spectrometry）和分子质谱法（molecular mass spectrometry）。原子质谱法是将单质离子化，按质荷比不同而进行分离和检测的方法，而分子质谱法的研究对象为分子离子的分离与检测。分子质谱和原子质谱的原理和仪器总体结构基本相同，但因研究对象不同，其仪器各部分结构、技术和应用与原子质谱有很大差别，主要表现在进样方式、离子化技术、质量范围以及发展历程。

早在 19 世纪末，就陆续有学者开始研究带电粒子的行为。英国物理学家汤姆逊（J. J. Thomson）（1906 年获诺贝尔物理学奖）用自制的实验装置研究阴极射线发现了电子并测定其质荷比（mass-to-charge ratio，m/z），并于 1912 年制造出第一台质谱仪。早期的质谱仪主要用于气体分析和某些无机化合物中稳定同位素的测定。直至 1942 年，第一台用于石油分析的商品质谱仪出现，才开拓了质谱用于有机分析的新领域。之后随着各种离子源质谱、串联质谱技术的问世，质谱分析法的应用也拓展到分析更多强极性、难挥发、热不稳定性样品和生物大分子。目前，质谱分析技术广泛地应用于化学与材料科学、食品科学、药物研发、生物医学、环境监测等多个领域，成为科学研究中不可或缺的工具之一。

二、质谱分析基本术语

1. 同位素及同位素丰度

质谱分析的是离子中元素的同位素质量，一个离子的元素组成可以由质谱图中该离子的各个同位素峰及其丰度比获得。

同位素（isotope）是指具有相同质子数，但原子核所含中子数不同导致质量不同的原子。同位素原子的化学性质基本相同，仅相对原子质量不同。例如，碳的 3 种同位素分别为^{12}C、^{13}C和^{14}C，原子核中都有 6 个质子和 6 个电子，中子数分别为 6、7 和 8。

同位素可分为放射性同位素（radioactive isotope）和稳定同位素（stable isotope）。放射性同位素能够自发地放出粒子并衰变为另一种同位素。稳定同位素则无可测放射性的同位素；其中大部分是天然的稳定同位素，如^{12}C 和^{13}C、^{18}O 和^{16}O 等；另一部分是由放射性同位素衰变而来的最终稳定产物，如^{206}Pb 和^{87}Sr 等。

同位素丰度（isotope abundance）分为绝对丰度和相对丰度。绝对丰度是指某一同位素在所有各种稳定同位素总量中的相对份额，常以该同位素与^{1}H（取$^{1}H=10^{12}$）或^{28}Si（$^{28}Si=10^{6}$）的比值表示。相对丰度是指同一元素的各同位素的相对含量（以原子百分数计）。例如$^{12}C=98.89\%$，$^{13}C=1.109\%$。大多数元素由两种或两种以上同位素组成，少数元素仅有一种稳定同位素，如氟、钠、碘等。

2. 质量相关术语

（1）整数质量（integer mass）　一个元素的整数质量是指其最大丰度稳定同位素的质量。

（2）单一同位素质量（monoisotopic mass）　元素的单一同位素质量是指其最大丰度稳定同位素的准确质量。

（3）平均质量（average mass）　根据分子式计算出的分子、离子或自由基的质量，通常称为称式量。它是组成分子所有元素的质量之和，由于元素同位素的存在，有机化合物的分子式通常包含了其组成元素的各个同位素的排列组合。

（4）质荷比（m/z）　质荷比是指带电离子的质量与电荷的比值，若离子所带电荷 $z=1$，则其质荷比等于该离子的质量数。

3. 化合物离子及同位素离子

（1）离子（ion）　是指携带一定数目电荷的原子或分子。

（2）分子离子（molecular ion）　是指在带偶数电荷的中性分子上得到或失去一个电荷而形成的带单电荷的分子。分子离子可能发生进一步裂解生成碎片离子，此时两者为前体离子和产物离子的关系。

（3）前体离子（precursor ion）　又称母离子，是指能通过反应生成产物离子的离子，或经历了特定中性丢失的离子。

（4）产物离子（product ion）　是指某一前体离子通过特定反应生成一种或多种带电粒子，产物离子只是相对而言，因为产物离子还可能进一步反应生成新的产物离子。

（5）加合离子（adduct ion）　是指在分子上有一个明显质量的带电微粒，例如 Na^+、H^+、Cl^-等形成的离子，如［M+Na］$^+$、［M+H］$^+$、［M+Cl］$^-$等。

（6）碎片离子（fragment ion）　是指由其他离子如［M+Na］$^+$、［M+H］$^+$、［M+Cl］$^-$等分解所产生的离子，由化学键断裂后形成的这种离子还可以发生进一步的分解。碎片离子可以是正离子或负离子，甚至为奇电子或偶电子离子，一般其质量相较于前体离子来说要低，但在其前体离子携带复合电荷时，碎片离子的质荷比有时却会高于前体离子。

（7）复合电荷离子（multiple-charge ion）　通常为带有两个及以上电荷的离子，常由电喷雾电源（ESI）产生，常见于多肽、蛋白质等大分子。复合电荷离子使在较低质量范围操作的仪器上对大分子进行质量分析成为可能。

4. 质谱图

质谱图是以质荷比（m/z）为横坐标，以相对丰度（relative abundance）为纵坐标构成。一般将质谱图上最强的离子峰定为基峰（base peak），并确定相对强度为 100%，其他离子峰则以其相对基峰的相对百分比值表示。

5. 质谱仪主要性能指标

（1）质量范围（mass range）　质谱仪能够进行分析样品的质荷比最小到最大的质量范围，常以原子质量单位进行度量。目前四极滤质器质谱的质量范围一般为 10~2000amu，磁质谱一般为 1~10000amu，飞行时间质谱无上限。

（2）分辨率（resolution）　即峰分辨率，指质谱图中相邻质荷比组分峰的分离。若有两个相等强度的相邻质谱峰，两峰间的峰谷为峰高的 10%，其分辨率（R）可表示为：

$$R=M/\Delta M$$

式中　M——第一个峰的 m/z 值；

ΔM——两峰的 m/z 值之差。

（3）灵敏度（sensitivity）　质谱仪的灵敏度主要有绝对灵敏度、相对灵敏度和分析灵敏度三种表示方式，绝对灵敏度是指仪器可以检测到的最小样品量；相对灵敏度是指仪器同时检测到的大组分与小组分的含量比值；分析灵敏度是指样品输入仪器的量与产生的信号强度比值。

（4）准确质量测量与测定误差　准确质量测量实际上就是尽可能地准确测量一个离子的质荷比（m/z）的值，并将这个数值与理论质量进行比较，它们之间的差别就是测量误差。其中，准确质量（accurate mass）是由实验测定出的，其精确度达到了某一设定的限度，或满足离子质量测定要求的一个离子质量；而理论质量（exact mass）是根据一个已知的元素组成、同位素组成及电荷携带的分子（离子）式计算出来的质量。

三、质谱分析仪的基本原理及仪器结构

（一）质谱原理

质谱仪的基本原理是样品（固、液、气相）通过进样系统进入离子源，被电离为分子离子和碎片离子，在电场或磁场的作用下发生时间或空间上的分离并进入检测器，经过信号放大，得到各离子质荷比（m/z）与相对强度的质谱图。质谱仪的种类很多，但基本组成相同，均包括进样系统、离子源、质量分析器、检测器及真空系统等部分（图 12-1），其中离子源和质量分析器是两大核心部件。最终由计算机系统对分析结果进行数据收集和处理。

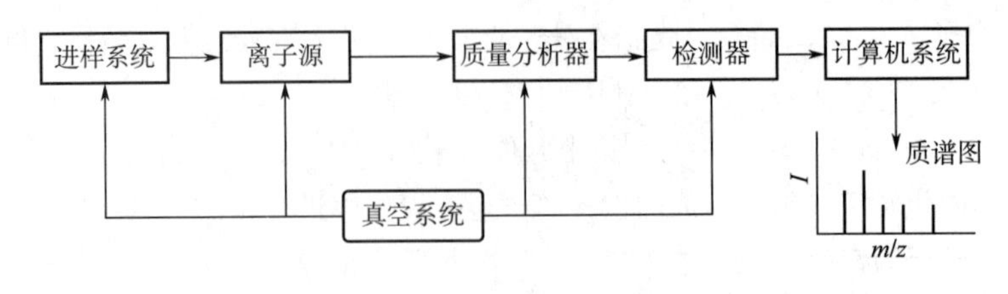

图 12-1 质谱仪的构造

1. 进样系统

进样系统又称样品导入系统，其作用是高效、重复地将样品导入到离子源中，并且不能造成真空度的降低，常见的进样装置有三种：间接式进样系统、直接探针进样系统和色谱联用进样系统。

（1）间接式进样系统 间接式进样系统又称加热样品导入系统或间歇式进样系统，该系统可用于气体和易挥发的试样，通过试样管将少量样品引入试样储存器中，由于进样系统低压强及储存器的加热装置会使试样保持气态，而进样系统的压强比离子源的压强大，样品离子可以通过分子漏隙，以分子流的形式渗透过高真空的离子源中，以这种方式进样最好在 0.13~1.3Pa 的蒸气压下进行操作。

（2）直接探针进样系统 直接探针进样系统用于热敏性固体、难挥发性固体或液体试样，在直接进样杆尖端装上 1~10ng 的样品，经减压后送入到离子源中，快速加热使样品瞬间汽化，并被离子源离子化。

（3）色谱联用进样系统 色谱联用进样系统利用与质谱仪联机的气相色谱仪或高效液相色谱仪将混合物分离后，通过特殊系统的联机接口进入离子源，并依次对各组分进行分析。

2. 离子源

离子源又称电离源，作为质谱仪的“心脏”，其功能是将进样系统中引入的气态样品分子转化为带电离子。目前离子源类型很多，通常能给样品较大能量的电离方法为硬电离，而给样品较小能量的电离方法为软电离，由于不同化合物所需要离子化能量差异较大，因此对于不同化合物应选择不同的电离方法。下面将针对现今较常见的离子源进行介绍。

（1）电子电离 电子电离（electron ionization，EI）是通过高能电子束与中性气态分子相互作用使被分析物转化为离子的方法，是应用较早、较广泛的硬离子化方法，主要用于挥发性较高的小分子检测。电子电离主要是由电离室、放电灯丝、一对磁极组成（图 12-2）。在离子源内，灯丝被加热后发射出热电子，热电子被加速后受磁场影响以螺旋方式向正极运动。经汽化后的样品朝与加速电子垂直方向进入，与电子作用后发生离子化。电子电离的优点：非选择性电离，能汽化的样品均能离子化，拥有高效率、高灵敏度；应用广泛、重现性好、稳定性高，有庞大的标准质谱图库和丰富的结构信息供检索。电子电离的缺点：样品必须汽化，不适合难挥发、热敏性物质；有的化合物在电子电离方式下，分子离子不稳定易碎裂，得不到相对分子质量信息，谱图复杂，解释有一定困难；只能检测正离子，不能检测负离子。

（2）化学电离 化学电离（chemical ionization，CI）结构类似于电子电离，但在电离室增加了一个可以引入反应气的通道，利用高能电子先将反应气离子化产生气相离子，再使样品与气相离子通过离子-分子反应，发生质子转移，从而使样品分子生成带电离子。常用的反应气有甲烷、异丁烷、氨气、氢气、氦气等。化学电离的优点：是一种软电离技术，因此在离子化

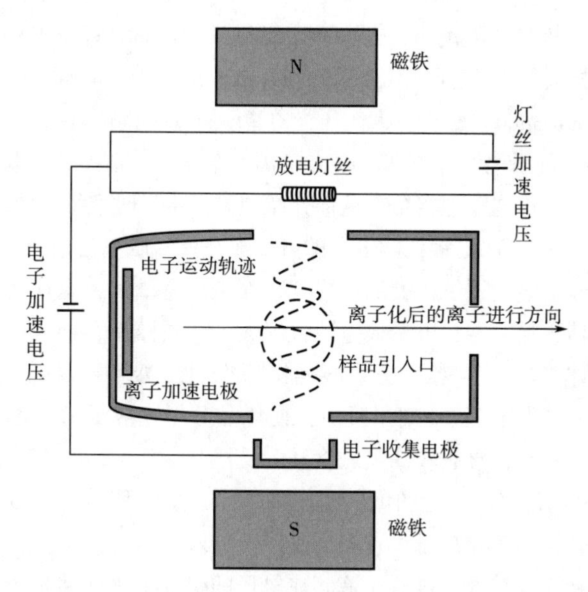

图 12-2　电子电离源示意图

（虚线圈为引入口，样品垂直于图面方向引入）

过程中不像电子电离那样容易使被分析物碎裂，便于更准确地获取相对分子质量信息；适用于做多离子检测。化学电离的缺点：样品须能加热汽化，因此不适用于难挥发、热不稳定物质；碎片离子峰少，缺乏样品结构信息；化学电离图谱受实验条件影响，其重现性不如电子电离，故没有标准谱库。

（3）快速原子轰击　快原子轰击（fast atom bombardment，FAB）是采用高能的中性快速原子流撞击以液体基质（如甘油）调和后并涂在金属表面的待测物，并使之电离的方法（图 12-3）。一般使用的快速原子流为氩或氙。以氩为例，首先由电场使氩电离，产生的氩离子在加速电压作用下形成快速氩离子，快速氩离子通过撞击其他氩原子而发生电荷交换，形成高能中性快速氩原子流，然后再撞击样品使之离子化。快原子轰击的优点：是一种软电离方法，易获得较强的分子离子峰，便于获取化合物的相对分子质量信息；样品无需加热汽化且离子化能力强，具有分析弱到强极性、热不稳定性、难汽化化合物的优势；对多肽和蛋白质分析的有效性，在电喷雾电离、基质辅助激光解析电离出现前，是其他电离方式无法相比的。快原子轰击的缺点：重现性差，易被混合物样品中的共存物干扰而抑制待分析物离子化，对非极性化合物灵敏度低。

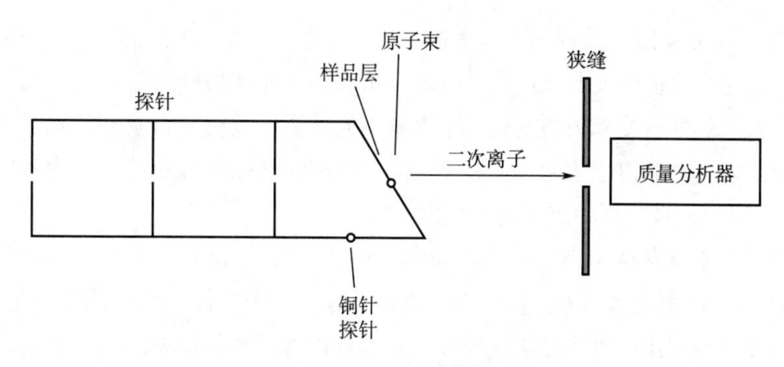

图 12-3　快速原子轰击源示意图

（4）大气压电离　大气压电离（atmospheric pressure ionization，API）是在常压下进行的离子化技术的总称，包括大气压化学电离（atmospheric pressure chemical ionization，APCI）、电喷雾电离（electrospray ionization，ESI）、大气压光电离（atmospheric pressure photo spray ionization，APPI）等技术，其中大气压化学电离和电喷雾电离是色谱-质谱联用技术常用的接口，现简单介绍。其作为接口应用的具体原理将会在后面介绍质谱仪接口时详细介绍。

大气压化学电离（APCI）是将化学电离的方式放在大气压下进行的，但与传统的化学电离不同，它不是用电子轰击诸如甲烷一类的反应气，而是靠电晕针放电使溶剂电离。大气压化学电离装置主要由雾化器、加热器、电晕放电装置组成。首先样品和溶剂被引入具有雾化器套管的毛细管，被雾化气体（N_2）雾化，通过加热器时被汽化，接着通过电晕放电装置放电，使溶剂被电离，并与样品分子发生分子-离子反应，使样品分子生成准分子离子。适用于分析热稳定性好、相对易挥发的样品，具有较高灵敏度和耐受性。

电喷雾电离（ESI）是应用广泛的大气压电离技术，是一种软电离方式，能够在大气压下将溶液中的带电离子转化为气相离子。首先样品溶液进入喷雾室，在喷雾室内强电压的作用下，被碎裂成带电荷的小液滴。其次，这些小液滴在电场的引导下飞向质量分析器，途中由于与空气接触导致溶剂不断挥发，小液滴体积不断缩小，但电荷无法挥发，因此小液滴表面电荷密度逐步增大，当小液滴的电荷密度超过表面张力极限时，发生库仑爆炸，产生更小的带电液滴。随着溶剂进一步蒸发，这一过程重复进行，小液滴的体积不断缩小，最终使分析物离子去溶剂化形成气体离子（图 12-4）。大气压电喷雾电离的优点：可用于无机物、有机金属离子复合物及生物大分子的分析检测；可以精确地对高相对分子质量的分子定量，同时提供精确的分子质量和结构信息；可以有效地与多种分离技术联用。

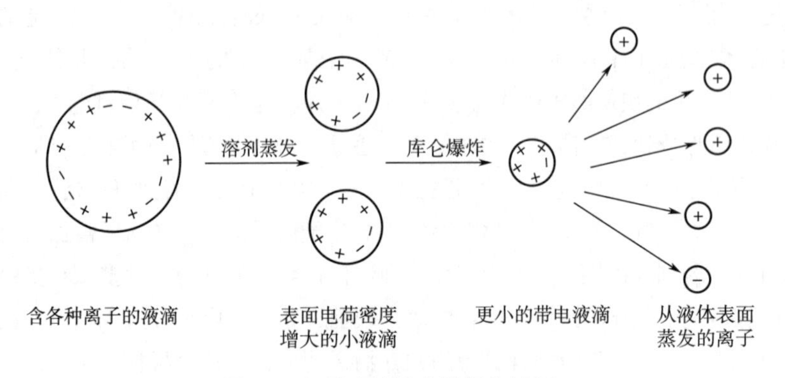

图 12-4　带电液滴去溶剂化过程

大气压光电离（APPI）是利用光能激发气相中的样品，使其电离的离子化技术，是一种软电离方式。比较适合非极性或弱极性化合物的分析。基本原理是样品溶液进入离子源后雾化为液滴，随后通过加热的石英管去溶剂化，接着利用光能激发被待分析物使其离子化。其中光源可采用各种元素灯（如氩灯、氙灯、氪灯等），一般常用氪灯作为光源，因为其放电产生的光能为 10.20eV，可以对被分析物进行选择性离子化。

（5）基质辅助激光解吸电离　基质辅助激光解吸电离（matrix-assisted laser desorption ionization，MALDI）是由激光解吸电离技术发展而来，适用于非挥发性固体或液体分析物的分析。其原理是将待测物与固体有机小分子基质以 1∶5000 以上的比例混合后，在真空条件下，用激光脉冲轰击样品靶上的样品，基质吸收激光能量之后会在几至几十纳秒内产生高热且剧烈的化学反应，最终产生离子，然后将电荷均匀地传递给待测物质，瞬间完成一系列复杂的解吸/电离过程。目前基质辅助激光解吸电离的详细反应机理尚不完全清楚，因此缺乏完整的理论反应模型也成为该技术研究中的不足之一。

与电子轰击电离、化学电离等质谱电离技术相比，基质辅助激光解吸电离技术具备以下特点：可电离生物大分子、且无明显碎片；适用范围广，灵敏度高；质谱图简单，适用于多组分样品分析；对样品处理的要求不高，甚至可以直接分析未经处理的样品。

（6）解吸电喷雾电离　解吸电喷雾电离（desorption electrospray ionization，DESI）的原理是样品由适当溶剂溶解后，滴加在绝缘材料等表面，等到溶剂挥发完全，样品即被沉淀在载物表面，使用的喷雾溶剂需先被加以一定的电压，使其能够从雾化器的内套管中喷出，雾化器外套管中喷出的高速氮气迅速将溶剂雾化并使其加速，令带电的液滴撞击到样品表面，样品在被高速液滴撞击后，就会发生溅射，从而进入气相中；同时氮气还具有吹扫和干燥的作用，会使样品的带电液滴发生去溶剂化，并沿着大气压的离子传输管进行迁移，然后进入质谱前段的毛细吸管中，最后被检测器检测。解吸电喷雾电离技术具有常压、快速、微量及样品无需前处理等优势，目前在分析检测领域受到越来越广泛的关注。

（7）实时直接分析　实时直接分析（direct analysis in real time，DART）是一种非表面接触型解吸。其原理是在大气压下，中性或惰性气体（如 N_2 或 He）经过放电产生激发态原子，对该激发态原子进行快速加热和电场加速，使其发生解吸并瞬间离子化待测样品表面的待测化合物，通过质谱或串联质谱检测，来实时直接分析样品。实时直接分析的特点：分析快速，能够在几秒内分析化合物，且对待测样品进行无损耗定性定量分析；操作简便，样品无需繁杂的前处理和耗时的色谱分离，减少了化学溶剂的损耗和固定资产及人员的投资，对形状怪异的固体样品的分析具有优势；检测高效，广泛应用于各个领域进行实时、无接触检测。

3. 质量分析器

质量分析器是依据不同方式将离子源产生的样品离子按照质荷比（*m/z*）分开，得到按照质荷比大小排列的质谱图。现有的质量分析器主要有以下几种类型：扇形磁场（magnetic sector）质量分析器、四极杆（quadrupole）质量分析器、离子阱（ion trap，IT）质量分析器、傅里叶变换离子回旋共振（fourier transform ion cyclotron resonance，FT-ICR）质量分析器、飞行时间（time of flight，ToF）质量分析器、轨道阱（orbitrap）质量分析器等。

（1）扇形磁场质量分析器　扇形磁场质量分析器是最早用于质谱仪的质量分析器，具有稳定性高、重现性好的优点，适合定量分析。基本工作原理如图 12-5 所示，离子束在离子源中被加速后通过一个与其运动方向垂直的磁场而做匀速圆周运动，当加速电压和磁场固定时，不同质荷比的离子由于在磁场中的偏转半径不同而彼此分开，只有特定质荷比的离子可以通过出口狭缝进入检测器。

扇形磁场质量分析器分为单聚焦型和双聚焦型两种。单聚焦质谱仪仅用一个磁场进行质量分析，对离子有方向聚焦作用（质荷比相同入射方向不同的离子聚焦到一点），但无法对不同能量的离子实现聚焦，其分辨率可达到 5000。而双聚焦质谱仪的出现很好地解决了这一问题。双聚焦质谱仪是在离子源和扇形磁场之间新增了一个扇形电场，电场具有能量色散和方向聚焦作用，将电场和磁场相结合形成的能量聚焦可以用来抵消由离子不同动能造成的能量分散现象，从而大大提高了分辨率（分辨率可达 150000）。

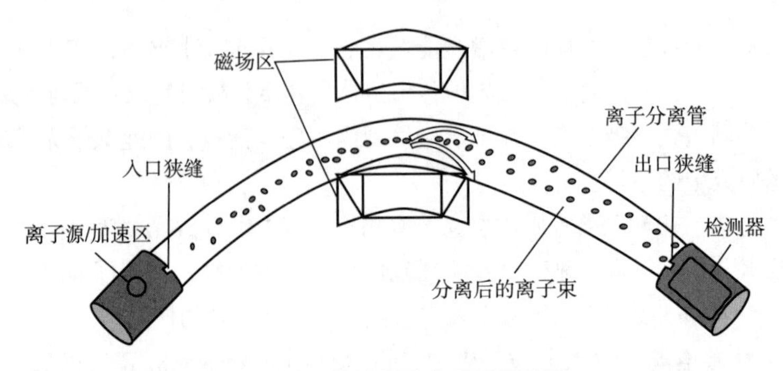

图 12-5 扇形质量分析器示意图

(2) 四极杆质量分析器 四极杆质量分析器由四根平行的柱状（圆柱形或双曲面柱状形）电极组成，以两个对角电极连接构成两组，通过施加直流电压和射频电压，使两对电极之间由于电位相反而产生动态电场即四极场（图 12-6）。离子进入此四极场后，受到电场力的作用，只有合适质荷比的离子能够通过稳定震荡并到达检测器，其他离子则会产生不稳定震荡碰到四极杆上而湮灭。通过改变直流电压和射频电压，并保持两者比值恒定时，可以检测到不同质荷比的离子。

单四极杆有全扫描和选择离子监测（SIM）两种扫描方式，具有扫描速度快、传输效率高、灵敏度高等特点。其中选择离子监测模式适用于各种定量分析，满足高通量质谱检测技术要求。

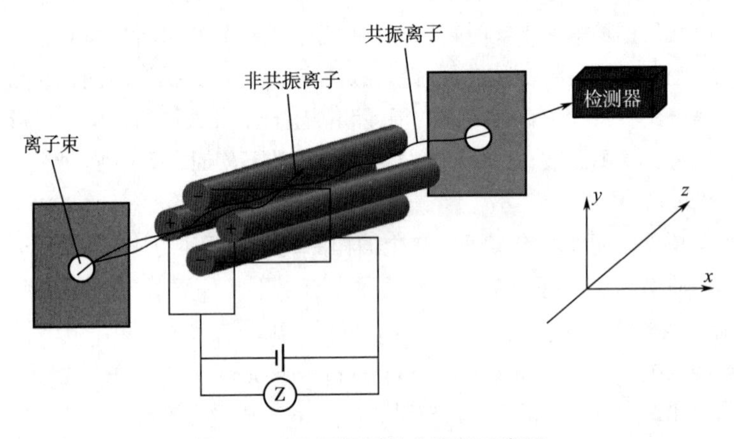

图 12-6 四极杆质量分析器示意图

三重四极杆质量分析器由三个四极杆（Q_1，Q_2，Q_3）串联而成，如图 12-7 所示，其中第一个四极杆（Q_1）和第三个四极杆（Q_3）是质量分析器，分别用于筛选特定质荷比的前体离子和扫描产物离子；中间一个四极杆（Q_2）是碰撞室，作用是使前体离子碎裂成产物离子。三重四极杆既可以通过研究离子裂解途径来分析化合物的结构，又可以通过多反应选择离子监测（MRM）来进行定量分析，且与单四极杆相比，选择性更好，灵敏度更高。

(3) 离子阱质量分析器 离子阱质量分析器是通过电场或磁场将气相离子控制并贮存一段时间的装置，是由一环形电极和上下各一端罩电极构成（图 12-8）。环形电极上加以射频电压，端罩电极接地，可以使阱中合适质荷比的离子在环中稳定区域旋转，位于不稳定区的离子由于振幅增大撞到电极而消失。离子沿着 8 字形轨道运动，当射频电压开始扫描，同时在引出电极

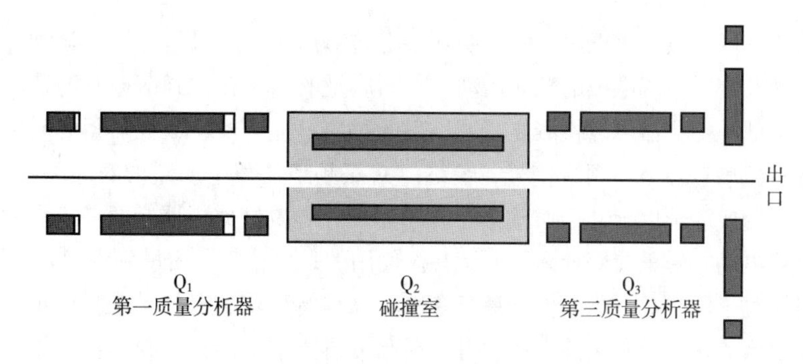

图 12-7　三重四极杆质量分析器示意图

加一个负脉冲，就可以把阱中的离子引出，被检测器检测。离子阱质量分析器属于分辨率仪器，由于体积小、结构简单、易于操作、成本低，成为多级质谱法用于定性分析的常用仪器。

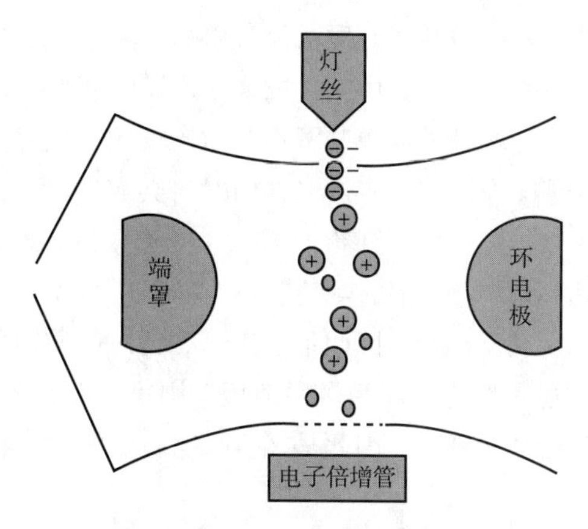

图 12-8　离子阱质量分析器示意图

（4）傅里叶变换离子回旋共振质量分析器　傅里叶变换离子回旋共振质量分析器是目前分辨率能力较强的质量分析器，分辨率高达 1000 多万，可以精确测定分子质量、进行多级质谱分析。其主要原理是离子在磁场作用下做回旋运动，当离子回旋频率正好与激发电场发出的射频电压频率相同时产生共振，离子吸收射频能量，轨道半径逐渐扩大产生可检出信号，该信号输入计算机内进行快速傅里叶变换，可以检出各个频率成分，最后通过频率和离子质量与电荷的函数关系转化为质谱图。

（5）飞行时间质量分析器　飞行时间质量分析器主要通过静电场加速离子，并根据离子飞行速度差异来分析离子的质荷比。早期的飞行时间质量分析器主要与化学电离（CI）或电子电离（EI）搭配使用，因此离子产生时的动能和位置差异均会造成飞行时间差，导致分辨能力和准确度都不高。后来为了改善这一缺点，先后设计使用高压脉冲来加速电子、设置反射式静电场补偿离子的飞行时间差异。到了 20 世纪 80 年代，飞行时间质谱能通过极高的取样率记录质谱数据，并通过多次重复积累得到高质量谱图，其应用也越来越广泛。目前，飞行时间质量分析器在记录全过程的完整谱图用于鉴定方面占据主要地位，同时对于高分子化合物如生物大分子、高分子聚合物等的分析具有很大优势。

（6）轨道阱质量分析器　轨道阱质量分析器的工作原理类似于电子绕原子核运动。在静电场作用下，带初速度的离子进入离子阱后受到中心纺锤形电极的吸引做圆周运动，即围绕中心电极的径向运动和沿着中心电极的轴向运动。不同质量的离子在达到谐振时的轴向往复速度不同，而离子阱中部的检测器可以检测离子通过时的感应电流，再经放大器得到时域信号，通过傅里叶变换将时域信号转换到频域信号，最终由共振频率与离子质量的对应关系得到质谱图。轨道阱与傅里叶变换离子回旋共振质量分析器均为高分辨质量分析器，两者最大的不同是，轨道阱采用的是静电场，傅里叶变换离子回旋共振使用的是更稳定、质量分辨能力更好的强磁场。因此傅里叶变换离子回旋共振需要大量液氦和液氮来维持稳定的磁场，维护成本极高。与之相比，维护成本较低的轨道阱利用静电场即可实现高分辨质谱的能力，在蛋白组学、代谢组学等领域受到越来越广泛的应用。

4. 检测器

检测器的功能是接收由质量分析器分离的离子进行离子计数并转化成电信号，然后放大输出，经过计算机采集和处理得到按不同质荷比排列和对应离子丰度的质谱图。通常，离子检测器需要具有灵敏度高和反应时间快等特点。质谱仪常用的检测器有法拉第杯（Faraday cup）、电子倍增器及微通道板、闪烁计数器等。其中，法拉第杯是最简单的一种，其本身不能放大信号，只作为收集离子电流或感应离子电荷的简单装置，与质谱仪的其他部分保持一定电位差，用以捕获离子，当离子经过一个或多个抑制栅极进入杯中时将会产生电流，经转化为电压后进行放大记录，若配以合适的放大器，可以检测到约 1×10^{-15}A 的离子流。现代的质谱仪常用的离子检测器为电子倍增管，其可达到 $10^5\sim10^8$ 倍的增益效果。单个电子倍增管基本上无空间分辨能力，对于离子飞行时间与距离的定义不准确，因此不适用于飞行时间质谱仪，但常作为离子阱质谱仪的检测器。若将电子倍增管微型化集成为微通道板，则可以获得更高的增益和较低的噪声，其时间与飞行距离的定义都会非常精准，因此是飞行时间质谱仪常用的检测器。

5. 真空系统

质谱仪的进样系统、离子源、质量分析器、检测器等均需要在真空状态下才能工作，因为大量气体分子的存在会影响质谱仪内的分析工作，如引发能量变化、本底增高和记忆效应，进一步使谱图复杂化，干扰离子源的调节，加速极放电等问题的产生。离子源真空度为 $1.3\times10^{-5}\sim1.3\times10^{-4}$ Pa，质量分析器和检测器的真空度为 1.3×10^{-6} Pa。大多数质谱仪都必须采用两级真空系统，即机械泵（低真空泵）和扩散泵或分子泵（高真空泵）串联组合而成，且开启时需循序启动。

（二）质谱联用技术原理

为了更好地发挥质谱技术在化合物结构解析和定性确证方面的优势，常将其与其他分析技术联用，现主要介绍两种常用的质谱联用技术：串联质谱分析技术和色谱-质谱联用技术。

1. 串联质谱分析技术

串联质谱分析技术通常是由两个以上的质量分析器在时间或空间上结合在一起组成的分析方法，常用 MS/MS 或 MS^n 表示。其原理是通过第一个质量分析器来选择和分离前体离子（第一次产生的离子），被分离的前体离子通过自发性或其他激发方式碎裂，生成产物离子（第二次产生的离子）及中性碎片。这些产物离子会被传送至串联的第二个质量分析器中，通过扫描检测获得相应的质谱图，这种分析方式称为 MS/MS 或 MS^2。但是串联质谱的分析次数并不局限于第二次产生的离子，有些串联质谱仪可以继续选择某个产物离子（第二次产生的离子）再次进行裂解，该分析方式则称为 MS^3。理论上这种串联质谱裂解方式可以进行 n 次，但实际上，产物离子在每次被选择和分离后数量逐渐变少，导致信号太低而难以检测。

空间串联质谱仪是由两个质量分析器串接而成，目前常用的空间串联质谱仪为三重四极杆（triple quadrupole，QQQ）质谱仪和连接两个飞行时间（tandem time-of-flight，ToF/ToF）串联质谱仪。

时间串联质谱仪是根据时间先后顺序，在同一个具有离子储存功能的质量分析器内反复进行离子选择、裂解、质量分析等一系列步骤，从而得到不同阶段 MS^n 结果。常见的有离子阱（ion trap）和傅里叶变换离子回旋共振（fourier transform ion cyclotron resonance，FT-ICR）。

2. 色谱-质谱联用技术

色谱-质谱联用技术是将分离能力很强的色谱仪与定性能力很强的质谱仪通过适当的接口组合成完整的仪器，利用计算机辅助分析样品的方法。色谱的分离能力较强，但是定性能力尚存不足，主要通过与标准品比对来确定未知物，但对复杂的未知化合物却难以分析。而质谱能够提供丰富的化合物结构信息并准确定性，但样品前处理过程中分离、纯化等步骤太过繁琐、耗时长。将色谱和质谱两种分析技术联用，在发挥各自优势的同时很好的弥补了各自的不足，成为当代重要的分离鉴定分析方法之一。色谱-质谱联用技术主要包括气相色谱-质谱联用（gas chromatography-mass spectrometry，GC-MS）技术、液相色谱-质谱联用（liquid chromatography-mass spectrometry，LC-MS）技术、毛细管电泳-质谱联用（capillary electrophoresis-mass spectrometry，CE-MS）技术。

（三）质谱仪种类

目前质谱仪的种类很多，包括气相色谱-质谱联用（GC-MS）仪、液相色谱-质谱联用（LC-MS）仪、电感耦合等离子体质谱（inductively coupled plasma mass spectrometry，ICP-MS）仪、四极杆/飞行时间质谱（quadrupole/time of flight mass spectrometry，Q/TOF-MS）仪、四极杆/轨道阱质谱（quadrupole/orbitrap mass spectrometry，Q/Orbitrap-MS）仪、稳定同位素比质谱（stable isotope ratio spectrometry mass spectrometry，IRMS）仪等。

1. 气相色谱-质谱联用仪

由于气相色谱的试样和流动相均为气态，符合质谱进样要求，因此容易将这两种仪器联用。气相色谱-质谱联用（GC-MS）仪主要由色谱单元、质谱单元和接口三部分组成。其中气相色谱仪拥有高效的分离能力，可以在几分钟内分离几十甚至上百种混合物，而质谱主要是充当检测器，将经过气相色谱分离后样品分子离子化后引入质量分析器，根据质荷比差异将碎片离子分开，最终得到有相对分子质量和结构信息的质谱图。

接口是联用两种仪器的关键，气相色谱-质谱联用仪的接口分为直接导入型和喷射式浓缩型，目前多采用直接导入型接口，现简单介绍如下：

（1）直接导入型接口　是将色谱柱末端直接插入质谱的离子源内。载气携带组分一起从气相色谱柱流出，并立即进入到离子源的作用场中。由于载气是惰性气体，所以不会发生电离，而待测组分却会形成带电荷的离子，在电场的作用下加速向质量分析器运动，载气被维持负压的真空泵抽走，适用于这种接口的载气仅限于氦气和氢气，因为载气流速受到了质谱仪真空泵流量的限制，故一般载气流速应该控制在 0.7~1.0mL/min。接口是一段由金属导管和加热套组成的传输线，其最高温度一般接近或稍高于最高柱温，以保证样品从色谱柱流入质谱时不发生冷凝。这种接口装置结构较为简单，容易维护，试样传输率达到 100%，但无浓缩作用。

（2）喷射式浓缩型接口　具备除去载气浓缩样品的功能，其工作原理是气体在喷射过程中均是以同样速度运动，因此不同质量的分子具有不同的动能，获得动能大的分子，容易保持原来的喷射方向运动，而动能较小的分子则容易因扩散而偏离原来的运动方向，被真空泵抽走。所以质量较轻的载气分子在喷射过程中便会被除去，而质量较重的待测组分在喷射过程中就会进入接收口而得到浓缩。

质谱单元常用电子电离作为离子源，其谱图重现性好，目前已有丰富的有机化合物标准谱库供检索。气相色谱-质谱联用仪拥有很高的灵敏度，适用于分析易挥发、相对分子质量小于1000的小分子化合物。

气相色谱-串联质谱（GC-MS/MS）仪是在气相色谱-质谱联用仪的基础上增加了一个串联的质量分析器，以三重四极杆串联质谱仪为例，在第一个四极杆后面新增一个碰撞池和四极杆，前体离子在碰撞池发生碰撞后进一步电离为产物离子，流经第二个四极杆时被检测。串联质谱仪可以实现前体离子扫描、产物离子扫描、多应监测等多个扫描方式，获得大量的样品结构信息，可用于推测化合物质谱裂解过程。

2. 液相色谱-质谱联用仪

液相色谱-质谱联用（LC-MS）仪的分析范围广，可用于分析强极性、难挥发、热不稳定性的化合物，甚至可以分析分子质量达到6000的化合物。其工作原理与气相色谱-质谱联用仪相似，即用适当的接口将液相色谱和质谱连接成完整的仪器。样品经过液相色谱分离后进入接口，在接口中由液态的分子或离子转化为气相离子，接着由质量分析器根据质荷比进行分离，最后经检测器和信号放大系统放大后由计算机记录下来。但事实上，液相色谱-质谱联用仪的接口问题难度比气相色谱-质谱联用仪大得多，由于质谱真空泵的抽液速度远远低于液相色谱的流速，因此无法将液体流动相与样品一起送入质谱仪。另外，电离方式也是一个问题，大量液体流动相的存在会影响样品的离子化。因此接口装置既要解决高压液相和低压气相间的矛盾，又要很好地实现样品离子化过程。自研制液相色谱-质谱联用仪以来，已经出现过多种接口装置，其中大气压电离是液相色谱-质谱联用仪最常用的离子化技术，特别是电喷雾电离的出现，液相色谱-质谱联用仪的研究才终于有了突破性的进展。现具体介绍电喷雾电离和大气压化学电离（APCI）两种接口：

（1）电喷雾电离接口　是将溶液中试样离子转化为气态离子的一种接口方式。电喷雾电离的主体是由金属制成的毛细管喷针，并于喷嘴出口约2cm处放置一对电极。电喷雾电离过程大致可以分为带电液滴的形成、溶剂蒸发和液滴碎裂、离子蒸发形成气态离子这三个过程。分析样品时将待测物溶液注入金属毛细管，并在金属毛细管与电极之间制造3~6kV的电位差，样品在电场的牵引力下喷雾成带电荷的小液滴。液滴在干燥器作用下，随即发生溶剂蒸发，离子向液滴表面移动，液滴表面的离子密度就会越来越大，当达到瑞利极限时，液滴表面电荷产生的库仑排斥力和液滴表面的张力此时大致相等，液滴会非均匀破裂，分裂成更小的液滴，在质量和电荷重新分配后，更小的液滴就会进入稳定状态，然后再重复蒸发、电荷过剩和液滴分裂上述这一系列过程。对于半径小于10nm的液滴，其表面形成的电场足够强，电荷的排斥作用导致部分离子从液滴表面蒸发出来，最终以单电荷或多电荷的形式存在，从溶液中转至气相中形成气相离子。在大气压条件下形成的离子，在强电位差的驱动力下，经取样孔进入质谱真空区。此离子流通过一个加热的金属毛细管进入第一个负压区，在毛细管的出口处形成超声速的喷射流。由于待测组分携带电荷，而获得较大的动能，通过低电位的锥形分离器的小孔，进入第二个负压区，再经聚焦后进入到质量分析器中。而与待测样品离子一起穿过毛细管的少量溶剂由于不携带电荷而获得较小的动能，因此分别在第一个和第二个负压区就被抽走。电喷雾电离常用于强极性、热不稳定性化合物和高分子化合物的测定。

（2）大气压化学电离接口　是将溶液中组分的分子转换为气态离子的一种接口。大气压化学电离以喷雾探针为进样渠道，色谱柱后流出物经喷雾探针中心的毛细管流入，被其外部雾化器套管的氮气流雾化，形成气溶胶，然后在毛细管出口前被加热管剧烈加热进入大气压化学电离。在加热管端口用电晕放电针进行电晕尖端放电，使溶剂分子被电离形成离子。溶剂离子再与组分的气态分子反应生成组分的准分子离子，正离子通过质子转移、加化合物形成或电荷抽出反应而形成；负离子则通过质子抽出、阴离子附着或电子捕获而形成。大气压化学电离适用于分析具有一定挥发性的中等极性或弱极性化合物，相对分子质量在2000以下的小分子化合物也可用大气压化学电离分析。其最大优点是使液相色谱仪与质谱仪有很高的匹配度，允许使用流速高及含水量高的流动相，极易与反相高效液相色谱（RP-HPLC）仪条件匹配，对流动相种类、流速、添加物的依赖性较小。

液相色谱-串联质谱（LC-MS/MS）仪是在液相色谱-质谱联用仪基础上增加了一个串联的质量分析器，与气相色谱-串联质谱仪类似，这里不再赘述。

3. 电感耦合等离子体质谱仪

电感耦合等离子体质谱（ICP-MS）仪是主要用于元素分析的检测技术。电感耦合等离子体质谱仪主要是由进样系统、电感耦合等离子体离子源、取样接口、质量分析器、检测器及真空系统等组成。样品在进样系统中转化为气态或气溶胶形式后送入电感耦合等离子体离子源中，经过去溶剂化、汽化、原子化并离子化过程形成单价正离子，再由取样接口导入质量分析器将不同质量的离子分开，并由检测器进行定量。目前氩气为电感耦合等离子体质谱仪中常用的等离子气体，其温度可达6000~10000K，使元素周期表中绝大部分元素发生一级电离。

电感耦合等离子体离子源基本装置包括射频发生器、负载线圈、炬管和工作气体。射频发生器是电感耦合等离子体离子源的能量来源和供电装置，它能够产生足够大能量的高频电流，通过感应线圈形成高频磁场，从而输送稳定的高频电流给等离子体炬，用以激发和维持氩气形成的高温等离子体，常用的射频发生器有他激式和自激式。负载线圈作为自由运行发生器中射频振荡电路的组成部分或晶控振荡系统的调谐网络组成部分，通常是由直径为3mm的铜管环绕成螺旋绕石英炬管组成；铜管中可通冷却液或冷却器带走热量，确保铜管不会因为过度受热而导致变形或损坏，负载线圈将射频能量传输给等离子体并维持集中在负载线圈内的等离子体。炬管是用于包含并辅助等离子体形成的器件，它位于负载线圈的中心，通常是由不吸收射频辐射的材料组成，这样不会降低负载线圈形成的磁场，目前大多采用熔点足够高的石英制成，能够在高温氩气电感耦合等离子体中工作。

随着分析技术的发展，电感耦合等离子体质谱仪也逐步与气相色谱、液相色谱、离子色谱、电泳技术联用用于金属形态/价态的分析。

4. 四极杆/飞行时间质谱仪

四极杆/飞行时间质谱仪（Q/ToF-MS）既具有四极杆分析器的高效率碰撞裂解能力，又具有飞行时间分析器的高质荷比分辨率及高灵敏度等优势。四极杆分析器主要作用是选择离子，其后连接的碰撞池可以将通过四极杆选择的母离子（前体离子）碎裂为子离子（产物离子），之后子离子进入飞行时间质量分析器中完成串联质谱的分析。飞行时间分析器是该质谱仪中的主要质量分析器，飞行管内的反射模式可以通过增加飞行距离来补偿飞行时间差异，从而聚焦离子，提高分辨率。该质谱仪可以搭配电喷雾电离或基质辅助激光解吸电离，除了用于精确测定小分子化合物、分析元素组成和结构信息外，还可应用于蛋白质组学的研究。

5. 四极杆/轨道阱质谱仪

四极杆/轨道阱质谱仪（Q/Orbitrap-MS）是将四极杆分析器串联在轨道阱分析器的前端。其分析方式类似四极杆/飞行时间质谱仪，同时利用了高能碰撞解离池（higher energy collision induced dissociation，HCD）执行高能碰撞解离模式，从而获得丰富的碎片离子信息。目前，最新的轨道阱串联质谱仪甚至同时结合了四极杆分析器及二维线性离子阱，不仅提高了分辨率、灵敏度和扫描速度，同时可以实现多元解离模式的串联质谱分析。

6. 稳定同位素比质谱仪

稳定同位素比质谱（IRMS）仪的结构与其他质谱仪一样，主要由进样系统、离子源、质量分析器、检测器、真空系统和电气系统组成。其原理是样品先被转化为气体（如 CO_2、N_2、SO_2、H_2 等），在离子源中离子化，然后将被离子化的气体打入弯曲的飞行管中，位于磁场中的带电离子依质荷比大小进行分离，含轻同位素的分子弯曲程度大于含重同位素的分子。位于飞行管末端的法拉第收集器可以同时收集被分离的特定质量离子束并测定其强度，该离子束强度再由计算机程序转化为同位素丰度。在实际测定时，主要是对两种同位素的比值进行测定（如 ^{34}S、^{32}S），而非同位素的绝对含量，通常是将样品和标准品的同位素比值进行对比测定。稳定同位素比质谱仪早期主要应用于地质学领域研究轻元素的稳定同位素在自然界的丰度及其变化机理，后逐步扩展到农林业、生态环境、食品、医学等多个领域。

第二节　质谱分析法在食品分析中的应用

民以食为天，食品是人类一切活动的能量来源。随着人类经济社会的发展和生活水平的提高，食品市场也呈现多元化发展，购买食品的渠道也越来越广泛，从以前的线下实体店购买扩大到线上网购、海淘等。各种食品安全问题也引起人们的高度重视，这就要求食品检测行业不断革新技术、提高标准，严格把控食品质量。质谱分析技术具有高灵敏度和高准确性，尤其是在发展过程中逐步与分离技术联用，更好地发挥了其定性定量能力，目前广泛应用于食品检测领域。

一、气相色谱-质谱联用技术

气相色谱-质谱联用技术具有高选择性和高灵敏度，在食品领域发挥着不可替代的作用。早期单极质谱的使用容易受到复杂样品的基质干扰，而 1983 年开发的串联质谱技术具有较强的抗干扰能力，在提高灵敏度和准确度的同时，还提供了丰富的结构信息。

气相色谱-质谱联用（GC-MS/MS）技术具有非常强大的抗干扰能力，采用二级碎片离子进行定量，能够有效避免小分子化合物的检测中溶剂或样品基质的干扰。例如，GB 5009.26—2023《食品安全国家标准　食品中 *N*-亚硝胺类化合物的测定》采用 GC-MS/MS 对食品中 *N*-二甲基亚硝胺进行检测，定量检测离子为74.0/44.0，定性离子为74.0/42.1，有效利用了二级碎片离子信息来降低小分子检测过程中的干扰，实现了方法检出限0.30μg/kg。此外，GC-MS/MS还具有高通量特征，常用与大批量食品中农药残留的检测，例如，我国GB 23200.113—2018《食品安全国家标准 植物源性食品中208种农药及其代谢物残留量的测定 气相色谱-质谱联用法》利用GC-MS/MS实现了植物源性食品中208种农药及其代谢物残留量的检测。

二、液相色谱-质谱联用技术

液相色谱-质谱联用（LC-MS/MS）技术虽然起步比GC-MS/MS技术晚，但其具有分析范围广、高选择性和高灵敏度等特点，目前已成为食品安全检测领域的重要分析手段之一。如我国GB 23200.121—2021《食品安全国家标准　植物源性食品中331种农药及其代谢物残留量的测定　液相色谱-质谱联用法》采用液相色谱-串联质谱技术实现了植物源性食品中331种农药及其代谢物残留量的检测，标准采用乙腈提取，经固相萃取柱或分散固相萃取净化，内标法定量，方法定量限可达0.01mg/kg。GB 31658.17—2021《食品安全国家标准　动物性食品中四环素类、磺胺类和喹诺酮类药物残留量的测定　液相色谱-串联质谱法》利用LC-MS/MS技术建立了动物性食品中四环素类、磺胺类和喹诺酮类药物残留量检测方法，方法采用麦氏EDTA溶液对目标物进行提取，固相萃取柱净化，外标法定量，方法检测限达2 μg/kg。国家市场监督管理总局补充检验方法BJS 201710《保健食品中75种非法添加化学药物的检测》采用LC-MS/MS技术对片剂、口服液、硬胶囊和软胶囊保健食品中75种非法添加化学物质进行高通量的检测，试样采取甲醇溶液提取后，直接进行LC-MS/MS外标法检测，方法灵敏度达0.017μg/g。表12-1列出部分采用LC-MS/MS技术测定食品农药残留、兽药残留、非法添加物质、添加剂的国家标准。

表12-1　部分采用LC-MS/MS技术测定食品农药残留、兽药残留、非法添加物质、添加剂的国家标准

序号	标准名称	标准号
1	水果和蔬菜中450种农药及相关化学品残留量的测定　液相色谱-串联质谱法	GB/T 20769—2008
2	粮谷中486种农药及相关化学品残留量的测定　液相色谱-串联质谱法	GB/T 20770—2008
3	食品安全国家标准　水产品中有机磷类药物残留量的测定　液相色谱-串联质谱法	GB 31656.8—2021
4	食品安全国家标准　水产品中硝基呋喃类代谢物多残留的测定　液相色谱-串联质谱法	GB 31656.13—2021
5	食品安全国家标准　动物性食品中硝基咪唑类药物残留量的测定　液相色谱-串联质谱法	GB 31658.23—2022
6	食品安全国家标准　蜂产品中喹诺酮类药物多残留的测定　液相色谱-串联质谱法	GB 31657.2—2021

续表

序号	标准名称	标准号
7	食品安全国家标准　水产品中27种性激素残留量的测定　液相色谱-串联质谱法	GB 31656.14—2022
8	水产品及相关用水中12种卡因类麻醉剂及其代谢物的测定	BJS 202110
9	豆芽、豆制品、火锅及麻辣烫底料中喹诺酮类、磺胺类、硝基咪唑类、四环素类化合物的测定	BJS 202310
10	食品中双醋酚丁等19种化合物的测定	BJS 202209
11	婴幼儿配方食品中消毒剂残留检测	BJS 202007

三、电感耦合等离子体-质谱联用技术

电感耦合等离子体-质谱联用（ICP-MS）技术具有高灵敏度、干扰少、多元素同时分析等优势，能够在复杂基体中准确分析衡量元素，为元素分析提供了新的检测手段。例如，我国GB 5009.268—2016《食品安全国家标准 食品中多元素的测定》，利用ICP-MS同时测定食品中硼、钠、镁、铝、钾、钙、钛、钒、铬、锰、铁、钴、镍、铜、锌、砷、硒、锶、钼、镉、锡、锑、钡、汞、铊、铅共26种元素，食品试样经微波消解或压力罐消解后，经由ICP-MS测定，以元素特定质量数（质荷比，m/z）定性，采用外标法，以待测元素质谱信号与内标元素质谱信号的强度比与待测元素的浓度成正比进行定量分析，标准检出限达0.0001~1 mg/kg。

四、高分辨质谱联用技术

根据欧盟2002/657/EC规范，质量分辨率大于10000的质谱仪为高分辨质谱仪。目前常用的高分辨质谱仪包括飞行时间（ToF）质谱仪、轨道阱（Orbitrap）质谱仪等，由于具有质量数精确、高选择性、高通量及高灵敏度的优点，近年来广泛应用于食品中农兽药残留、非法添加物质等靶向和非靶向筛查以及未知成分鉴定。

基于高分辨质谱仪的靶向筛查方法，其原理与常规三重四极杆质谱仪类似，通过采集样品中未知物的精确母离子和二级碎片离子质量数和丰度比信息，与标准品对照，进而实现未知物的定性和定量检测。国家市场监督管理总局补充检验方法BJS 201805《食品中那非类物质的测定》中方法二即超高效液相色谱-串联高分辨质谱法，利用高分辨质谱仪建立了食品中90种那非化合物的检测方法。试样经甲醇超声提取，过滤后，滤液供高效液相色谱-串联高分辨质谱测定，比较试样溶液与标准品的保留时间、一级质谱图和二级质谱图进行筛查和定性确证，方法灵敏度可达0.1mg/kg。

基于高分辨质谱仪的非靶向筛查方法，是指通过对采集的色谱信息、精确母离子和二级碎片离子质量数及丰度比等质谱信息进行处理和分析，与已构建或市售的化合物数据库比对，进而实现高通量筛查鉴别未知物。目前，主流高分辨质谱仪生产厂家均根据其设备建立不同目标物的筛查数据库，如农药数据库、兽药数据库、非法添加物质数据库、司法毒素数据库等，各数据库中涉及化合物可达几千种。虽然此类高分辨质谱仪非靶向筛查通量高，脱离了对标准品的依赖，但其筛查效果受未知物数据库的涉及化合物种类、数量和质量的限制，且设备昂贵，

在推广应用方面，与常规三重四极杆质谱仪相比具有一定的局限性。

思考题

1. 质谱仪由哪几部分组成？各部分的作用是什么？
2. 离子源的作用是什么？试述几种常见的离子源的原理及优缺点。
3. 质量分析器的作用是什么？试述几种常见的质量分析器的原理及优缺点。
4. 列举几种常见的质谱联用技术，其在食品分析中的应用有哪些？

CHAPTER 13

第十三章 无机质谱分析法

学习目标

1. 学习 ICP-MS 与其他设备的联用技术，掌握其在食品元素及元素形态分析中的应用。
2. 学习 ICP-MS 在食品元素分析中的适用范围、注意事项、优缺点。
3. 能够掌握有机质谱和无机质谱的分析对象、适用范围及操作注意事项的区别与联系。
4. 了解无机质谱仪的工作原理及结构组成。

第一节 电感耦合等离子体质谱技术概述及原理

一、概述

无机质谱分析法（inorganic mass spectrometry）是利用质谱技术对样品所含无机元素进行定性定量分析的质谱方法。与有机质谱法相似，无机质谱法同样是通过离子源将无机元素离子化，依据单质离子的质荷比不同而进行分离和检测的方法。根据离子源的不同，无机质谱可包括火花源双聚焦质谱仪（spark source mass spectrometry，SS-MS）、二次离子质谱（secondary ion mass spectroscopy，SI-MS）、电感耦合等离体子质谱技术（inductively coupled plasma-mass spectrometry，ICP-MS）等，其中电感耦合等离子体质谱仪是目前无机分析中应用最为广泛的无机质谱仪器。

电感耦合等离子体质谱仪是以独特的接口技术将电感耦合等离子体光源（ICP）高温电离特性与质谱检测器灵敏度高、扫描速度快的优点相结合，形成了一种痕量、超痕量的元素和同位素分析技术。1980 年，爱荷华州立大学的胡克（Houk）和法赛尔（Fassel）与萨里大学的葛雷（Gray）等联名发表了第一篇阐述电感耦合等离子体质谱仪可行性的“里程碑”文章，随后

1983年第一台商用电感耦合等离子体质谱仪问世，此后经过三十多年的不断发展，电感耦合等离子体质谱仪已经广泛应用于食品、环境、生物、医药、材料等领域。在分析能力上，电感耦合等离子体质谱仪可取代传统的电感耦合等离子体光谱（ICP-AES）仪、火焰原子吸收光谱（F-AAS）仪、石墨炉原子吸收光谱（GF-AAS）仪，与这些传统元素分析仪器相比，电感耦合等离子体质谱仪具有以下特点：①灵敏度高，检出限低。电感耦合等离子体质谱仪被公认为目前检出限最低的多元素分析技术，大部分元素检出限比电感耦合等离子体光谱技术低2~3个数量级，其检出限通常都大于10^{-13}。②线性范围宽，高达$10^8 \sim 10^9$。宽的动态范围能够降低样品处理要求，从而降低因稀释或浓缩样品导致的误差。③支持多元素同时分析，还包括同位素分析，有机物中金属元素的形态分析。④样品通量高。尽管分析速度与分析物的浓度以及分析的精密度相关，但以具有代表性的四极杆电感耦合等离子体质谱仪为例，一般几分钟可以测定20~30个元素。

二、电感耦合等离子体质谱仪的工作原理及结构

（一）电感耦合等离子体质谱仪的工作原理

电感耦合等离子体质谱仪利用电感耦合等离子体作为离子源，产生不同质荷比的离子经过质量分析器和检测器后得到质谱数据。样品进行分析时一般包括以下四步：

①水溶液样品以气溶胶形式引入氩（Ar）气流中，然后进入由射频能量激发的处于大气压下的氩等离子体中心区；

②等离子的高温使样品去溶剂化、汽化解离和电离；

③部分等离子体经过不同的压力区进入真空系统，在真空系统内按其质荷比不同进行分离；

④检测器将离子转化为电子脉冲信号，然后由积分测量线路计数；电子脉冲信号的大小与样品中分析离子的浓度有关，通过与已知的标准或参比物质比较，实现未知样品的痕量元素定量分析。

（二）电感耦合等离体子质谱仪的结构

电感耦合等离子体质谱仪主要由样品引入系统、电感耦合等离子体光源、接口系统、质量分析器、离子检测器以及数据采集系统等组成，其结构如图13-1所示。

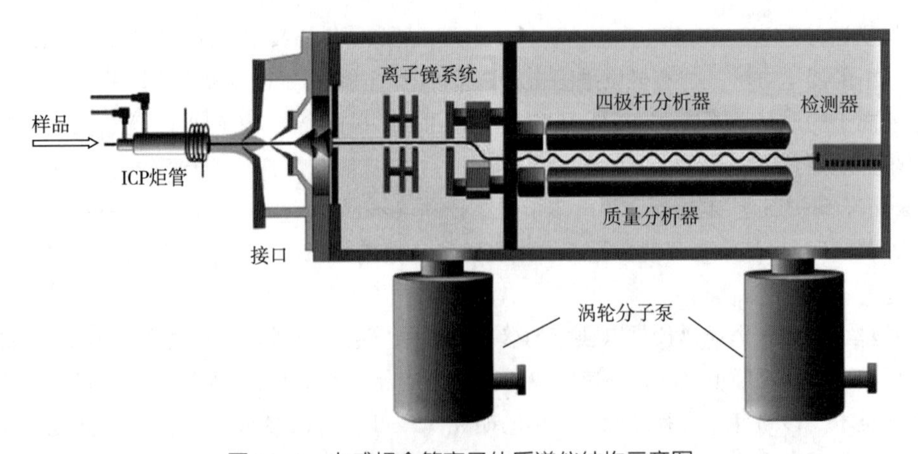

图13-1 电感耦合等离子体质谱仪结构示意图

1. 进样系统

电感耦合等离子体质谱仪主要用于分析液体。固体样品可以直接结合火花烧蚀或激光烧蚀系统进行分析，但是这些技术在食品样品分析领域中并不常用，因此这里主要介绍以液体进样为主的进样系统。液体样品进样系统主要由蠕动泵、雾化器、雾化室等组成，其结构如图 13-2 所示。

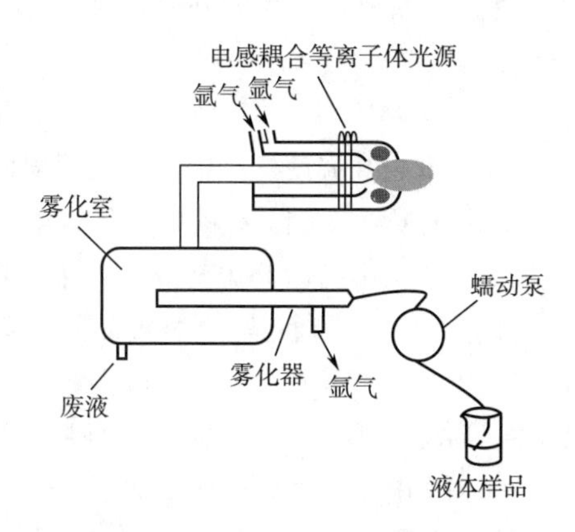

图 13-2　ICP-MS 进样系统示意图

（1）蠕动泵　蠕动泵的作用是将溶液样品比较均匀地送入雾化器，并同时排除雾化室中的废液。通过控制蠕动泵的转速，使样品提升速度一致，防止不同基体的样品间的密度与黏度差异导致提升量差异。

（2）雾化器　雾化器的作用是使样品从溶液状态变成气溶胶状态，因为只有气态的样品才可以直接进入炬管的等离子体中。大多数电感耦合等离子体质谱仪以气动雾化器为标准附件，样品进入雾化器后，通过气流的风力运动将液体破碎成微小的液滴，将液体分解成细颗粒的气溶胶。气动雾化器主要分为同心雾化器、交叉流（直角）雾化器和高盐量（Babington）雾化器。

同心雾化器利用小孔的高度气流形成的负压进行提升和雾化液体，即文丘里效应，具有雾化效果稳定和雾化效率高等优点。同心雾化器中毛细管内径较小，因而对高盐分样品比较敏感，如吸入高盐样品或微小的悬浮不溶物，容易导致雾化器堵塞，从而影响分析性能。所以使用一段时间后要进行清洗，使其恢复性能。

交叉雾化器，又称直角雾化器，其设计是提取液管和雾化气管方向成直角的，成雾机理与同心雾化器类似。交叉雾化器对高盐分样品的敏感性要优于同心雾化器。但在相同样品分析过程中，同心雾化器的背景要比交叉雾化器低，在分析精密度和检出限方面两者相当。

高盐量雾化器由基座、进液管和进气管组成，其特殊的设计使高盐样品分析过程不会产生盐沉积的现象，因此适用于高盐样品分析。高盐量雾化器主要原理为：样品溶液由蠕动泵通过输液管送到雾化器，让溶液沿倾斜的 V 形凹槽自由留下，溶液流经的通路上有一小孔，高速气流从小孔喷出，将溶液雾化，因为喷口处不断有溶液经过，因而不会发生盐沉积。

最常用的进样方式是利用同心型或直角型气动雾化器产生气溶胶，在载气传送下喷入火焰炬。

（3）雾化室　在雾化后，样品进入雾化室。雾化室的作用首先是进行液滴筛选，有选择地过滤出由雾化器产生的较大的气溶胶液滴，从而让较小的液滴进入到等离子体中，其次是消除或减缓雾化过程中主要由蠕动泵引起的“脉冲”现象。

由于等离子体在分解大液滴（直径>10μm）时效率很低，因此消除雾化过程形成的大液体尤为重要。雾室最常采用的一种设计是双通道设计，气溶胶直接进入雾室的内管来选择小的雾滴。大的雾滴从内管出来后通过重力作用沉降为废液排走。排废液管的末端有一个 U 形管形成液封，使得气溶胶保持正压，迫使小的雾滴由雾室的外壁和内管之间回流，从雾室出口进入等离子体炬管的中心喷射管中。

2. 电感耦合等离子体光源

电感耦合等离子体光源的作用是通过高温使样品中待测元素发生电离。其主体是一个由三层石英套管组成的矩管，矩管上端绕有负载线圈，线圈由高频电源耦合供电，能产生垂直于线圈平面的磁场。这种高频电流是由一个功率高达 1600 W 的射频发生器产生的。三层管从里到外分别通载气、辅助器和冷却器（同为氩气），通过高频装置使其电离，氩离子和电子在电磁场作用下又会与其他氩原子碰撞产生更多的离子和电子，形成涡流。强大的电流产生高温，瞬间使氩气形成温度可高达 10000K 的等离子焰炬，这就意味着气溶胶小雾滴能够被迅速地干燥、解离、汽化和原子化，最后原子失去一个电子而被离子化。这些离子是气溶胶在进入等离子体后部约 10ms 内形成的，离子最大浓度在距离负载线圈末端约 7mm 处，所以质谱的接口设在该位置。

3. 接口系统

电感耦合等离子体光源是在大气压下工作，而质谱的质量分析器需要在真空下工作，为了使电感耦合等离子体光源产生的离子能够进入质量分析器而不破坏真空，在 ICP 焰炬和质量分析器之间要有一个接口装置用于离子引出，图 13-3 是电感耦合等离子体质谱仪接口装置示意图。

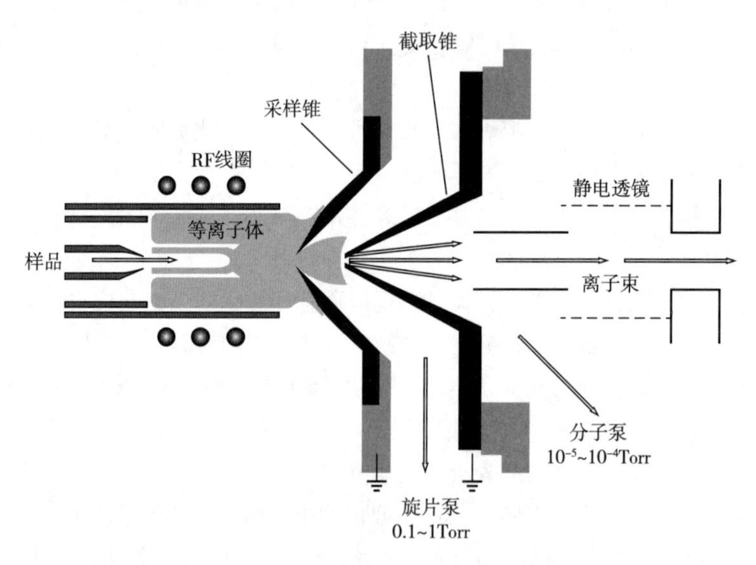

图 13-3 电感耦合等离子体质谱仪接口装置示意图

(1Torr = 133Pa)

接口装置由两个同轴圆锥组成，分别是采样锥和截取锥，靠近焰炬的是采样锥，靠近分析器的为截取锥。采样锥的作用是将等离子中心通道出来的离子束引入到质谱系统中来。采样锥的孔径一般为0.5~1.0mm，等离子体的气体以大约6000K的高温通过采样锥孔进入由机械泵支持的第一级真空室，由于气体迅速膨胀，等离子体原子碰撞频率下降，气体的温度也迅速下降，等离子体的化学成分不再变化。通过截取锥后，依靠一个静电透镜将离子与中性粒子分开，中性粒子被指控系统抽离，离子则被聚焦后进入质量分析器。截取锥孔径一般为0.4~0.9mm，截取锥孔径越大，离子流提取效率越高，且耐积盐能力越强，但过大的孔径会损失一定的真空度，需要更高性能的泵维持质谱系统的真空度，导致成本较高。

4. 离子聚焦系统

电感耦合等离子体质谱仪的离子聚焦系统由一组静电控制的金属片或金属筒或金属环组成。离子聚焦系统主要的作用有两个，一是约束离子束膨胀，使其保持一个较低的射束范围，保证灵敏度。二是将中性粒子、光子、离子束分离，阻止中性粒子和光子通过，从而保证仪器的背景噪声较低。

电感耦合等离子体质谱仪的离子聚焦系统与原子发射或吸收光谱中的光学透镜一样起聚焦作用，但聚焦的是离子，而不是光子。其原理是利用离子的带电性质，用电场聚集或偏转牵引离子，将离子限制在通向质量分析器的路径上，也就是将来自截取锥的离子聚焦到质量过滤器。而光子以直线传播，中性粒子不受电场牵引，因而可以离轴方式偏转或采用光子挡板、90°转弯等方式，拒绝中性粒子并消除光子通过。透镜材料及聚焦原理基于静电透镜。整个离子聚集系统由一组静电控制的金属片或金属筒或金属环组成，其上施加一定值电压。

5. 质量分析器和检测器

经过离子透镜的离子能量分散较小，可以用四极滤质器依据离子质量分离。四极杆由两组平行对称的极杆组成，其作用是筛选不同质荷比（m/z）的离子进入检测器。其工作原理是在四个金属棒的两极施加一个直流（DC）电场和一个随时间变化的交变电流（AC），驱动四极杆。通过优化每一对金属棒上施加的AC/DC电压，被选质量数的离子可被允许通过金属棒进入检测器，而其他离子不稳定地从四极杆中射出。四极杆是一个顺序质量分析器，必须依次对目标质量进行扫描，并在一个测量周期内采集离子，其扫描速度很快，大约100ms可扫描整个元素覆盖的质量范围。最终四极杆系统将离子按质荷比分离后引入检测器。

ICP-MS常用的检测器是电子倍增器。离子的检测主要是应用电子倍增器，产生的脉冲信号直接输入到多道脉冲分析器中，从而实现计数不同质荷比的离子，也就是质谱分析。电子脉冲的大小与样品中分析离子的浓度有关。通过与已知浓度的标准比较，实现未知样品的痕量元素的定量分析。

第二节　电感耦合等离子体质谱技术在食品元素及元素形态分析中的应用

食品营养成分、食品安全是公众一直关心的热点问题。人体所含有的各种元素，其获得的主要途径来源于食品，食品中积累的重金属可通过食物链进入人体，给人类健康带来危害。此外，食品中微量元素的摄入也与人体健康息息相关。微量元素是指人体内含量在0.01%以下，且人体每日摄入量在0.04 g以下的元素。虽然人体内的微量元素含量较低，但其对人体代谢过程起着非常重要的作用，其中有的微量元素作为营养元素，是人体所必需的，有的是非必需但无害的，有的则对人体有害。但当人体中的必需微量元素欠缺或积聚浓度过高时，会导致体内平衡失调，进而对人体造成危害。因此，通过对食品中的重金属元素和微量元素含量进行分析与评估，从而在人体摄入总量上控制食品中重金属元素和微量元素，对于食品安全尤为重要。

近年来，在食品领域，我国电感耦合等离子体质谱技术相关国家标准相继颁布实施，为电感耦合等离子体质谱技术在食品及包装材料检测中提供了更多的标准方法支持，元素分析方法也已经逐渐由化学分析法、原子吸法收和原子荧光法过渡到电感耦合等离子体光谱与质谱法，使检测元素范围和检测方法的灵敏度能够满足食品安全限量要求。除常规的食品重金属污染、营养多元素检测的需求外，目前很多研究机构越来越关注元素形态分析、产地溯源、真伪鉴别、食品安全风险评估和预警、食品组学等方面的研究。电感耦合等离子体质谱技术为这些研究提供了支持。本节重点介绍目前常见的电感耦合等离子体质谱技术及其联用技术在食品领域的应用。

一、常见电感耦合等离子体质谱联用技术

电感耦合等离子体质谱技术结合了电感耦合等离子体离子源的高温电离特性与四极杆质谱仪快速灵敏的特点，具有灵敏度高、干扰少、检出限低、线性范围宽、可进行同位素分析等优点，这是传统无机分析技术无法相比的，因此广泛应用于地质研究、环境监测、食品分析、冶金工业和生物医药等领域，在当今前沿分析技术中具有重要地位。随着仪器科学和材料科学的发展，一些接口材料取得了突破，电感耦合等离子体质谱技术与其他仪器的联用技术也得到了长足的发展。

1. 毛细管电泳-电感耦合等离子体质谱联用技术

毛细管电泳（capillary electrophoresis，CE）具有分离效率高、速度快、所需样品少、适用范围广的特点，可以对简单离子、非离子性化合物及生物大分子等进行分离，主要是用于分离各种有机分子及蛋白质等，也可以用来分离各种金属离子和无机阴离子等。它是一种液相微分析技术，其分离通道为毛细管柱、分离驱动力为高压直流光程短，因此需要高灵敏度的检测器对样品进行检测分析。毛细管电泳-电感耦合等离子体质谱联用技术可集合二者的优点，用于高效率的分离和元素选择性分析，是一种很有潜力的分离检测方法。毛细管电泳-电感耦合等离子体质谱联用技术的关键在于毛细管电泳与电感耦合等离子体的接口设计，通过改进辅助流接口，可以有效避免毛细管中层流的产生，保证毛细管所固有的高分离效率和高分辨率，进而实现高效分析不同形态的硒、汞和砷等化合物。以海产品中的砷形态为例，毛细管电泳-电感耦合等离子体质谱联用技术可以同时测定包括砷胆碱（AsC）、砷甜菜碱（AsB）、三价砷（As^{3+}）、五价砷（As^{5+}）、一甲基砷（MMA）、二甲基砷（DMA）在内的6种砷形态，简洁高效，样品消耗量少。毛细管电泳-电感耦合等离子体质谱联用技术结合超声前处理手段，也可以同时分析六价铬（Cr^{6+}），三价铬（Cr^{3+}）和吡啶甲酸铬，在20min内可有效从保健食品中提取所有形态铬化合物，并且不会改变它的形态。

2. 高效液相色谱-电感耦合等离子体质谱联用技术

高效液相色谱具有分离效率高、分离速度快、流动相范围宽泛、能同时分离多种物质等优

势。相较于气相色谱而言，高效液相色谱虽较晚用于元素形态分析，但更具灵活性和广泛性。由于高效液相色谱的流动相通常含有一定比例的有机溶剂和无机盐，会对电感耦合等离子体质谱进样系统、采样锥和截取锥造成堵塞，降低了分析的灵敏度和稳定性，这种情况在采用梯度洗脱时尤为严重。目前高效液相色谱-电感耦合等离子体质谱联用技术最常用色谱柱为 C8 和 C18 来分析硒的形态，流动相 pH 在 2.0~2.5 分离效果较好，但长期使用会缩短色谱柱的寿命。在硒形态分析中，也可采用 Dionex Ion Pac ASⅡ色谱柱为分离柱，通过优化影响硒形态分离及提取因素，利用高效液相色谱-电感耦合等离子体质谱技术同时定量分析食品中无机硒和硒氨基酸等 6 种硒形态。目前，国家标准 GB/T 5009.167—2003《饮用天然矿泉水中氟、氯、溴离子和硝酸根、硫酸根含量的反相高效液相色谱法测定》利用反相高效液相色谱法测定饮用矿泉水中的溴离子，地方标准 DBS50/ 027—2016《食品安全地方标准　包装饮用水中溴酸盐的测定　高效液相色谱-电感耦合等离子体质谱法》利用 HPLC-电感耦合等离子体质谱技术测定包装饮用水中的溴酸盐等检测方法均已废止。目前对溴离子及溴酸盐的测定，多采用离子色谱法，从广义而言，离子色谱也属于高效液相色谱，只是检测器有差异。以膨化食品中溴酸盐和溴离子检测为例，采用微波萃取，结合 C18 固相萃取小柱净化，以 PA-100（250mm×4mm）阴离子色谱柱分离溴形态，高效液相色谱与电感耦合等离子体质谱技术联用分析，可获得溴形态分析中较满意的回收率和精密度。

3. 气相色谱-电感耦合等离子体质谱联用技术

气相色谱适合于易挥发、热稳定的化合物分离，与电感耦合等离子体质谱技术联用时，可直接将气态样品导入电感耦合等离子体质谱技术，无需要使用雾化器，样品的传输率接近 100%；不需要去除溶剂效应，可获得极低的检出限和良好的回收率，而且能有效地进行电离，减少干扰，明显减轻采样锥和截取锥的腐蚀情况。但气相色谱和电感耦合等离子体质谱技术在线耦合的实际应用面会因气体状态的色谱流出物在接口处凝结而变窄，常通过加热的方式来防止气相色谱流出物。目前主要应用于环境样品中的有机铅、有机汞和有机锡化合物的分析。也可以采用气相色谱-电感耦合等离子体质谱技术联用的方法对环境水样中的全球性有机污染物——多溴二苯醚（PBDEs）进行分析测定。由于气相色谱仅适用于易挥发或中性样品的分离，对于难挥发性物质需要经过衍生化处理，所以与其他联用技术相比，气相色谱-电感耦合等离子体质谱技术的应用范围相对较窄。

4. 离子色谱-电感耦合等离子体质谱联用技术

离子色谱（IC）是一种主要用于离子性物质分离的液相色谱法，可以进行定量、微量分析，更可以与前处理、富集技术结合进行痕量分析。目前离子色谱分析方法可以实现常见的阴、阳离子甚至氨基酸、糖类等生物分子的分离测定，并同时测定多组分和分析不同化合价态，易实现自动化，弥补了经典化学方法和其他仪器分析手段的不足。与电感耦合等离子体质谱技术联用已经成为解决复杂基体中离子形态分析的有效手段。

砷元素广泛存在于自然界中，是一种毒性很强的物质，同时具有致癌性。人类主要通过饮用水和食物摄入砷化物，因此对饮用水中砷的存在形态进行分析具有重要意义。以饮用水中铬形态的测定为例，采用 EDTA 溶液作为淋洗液，可以克服高酸度溶液给色谱柱带来的弊处，利用 IC 分离 2 种价态铬，可以消除氢-碳（H-C）和氯-氧-氢（Cl-O-H）干扰，更加准确地检测主同位素 ^{52}Cr，实现饮用水中 Cr^{3+} 和 Cr^{6+} 的痕量分析。此外，通过改变影响离子色谱分离的主要因素，总结对不同形态砷的分离和测定的最佳条件，IC-电感耦合等离子体质谱技术联用技术可用于测定水体中4种砷形态（As^{3+}、As^{5+}、MMA、DMA）。通过添加多种复合酶解离去除奶粉中的蛋白质、淀粉、脂肪，利用超声提取结合反相固相萃取柱除杂，采用乙酸沉淀蛋白、流动相提取等前处理方法，IC-电感耦合等离子体质谱技术也可以用于分析乳粉中的汞形态和硒形态。

5. 流动注射-电感耦合等离子体质谱联用技术

流动注射（FI）方法进样快速、高效、重现性好，在电感耦合等离子体质谱分析中广泛应用。而且，流动注射进样时样品在仪器中停留时间短，消耗量少，减轻了电感耦合等离子体质谱技术测试中有机试剂或样品中某些元素产生的一系列基体干扰效应和记忆效应。因此，能克服有机基体溶液引起的锥上碳沉积及漂移现象和高酸溶液引起的锥腐蚀等一系列问题。此外，流动注射的整个样品处理过程在密闭系统中进行，减少了对环境、试剂和器皿造成的污染，极大地提高了分析方法的灵敏度、可靠性和分析速度。但流动注射的应用目前无法推广于生产中，只能在试验中使用。部分学者研制了多采样体积微流控芯片，结合流动注射可实现电感耦合等离子体质谱技术亚微升级样品的进样。通过探究进入电感耦合等离子体技术的白酒绝对量对电感耦合等离子体技术稳定性及有机溶剂裂解后碳干扰大小的影响，考察进样体积与灵敏度的关系，优化载流流速等手段，可实现微流动注射-电感耦合等离子体质谱技术直接测定白酒中铅和镉。这是流动注射-电感耦合等离子体质谱技术测定酒类等复杂基体中的金属元素的一种参照方法。

6. 电热蒸发-电感耦合等离子体质谱联用技术

电热蒸发（ETV）是一种微量的进样技术，兼有石墨炉原子吸收光谱技术和电感耦合等离子体原子发射光谱技术两者的优点，试样损耗少，传输效率高，检出限极低，可达到微升级，通过电热蒸发技术的程序化，来消除和降低潜在干扰，或利用挥发温度的差异进行物质的形态分析。使用电热蒸发技术-电感耦合等离子体质谱技术的联用技术时，通过优化设计串联接口及气路系统，采用双气路模式，可以实现固体进样装置与电感耦合等离子体质谱技术的串联，从而更好地利用电感耦合等离子体质谱技术的多元素筛查能力，助力食品及农产品中重金属的快速检测。但由于不能有效地测定难溶金属元素（如锆、铌、钨、钼、稀土元素等）或高温下在石墨管中形成的极难挥发碳化物的元素（如硼、硅等），因而使该方法推广使用受限。

7. 激光烧蚀-电感耦合等离子体质谱法

激光烧蚀（LA）是20世纪80年代末到90年代初形成的一种新型的固体分析技术，由载气将烧蚀下来的样品进入检测系统。主要是通过测定等离子体发射光谱的波长和强度来进行元素定性、定量分析。不需要复杂繁琐的前处理，对样品破坏小，具有快速、实时、可远程监控等特点，但对于痕量元素的分析有所欠缺。与电感耦合等离子体质谱联用，可以充分发挥两种技术的优势，灵敏、快速地同时检测多元素。当前，该技术主要应用核材料颗粒物分析、生物组织、细胞等不同生物样品原位分析等。目前该技术已经应用到了印度芥菜中的镉，磷，硫，钾，钙，铜，锌等元素的分析，获得了植物茎中的元素分布特征。

8. 氢化物发生-电感耦合等离子体质谱法

氢化物发生（HG）是一种化学气体发生法，是目前研究较为活跃的以气体态引入试样的方法之一。此方法是利用某些元素在溶液中可被还原成气态氢化物的特性，来分离微量元素与大量基体物质。主要优点是仪器简单，能极大地改善测定精密度，同时实现自动化且易与多仪器联用。与电感耦合离子体质谱联用，能克服单一电感耦合离子体质谱对电离能较高元素测定时干扰高、灵敏度不足的缺点，且检出限低，可用于复杂体系的痕量或超痕量级的样品分析，但此联用技术受到商品化的氢化物发生系统的控制，最主要的难题是质谱干扰和非质谱干扰。

主要用于测定砷、锑、铋、锡、硒、碲、铅和锗具有挥发性的氢化物，总体来说是一种很有发展前景的分析技术。有学者建立了自制连续流动氢化物发生装置与扇形磁场电感耦合离子体质谱联用的方法来测定天然水中无机硒价态的分析方法。

二、电感耦合等离子体质谱在食品元素分析中的应用

1. 水样

近年来，由于市场经济的快速发展，工业排放的急剧增加，水污染越来越严重，威胁到居民的饮用水安全。水体中金属元素的含量是影响人体健康的因素之一，尤其是重金属污染问题，对健康危害较大。因此水中重金属的检测也受到了广大研究人员的关注，目前测定水中元素含量主要有 AAS 法、ICP-AES 法、分光光度法、络合滴定法等。其中分光光度法、络合滴定法检出限高，不适用直饮水中极微量金属残留的检测；AAS 法和 ICP-AES 法虽然检出限较低，但易受到基质干扰等影响，专属性较差；ICP-MS 具有灵敏度高、专属性强等优点。

以直饮水中铜、铅、镉、铬、砷、汞、铝 7 种金属元素的测定为例。先利用铜、铅、镉、铬、砷、汞、铝单元素标准溶液，建立标准曲线。之后，取 500mL 直饮水样品，置冰箱冷藏（0~8℃）保存；静置 24 h 后，经 0.45μm 滤膜，弃去初滤液，取 200mL 续滤液，置于样品管中，将样品管放入高通量真空平行浓缩仪（或其他减压浓缩装置）中，控制温度 80℃、氮吹流速 1.5mL/min，将样品浓缩至体积 10mL 左右，然后用超纯水转移至 25mL 容量瓶中，加 0.75mL 硝酸，用超纯水定容至标线，上机检测。一般采用内标法可以更好地消除分析检测过程中信号响应随环境、时间变化而引起的误差（表 13-1）。

表 13-1　　ICP-MS 测定不同金属元素内标法和外标法回收率比较

元素名称	回收率/（%）	
	外标法	内标法
铜	92.1	97.1
铅	94.4	102.3
镉	88.3	92.6
铬	91.0	94.8
砷	88.4	97.4
汞	78.3	92.9
铝	85.3	92.1

另外，金属元素的危害性跟其化学形态关系密切，一些元素只有在某些形态下才会对人体产生效应。因此，对饮用水中金属元素的检测不仅需要关注元素的总含量，也需要测定元素的不同形态。不同金属元素形态的测定一般需要 ICP-MS 联用技术。

以饮用水中砷（As）、铬（Cr）、溴（Br）、碘（I）4 种不同元素 11 种形态的检测为例，采用 IC-ICP-MS 联用方法，以 ICS-5000 离子色谱分离，以电感耦合等离子体质谱作为元素检测器，选用高效能 AG19 和 AS19 阴离子色谱柱可实现砷甜菜碱（AsB）、二甲基砷（DMA）、砷胆碱（AsC）、一甲基砷（MMA）、三价砷（As^{3+}）、五价砷（As^{5+}）、碘酸根（IO_3^-）、碘离子（I）、溴酸根离子（BrO_3^-）、溴离子（Br^-）、六价铬（Cr^{6+}）11 种形态的同时检测，10min 内可

以快速准确分析不同金属不同形态的含量，色谱图见图 13-4。

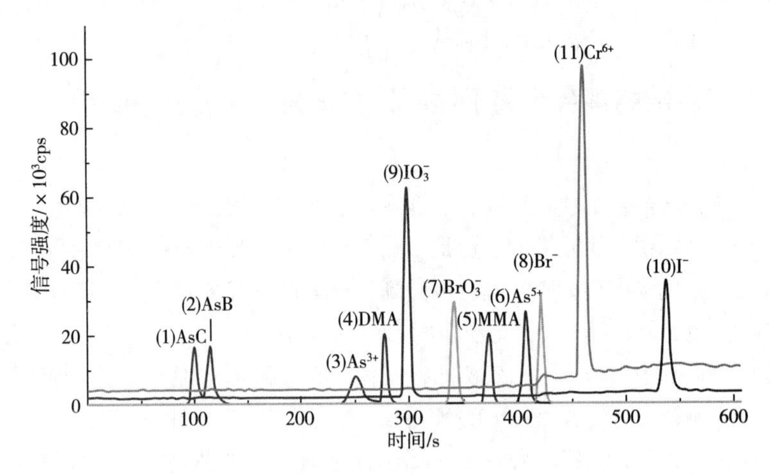

图 13-4　砷（As）、铬（Cr）、溴（Br）、碘（I）4 种元素 11 种不同形态的色谱图

2. 海产品

目前，居民在日常饮食中的主要消费海产品包括鱼、虾、蟹、贝四类。随着工业的发展，自然环境不断遭到破坏，工业污染物的大量排放使得重金属残留于水体土壤中，水污染、土壤污染等污染问题日益严重，根据近几年的调查发现，我国各地区的水产品均受到了不同程度的污染，如华东地区市场上的水产品主要的重金属污染是铅、砷、镉，受污染物影响的种类主要为虾、蟹、贝类等海产品。浙江省沿海 20 种常见海产品中总砷含量为 0.5~17.0mg/kg，紫菜中含量为多；美国大西洋海域海产品中的总砷含量为 1.3×10^{-4}~2.6×10^{-2}mg/g。

以海带、象牙蚌等常见海产品为例，采用微波辅助酸法消解的前处理方法，得到海产品的消化液，以铑（Rh）标准液为内标，结合 ICP-MS 测定其中总砷含量，其结果见图 13-5。此外，ICP-MS 也常被用于评估海产品中二氧化钛纳米颗粒、汞、砷、钒、锑、钡、碘等重金属污染物残留。

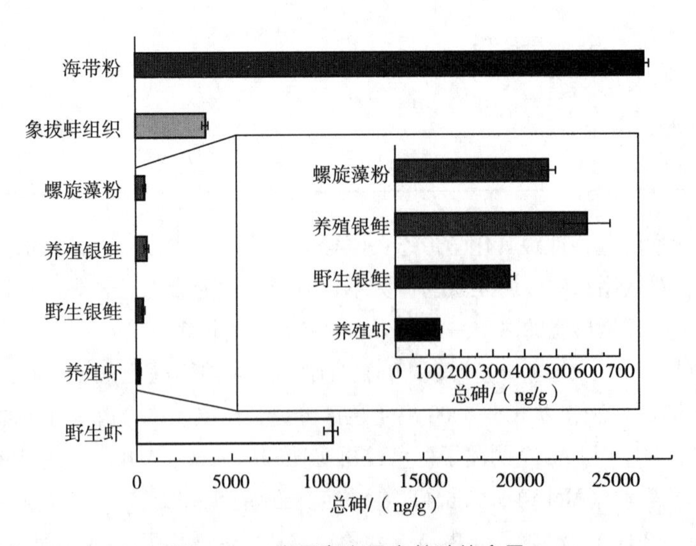

图 13-5　常见海产品中总砷的含量

3. 肉制品

随着生活水平的提高，畜禽肉类食品在人们的饮食中占有越来越大的比重。而重金属不能被生物降解，在食物链的作用下，千百倍地富集在畜禽肉体内，最后进入人体，影响生命健康，因此对畜禽肉类的重金属含量进行研究，对科学指导食品安全监控，合理饮食是非常有意义的。研究表明，ICP-MS 在肉制品中元素分析方面，比石墨炉原子吸收法（GF-AAS）更快速高效，灵敏度更高。以猪肉为例，同样采用微波辅助酸法消解，得到肉制品的消化液，利用 ICP-MS 检测，可以得到猪肉中大量元素（钙、钾、镁、钠、磷），微量元素（铁、锌、铬、锰、镍、铜、硒、锶、铯），痕量元素（锂、铍、钒、钴、镓、钡、铀）以及有毒微量元素（砷、镉、碲、铅）的含量，其中 4 种有害元素含量见图 13-6。

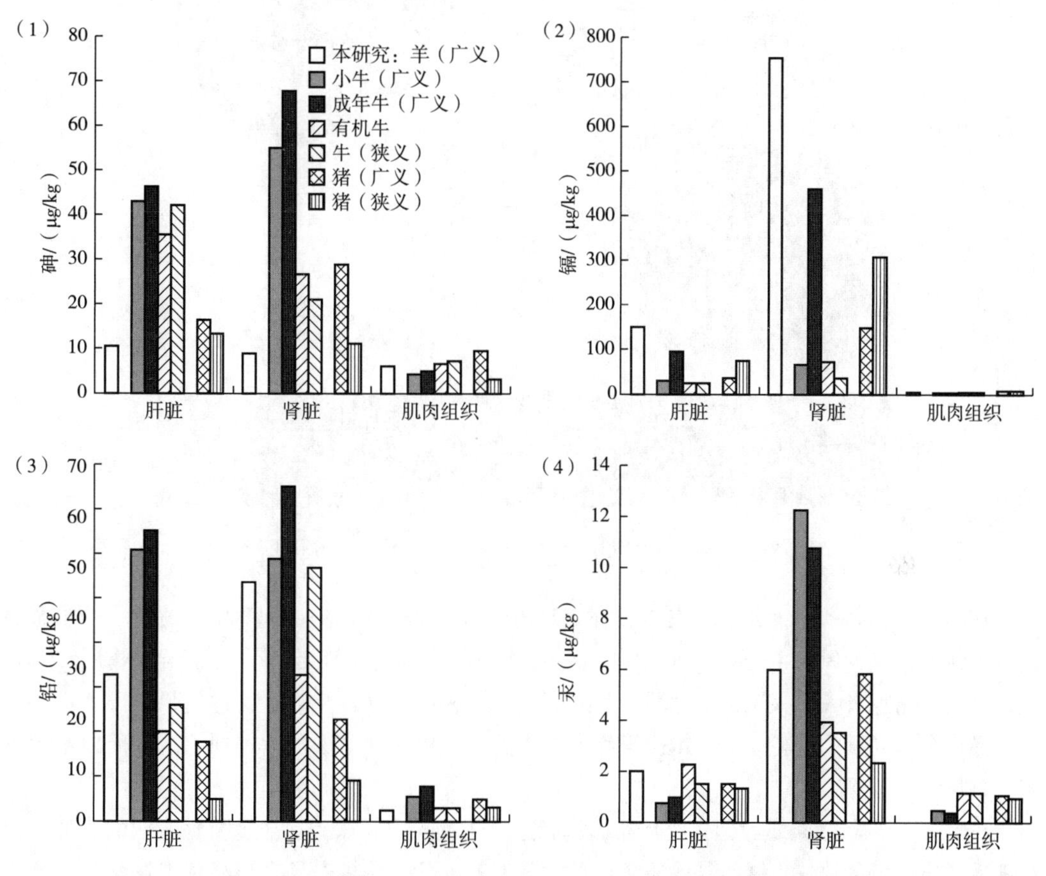

图 13-6　不同牲畜肝脏、肾脏和肌肉组织中 4 种有毒元素的分布

（1）砷　（2）镉　（3）铅　（4）汞

4. 植物来源食品分析

植物源食品包括主食类（大米和小麦）、果蔬类、茶叶、食用菌类等，其元素分析方法和程序基本与其他食品类似，先以微波加热或电加热或超声辅助结合强酸湿法或干法消解，得到食品消化液，然后用稀酸或者超纯水定容，最后利用 ICP-MS 检测。

（1）主食类　大米和小麦是我国乃至全球的主要消费食品。随着人类社会的发展，环境问题日益严重，超标的重金属很可能通过受污染的灌溉水源进入土壤，并在稻谷与小麦中蓄积而进入人体。因此，监测主食中金属元素尤其是重金属的污染就显得非常重要。世界范围内不同产地大米等主食中的矿物元素及重金属元素的检测已经广泛报道。食品原料包括小麦、大麦、大米、燕麦、小米等，金属元素包括五价铬、砷、镉、汞、铅、氯、溴、碘、硒、锌等。ICP-MS 还用于探究谷子关键生长阶段施用亚硒酸钠（Na_2SeO_3）对小米中硒含量的影响。在研究 ZnO 纳米颗粒作为高效锌肥的开发上，激光烧蚀-ICP-MS 技术也用于考察小麦籽粒中的元素分布（图 13-7）。

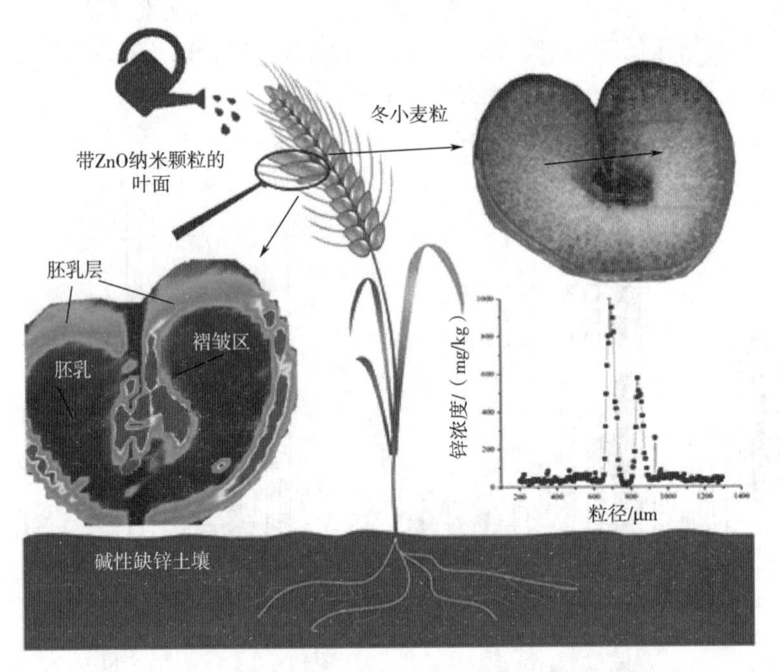

图 13-7　ZnO 纳米颗粒作为肥料对小麦籽粒元素分布的影响

（2）果蔬食品类　水果蔬菜是人类补充矿物质的主要来源之一，同时由果蔬携带的重金属进入人体所带来的风险也受到了重视，电感耦合等离子体质谱在测定果蔬中有益矿物质和有害重金属的应用也有大量报道，如棠梨、苹果橘子汁、桃胶、沙棘果、皇家橄榄果、椰子水等果蔬产品中金属元素的分析。电感耦合等离子体质谱结合化学计量法也应用到了区分菠萝蜜地理起源领域。

（3）茶叶分析　茶是我国传统饮品，具有独特的色、香、味，越来越受到人们的欢迎，但是随着茶业市场的快速发展，茶叶质量也是良莠不齐，茶叶质量安全是影响其市场竞争力的一个重要因素。电感耦合等离子体质谱已经用于监测不同茶叶中的矿物元素和重金属含量，如云南普洱茶、云南大叶茶、抹茶、玫瑰花茶、绿茶及乌龙茶等。同样，电感耦合等离子体质谱结合化学计量法也应用到茶叶的地域区分和真伪鉴别上。

（4）食用菌类　ICP-MS 用于食用菌类的检测主要用于检测重金属含量，如云南松口蘑中砷、铅、汞、镉、铬有害重金属的含量测定；更为常见的是与 HPLC 联用，用来评价元素形态，如汞元素形态、砷元素形态等。此外，利用 ICP-MS 结合化学计量法，可以对食用菌的产地和品种进行溯源和鉴定。

5. 乳制品分析

近年来，随着人们对乳品安全问题的持续关注，国家对乳与乳粉中重金属的检测技术和质量控制要求也越来越严格。电感耦合等离子体质谱作为一种新型的元素分析技术，在乳制品的检测上也有了大量的报道。如对市售婴儿配方奶粉中铝、铬和钡等检测以及对植物性牛奶替代品（大豆、大米、燕麦、斯佩尔特、杏仁、椰子、榛子、核桃、腰果、大麻）中41种元素的检测等。除检测元素含量等基本作用外，结合化学计量和传感器分析技术，ICP-MS有了更为广阔的适用面。如将牛奶经过人造胃液样品预处理后，基于纤维 $TiO_2@g-C_3N_4$ 纳米复合材料和ICP-MS的分散微固相萃取法，可测定其中锑元素形态含量。利用ICP-MS技术，通过营养和地理参数可对牛奶进行溯源分析。此外，ICP-MS也可对粉末状和冻干的牛奶样品中的游离硒氨基酸，母乳中的总金属含量和化学形态、硒蛋白P以及母乳中的矿物质进行检测。

6. 酒类分析

电感耦合等离子体质谱在酒类上的应用主要包括微量元素和有害元素测定及酒类产品分类溯源两个方面。如采用ICP-MS对山葡萄酒、柿酒和洋葱酒中钠、钾、镁、钙、铬、锰、铁、铜、锌、钼10种微量元素的分析；对新疆黑枸杞红酒中22种微量元素含量进行测定，并通过主成分分析确定镍、铝、锡、锶、硒为新疆黑枸杞红酒的特征元素。利用紫外光化学蒸气发生法结合ICP-MS可测定酒精饮料中的碘元素。结合化学计量法，ICP-MS也应用于酒类产品的溯源与分类。如利用ICP-MS结合稀土元素和金属指纹，可区分西班牙不同地域的商业葡萄酒；基于碳和氧稳定同位素和元素特征，可对中国葡萄酒的地理起源进行分类等。

7. 其他食品

除上述较常见的食品外，电感耦合等离子体质谱几乎涉及所有食品领域。如富硒食品、保健食品、坚果类、蜂蜜类、糖果产品、小吃类、食用油、可可豆、饮料等食品相关产品。

三、食品中元素形态分析

电感耦合等离子体质谱联用技术在食品基体中元素形态分析的应用主要集中在高效液相色谱-电感耦合等离子体质谱和离子色谱-电感耦合等离子体质谱上。高效液相色谱主要由高压色谱泵、进样阀、色谱柱组成，色谱柱负责分离，液相泵主要提供稳定的压力，使流动相可以稳定的流速淋洗。其工作原理是根据不同的物质在液态流动相和固定相中的分配比率不同，从而把混合物分离成多种单一物质，由于不同物质和固定相以及流动相的反应常数差异，不同物质就会在柱子里面呈现出不同的洗脱速度，从而在不同时间被洗脱出去。

通过液相色谱持续进样，元素的不同形态能通过色谱柱分离后，会在不同时间流出色谱柱，流出色谱柱后通过电感耦合等离子体质谱被检测出来，通过描绘不同时间不同信号值可得出谱图，通过保留时间可做到元素形态定性，通过峰高或峰面积可做到定量分析。

1. 砷元素形态分析

砷的形态是现今研究最多的一种。不同形态的砷毒性差异很大，无机砷毒性比有机砷要大，即使同样是无机砷，三价砷也比五价砷毒性大。前面已经介绍，常见的砷形态有砷胆碱（AsC）、砷甜菜碱（AsB）、三价砷（As^{3+}）、五价砷（As^{5+}）、一甲基砷（MMA）、二甲基砷（DMA）等。此外，还有兽药阿散酸、硝苯砷酸、洛克沙胂等，这几种形态在最新的国家标准中都可以利用高效液相色谱串联电感耦合等离子体质谱进行分析。

对于粮食类样品，通常样品只有无机砷，有机砷主要存在于水产品中，如鱼类、海带等，兽药中的阿散酸、硝苯砷酸、洛克沙胂等主要存在于动物或被污染的环境中。对于固体样品，前处理方式通常为酸提取，如可使用0.15mol/L硝酸在80℃下提取2 h，过柱去除大分子后过滤即可上机测试，而液体样品可尝试过滤后直接上机测试。

2. 硒形态分析

近年来，硒形态分析比较多，硒分析的难点在于电感耦合等离子体质谱中，硒灵敏度不高，由于硒会受到氩离子严重干扰，一般使用甲烷进行反应来消除干扰，大幅度提高硒的灵敏度。硒是人体必需的微量元素，具有抗氧化、调节血脂代谢、增强免疫力等重要功能，然而不同形态对人体吸收、生物效应、毒性等会有很大差异，例如，过多吸入无机硒会导致生物病变，而有机硒才是人体摄取硒的主要来源。一般硒形态主要以测有机硒为主，因为在合适范围内有机硒对人体有好处，因此在一些保健食品中甚至会直接作为添加剂加到产品中。但无机硒浓度过高时，对人体会有一定的危害，因此也有必要测定无机硒的含量。

对于硒形态的分析，样品的前处理可简单使用酸提取方式，如跟砷一致，但对于一些样品有可能导致提取效率不高，因此也可以使用如蛋白酶一类的酶作为提取剂，可更有效提取硒形态尤其是有机硒形态。

3. 汞形态分析

汞是众所周知的毒性极大的重金属元素，也是一直备受重视的元素，不管是食品还是药品都有专门针对汞形态分析的标准。在汞的形态分析中 Hg^0、Hg（Ⅱ）等无机汞和甲基汞（$MeHg^+$）、乙基汞（Me_2Hg^+）等有机汞是主要研究对象。除此之外，诸如二乙汞（$EtHg^+$）、二苯基汞（$PhHg^+$）等有机汞形态研究也屡见报道。在它们之中甲基汞毒性最强，有机汞毒性一般比无机汞要大，因此汞的所有形态几乎都是剧毒物。在自然界中，某些动植物会对汞有富集的作用，如水产品中鱼类中会有甲基汞，某些植物也会由于富集作用含有无机汞和甲基汞等汞形态。而在环境中，汞污染也是一个不容忽略的问题，由于矿产资源开发、化工产品生产和燃煤发电等因素，都会造成严重的土壤甚至是空气的汞污染，比较典型的如贵州万山地区的汞矿造成的汞污染。对于分析汞形态的样品，前处理可通过酸提取，但需要加入L-半胱氨酸，可配制5mol/L盐酸，约质量分数0.1% L-半胱氨酸溶液作为提取液。由于汞元素的特殊性，在测定汞时会有较强的记忆效应，特别是汞形态分析时，目标物在进入检测器前会通过长的管路，特别容易形成记忆效应。通常考虑加入合适的络合剂避免汞化合物在管路、色谱柱、矩管、采样锥和截取锥中富集。常见的络合剂多为含硫化合物，如2-巯基乙醇、L-半胱氨酸、同型半胱氨酸等，考虑L-半胱氨酸的亲水性较强，与汞形成的络合物在C18柱上保留较弱，既可降低记忆效应，又能缩短检测时间，因此实验常选用L-半胱氨酸作为络合剂。

4. 锑形态分析

在天然体系中，锑的各种氧化态以无机、有机或胶体形式存在。在环境样品中，主要存在两种氧化态（Ⅲ、Ⅴ）。尽管锑元素很早就为人所知，但由于其是公认的非生命必需元素，而且在环境中含量低（特别是在水环境中），因而对锑的形态分析长期以来未得到足够的关注。然而，锑的毒性不容忽视，不同形态的锑化合物毒性不同，无机锑的毒性比有机锑大，摄入含锑物质会导致肺炎、骨髓损伤和癌症。

思考题

1. 与其他元素分析仪器相比，电感耦合等离子体质谱仪的主要优缺点是什么？
2. 电感耦合等离子体的作用是什么？
3. 电感耦合等离子体质谱仪的基本结构包括哪几个部分？
4. 简述常见的电感耦合等离子体质谱联用技术及其在食品元素分析中的应用。
5. 汞元素形态分析时加入L−半胱氨酸的目的是什么？

参考文献

［1］ F. Sánchez Rojas，Ojeda C B . Recent development in derivative ultraviolet/visible absorption spectrophotometry：2004－2008：a review ［J］. Analytica Chimica Acta，2009，635（1）：22-44.

［2］ Li J，Chi G，Wang L，et al. Isolation，identification and inhibitory enzyme activity of phenolic substances present in Spirulina ［J］. Journal of Food Biochemistry，2020.

［3］ 武汉大学 . 分析化学（下册）［M］. 5 版 . 北京：高等教育出版社，2007.

［4］ 王伟，范世华，高雁 . 顺序注射光度滴定法测定食醋和饮料的总酸度 ［J］. 分析试验室，2005，24（6）：39-42.

［5］ 张水华 . 食品分析［M］. 2 版 . 北京：中国轻工业出版社，2004.

［6］ 周晓霞，冯雪，赵亚利 . 分光光度法测定菠菜中铁的含量 ［J］. 河北化工，2011，34（8）：72-75.

［7］ Li Y S，Zhao C L，Li B L，et al. Evaluating nitrite content changes in some Chinese home cooking with a newly-developed CDs diazotization spectrophotometry ［J］. Food Chemistry，2020，330：127151.

［8］ 谢笔钧，何慧 . 食品分析 ［M］. 北京：科学出版社，2009.

［9］ 刘志广，张华，李亚明 . 仪器分析［M］. 2 版 . 大连：大连理工大学出版社，2007.

［10］ 蚁细苗 . 盐酸副玫瑰苯胺比色法测定食糖中二氧化硫含量的探讨 ［J］. 甘蔗糖业，2005，（4）：43-44，32.

［11］ Huijuan，Shao，Yongze，et al. Chemical composition，UV/vis absorptivity and antioxidant activity of essential oils from bark and leaf of phoebe zhennan S. K. Lee & F. N. Wei ［J］. Natural product research，2018.

［12］ 翁诗甫 . 傅里叶变换红外光谱分析 ［M］. 北京：化学工业出版社，2010.

［13］ 陆婉珍 . 近红外光谱仪器 ［M］. 北京：化学工业出版社，2010.

［14］ 孙远明 . 食品安全快速检测与预警 ［M］. 北京：化学工业出版社，2017.

［15］ 陈士恩，田晓静 . 现代食品安全检测技术 ［M］. 北京：化学工业出版社，2019.

［16］ Qu J，Liu D，Cheng J，et al. Applications of Near-infrared Spectroscopy in Food Safety Evaluation and Control：A Review of Recent Research Advances ［J］. Critical Reviews in Food Science and Nutrition，2015，55（13）：1939-1954.

［17］ 何鸿举，朱亚东，王慧，等 . 近红外光谱技术在生鲜禽肉质量检测中应用的研究进展 ［J］. 食品科学，2019，40（21）：317-323.

［18］ 剧柠，胡婕 . 光谱技术在乳及乳制品研究中的应用进展 ［J］. 食品与机械，2019，35（1）：232-236.

［19］ 李晓婷，王纪华，朱大洲，等 . 果蔬农药残留快速检测方法研究进展 ［J］. 农业工程学报，2011，27（S2）：363-370.

［20］ 刘司琪，王锡昌，王传现，等 . 基于红外光谱的葡萄酒关键质量属性快速分析评价研究进展 ［J］. 食品科学，2017，38（19）：268-277.

[21] 杨渊婷，高光伟．探析近红外光谱分析技术在食品检测中的应用［J］．科技资讯，2019，17（13）：75-77.

[22] 王会，白静．傅立叶变换中红外光谱在食品快速分析与检测中的应用［J］．当代化工研究，2016（8）：122-123.

[23] 陈佳，于修烛，刘晓丽，等．基于傅里叶变换红外光谱的食用油质量安全检测技术研究进展［J］．食品科学，2018，39（7）：270-277.

[24] 谢芳．浅谈中红外光谱和近红外光谱在油品分析中的技术比较［J］．化工管理，2014（6）：67-68.

[25] 邓勃，李玉珍，刘明钟．实用原子光谱分析［M］．北京：化学工业出版社，2013.

[26] 郑国经．原子发射光谱仪器的发展、现状及技术动向［J］．现代科学仪器，2017，4：23-36，41.

[27] 李杨．食品仪器分析［M］.5 版．北京：科学出版社，2017.

[28] 韩长秀，毕成良，唐雪娇．环境仪器分析［M］.2 版．北京：化学工业出版社，2019.

[29] 胡坪，王氢．仪器分析［M］.5 版．北京：高等教育出版社，2019.

[30] 王永华，宋丽军，等．食品分析［M］.5 版．北京：中国轻工业出版社，2019.

[31] 石杰．仪器分析［M］.2 版．郑州：郑州大学出版社，2003.

[32] 朱明华，胡坪．仪器分析［M］.4 版．北京：高等教育出版社，2008.

[33] 钱沙华，韦进宝．环境仪器分析［M］.2 版．北京：中国环境科学出版社，2011.

[34] 朱生慧．原子发射光谱仪器研究新进展［J］．中国无机分析化学，2013，3（1）：24-29.

[35] 张浩．基于 Féry 棱镜分光的太阳光谱仪研究［D］．长春：中国科学院研究生院（长春光学精密机械与物理研究所），2014.

[36] 胡亚范，朱二旷，陈海良．测量棱镜色散规律的方法改进［J］．物理实验，2010，30（1）：28-30.

[37] 许利津．原子发射光谱分析技术及发展和应用［C］．中国机械工程学会年会暨甘肃省学术年会文集，2008：175-179.

[38] 刘约权．现代仪器分析［M］．北京：蓝色畅想图书发行有限公司，2006.

[39] 罗强，刘文涵，张清义．光电二极管阵列检测器在分析仪器中的应用［J］．浙江工业大学学报，2001，29（4）：54-57，70.

[40] 熊少祥，李建军，程介克．电荷转移器件检测器及其在分析化学中的应用［J］．分析化学，1995，8：960-966.

[41] 秦婷，朱嫣博，张旭龙．电感耦合等离子体原子发射光谱法测定粉状食品中二氧化硅的含量［J］．理化检验（化学分册），2018，54（12）：1466-1468.

[42] 刘冰冰，韩梅，贾娜，等．电感耦合等离子体-原子发射光谱法测定地下水及矿泉水中二氧化硅含量的研究［J］．光谱学与光谱分析，2015，35（5）：1388-1391.

[43] 李艳红，彭伟，张文熙．微波消解-电感耦合等离子体原子发射光谱法分析食品胶中 Pb、Cr、Cd、Se、Hg［J］．广东化工，2018，45（20）：144-145.

[44] 任玉红，王艳红．现代仪器分析技术［M］．济南：山东人民出版社，2014.

[45] 李自刚，弓建红．现代仪器分析技术［M］．北京：中国轻工业出版社，2011.

[46] 严衍禄．现代仪器分析［M］．北京：中国农业大学出版社，1995.

[47] 王世平，王静．现代仪器分析原理与技术［M］．北京：科学出版社，1999.

[48] 贾春晓，熊卫东，毛多斌．现代仪器分析技术及其在食品中的应用［M］．北京：中国轻工业出版社，2017.

[49] 李杨．食品仪器分析［M］．北京：科学出版社，2017.

[50] 陈晓毅．原子吸收光谱法在食品重金属检测中的实践分析［J］．食品安全导刊，2020（18）：119.

[51] 杨惠芳，赵淑英，王朝晖．原子吸收光谱在中药微量元素分析中的应用［J］．陕西师范大学学报（自然科学版），2004（S1）：109-112.

[52] 夏佑林．核磁共振原理及其在生物学中的应用［M］．合肥：中国科学技术大学出版社，2003.

[53] 裘祖文．核磁共振波谱［M］．北京：科学出版社，1989.

[54] Simmler C，Napolitano J G，Mcalpine J B，et al. Universal quantitative NMR analysis of complex natural samples［J］. Current Opinion in Biotechnology. 2014，25：51-59.

[55] Tsiafoulis C G，Theodore Skarlas T，Tzamaloukas O，et al. Direct nuclear magnetic resonance identification and quantification of geometric isomers of conjugated linoleic acid in milk lipid fraction without derivatization steps：Overcoming sensitivity and resolution barriers［J］. Analytica Chimica Acta，2014，821：62-71.

[56] 张忠义，刘振林，范华峰．牛奶中乳糖的快速旋光仪测定［J］．中国卫生检验杂志，2001（4）：434-435.

[57] Keith R M，Richard HF，Nigel G L. Solid-state NMR studies on the structure of starch granules［J］. Carbohy-drate Research，1995，276（2）：387-399.

[58] 刘延奇，吴史博，毛自荐．固体核磁共振技术在淀粉研究中的应用［J］农产品加工（下），2008.

[59] 梁光焰，王道平，姜阳明，等．一种采用 q1H-NMR 技术定量分析发酵果蔬汁中乙醇和乙酸的方法：CN112525943A［P］．

[60] 高红梅，王志伟，闫慧娇，等．氢核磁定量分析技术的研究进展［J］．山东化工，2016，45（22）：60-62，65.

[61] 沃尔夫．光的相干与偏振理论导论［M］．北京：北京大学出版社，2014.

[62] 李毅群，王涛．有机化学［M］. 2 版．北京：清华大学出版社，2013.

[63] 王克让，李小六．圆二色谱的原理及其应用［M］．北京：科学出版社，2017.

[64] 常建华，董绮功．波谱原理及解析［M］. 2 版．北京：科学出版社，2005.

[65] 章慧．配位化学：原理与应用［M］．北京：化学工业出版社，2009.

[66] 刘约权．现代仪器分析［M］. 2 版．北京：高等教育出版社，2006.

[67] 李维虎，郑飞云，刘春凤，等．啤酒泡沫蛋白质的二级结构特点及其质谱鉴定［J］. 食品与生物技术学报，2012，31（9）：918-924.

[68] 王晓婷．蛹虫草多糖分子结构与 α-葡萄糖苷酶抑制活性研究［D］．天津：天津科技大学，2017.

[69] 谭慧. 高压处理对大豆分离蛋白-多糖体系功能特性及结构影响研究 [D]. 哈尔滨：东北农业大学，2015.

[70] 汪浪红. 基于光谱学技术研究几种食品添加剂与生物大分子的作用机制 [D]. 南昌：南昌大学，2015.

[71] 鲁晓凤，夏震. 水溶液中香料分子与β—环糊精包结反应的光谱研究 [J]. 分析化学，1996，024 (006)：621-625.

[72] 姚建华. 光谱技术在食品安全检测中的应用 [J]. 现代食品，2020 (11)：139-143.

[73] 庄蓓蓓，祁钊，周紫卉，等. 基于多重聚合酶链式反应和表面增强拉曼光谱技术的食源性病原菌检测模型的建立与比较 [J]. 食品与发酵工业，2020，46 (7)：207-212.

[74] Wang，K. Sun. D. W，Pu. H，et al. Principles and applications of spectroscopic techniques for evaluating food protein conformational changes：A review [J]. Trends in Food Science & Technology，2017，S0924224417300900.

[75] 李可，闫路辉，赵颖颖，等. 拉曼光谱技术在肉品加工与品质控制中的研究进展 [J]. 食品科学，2019，40 (23)：7.

[76] 杨灵，王青秀，杨航，等. 拉曼光谱检测脆肉草鱼肌肉脆度 [J]. 水产学报，2022 (7)：046.

[77] Tao，F. Ngadi，M. Recent advances in rapid and nondestructive determination of fat content and fatty acids composition of muscle foods [J]. Critical Reviews in Food Science and Nutrition，2017：1-29.

[78] Tao，F. Ngadi，M. Applications of spectroscopic techniques for fat and fatty acids analysis of dairy foods [J]. Current Opinion in Food Science，2017，17：100-112.

[79] 陈健，肖凯军，林福兰. 拉曼光谱在食品分析中的应用 [J]. 食品科学，2007，28 (12)：5.

[80] Jiang，Lan. Hassan. Md Mehedi. Ali. Shujat，Li. Huanhuan，Sheng. Ren，Chen. Quansheng. Evolving trends in SERS-based techniques for food quality and safety：A review [J]. Trends in Food Science & Technology，2021，112 (1).

[81] 马品一. 基于表面增强拉曼光谱法的新型化学传感器研究 [D]. 长春：吉林大学，2017.

[82] 江澜. 基于表面增强拉曼光谱技术的大米中农药残留快速检测方法研究 [D]. 镇江：江苏大学，2021.

[83] 杨明秀. 基于表面增强拉曼光谱技术对花生油中 AFB1 的检测研究 [D]. 镇江：江苏大学，2018.

[84] 李欢欢. 牛奶中主要有害污染物的表面增强拉曼光谱检测方法研究 [D]. 镇江：江苏大学，2018.

[85] Wu. L，Tang. X，Wu. T，et al. A review on current progress of Raman-based techniques in food safety：From normal Raman spectroscopy to SESORS [J]. Food Research International，2023，169，112944.

[86] 刘双双. 鸡肉中食源性致病菌的表面增强拉曼光谱检测方法研究 [D]. 镇江：江苏大学，2020.

[87] Raman Spectroscopy; Recent Research from Liaoning Shihua University Highlight Findings in Raman Spectroscopy (Scaling Law for Strain Dependence of Raman Spectra In Transition-metal Dichalcogenides) [J]. Journal of Technology, 2020.

[88] Duan. C, Zheng。J. Porous coralloid Polyaniline/SnO_2-based enzyme-free sensor for sensitive and selective detection of nitrite [J]. Colloids and Surfaces A: Physicochemical and Engineering Aspects, 2019, 567: 271-277.

[89] 苏彬. 分析化学手册·4·电分析化学 [M]. 3版. 北京: 化学工业出版社, 2016.

[90] 李启隆. 电分析化学 [M]. 北京: 北京师范大学出版社, 1995.

[91] Bard A J, Faulkner L R. Electrochemistry Methods: Fundamentals and Applications [M]. 2nd ed. New York: John Wiley and Sons, 2001.

[92] 鞠熀先. 电分析化学与生物传感技术 [M]. 北京: 科学出版社, 2005.

[93] 吴守国, 袁倬斌. 电分析化学原理 [M]. 合肥: 中国科学技术大学出版社, 2006.

[94] 李启隆, 胡劲波. 电分析化学 [M]. 北京: 北京师范大学出版社, 2007.

[95] 张胜涛. 电分析化学 [M]. 重庆: 重庆大学出版社, 2007.

[96] 王永华, 戚穗坚主编. 食品分析 [M]. 3版. 北京: 中国轻工业出版社, 2019.

[97] (美) 斯帕克曼 (Sparkman, O. D.) 等编著. 气相色谱与质谱: 实用指南=Gas Chromatography and Mass Spectrometry: A Practical Guide [M]. 2版. 北京: 科学出版社, 2013.

[98] 齐美玲. 气相色谱分析及应用 [M]. 2版. 北京: 科学出版社, 2018.

[99] 朱明华, 胡坪编. 仪器分析 [M]. 4版. 北京: 高等教育出版社, 2008.

[100] 朱彭龄, 云自厚, 谢光华. 现代液相色谱 [M]. 兰州: 兰州大学出版社, 1989.

[101] 金恒亮. 高压液相色谱法 [M]. 北京: 原子能出版社, 1987.

[102] 斯奈德 L R, 柯克兰 J J. 现代液相色谱法导论. 高潮等译 [M]. 2版. 北京: 化学工业出版社, 1938.

[103] 王俊德, 商振华, 郁组璐. 高效液相色谱法 [M]. 北京: 中国石化出版社, 1992.

[104] 张玉奎, 张维冰, 邹汉法. 分析化学手册 第六分册 [M]. 北京: 化学工业出版社, 2000.

[105] 朱明华, 胡坪. 仪器分析 [M]. 4版. 北京: 高等教育出版社, 2008.

[106] Gillbert M T. Hight performance liquid chromatography [M]. Wright, 1987.

[107] 吴惠勤. 安全风险物质高通量质谱检测技术 [M]. 广州: 华南理工大学出版社, 2019.

[108] 李发美. 分析化学 [M]. 北京: 人民卫生出版社, 2011.

[109] 台湾质谱学会. 质谱分析技术原理与应用 [M]. 北京: 科学出版社, 2019.

[110] 廖夏云, 杨黎, 刘星, 等. LC-MS/MS法同时测定以蜂胶为主要原料保健食品中的多种硝基咪唑类药物残留 [J]. 现代食品科技, 2020, 36 (5): 1-10.

[111] 钮正睿, 郑天驰, 曹进, 等. 超高效液相色谱串联四极杆/静电场轨道阱高分辨质谱同时测定含银杏叶提取物保健食品中的萜类内酯和黄酮醇类成分 [J]. 食品安全质量检测学报, 2017, 8 (7): 2477-2485.

[112] 林立毅, 杨黎忠, 严丽娟, 等. QuEChERS-TOF-MS/MS检测食品农产品中残留的未知农药 [J]. 食品安全质量检测学报, 2013, 4 (3): 899-904.

[113] 张遴，蔡砚，乐爱山，等．稳定同位素比质谱法鉴别蔗糖和甜菜糖［J］．食品科学，2010，31（2）：124-126.

[114] 朱玲玲，肖昭竞，李根容，等．ICP/MS 法检测直饮水中的 7 种金属污染物残留［J］．食品工业，2020，41（12）：295-298.

[115] 李霞雪．ICP-MS 法测定雅安市蔬菜中 Cr、As、Cd、Hg、Pb 含量及污染状况调查评价［D］．雅安：四川农业大学，2018.

[116] 李海珍，张丽芳，王润润，等．普洱市普洱茶中铅含量的检测分析［J］．食品工程．2020（4）：55-57.